育儿一天一页

中国早教网孕产中心专家组◆编著

U0307444

金盾出版社

内 容 提 要

本书全面涵盖了从宝宝刚出生到一周岁的育儿过程,力求为各位家长解惑。中国早教网专家团队针对婴幼儿身心发育规律和特点,结合最新的育儿学科发展的研究成果而编写的适合家庭使用的育儿图书。针对读者经常碰到的问题,作者进行了全面、系统的介绍,将婴幼儿养育方式,以一天一页的形式呈现在新手父母面前,同时例举宝宝出生后第一年里可能遇到的种种问题。详细为新手父母讲解了 0~1 岁宝宝的成长指标,喂养、护理、疾病预防、预防接种及早期能力开发等方方面面的知识,每天讲一点,专家的指导和过来人的经验让育儿更轻松。

图书在版编目(CIP)数据

育儿一天一页/中国早教网孕产中心专家组编著.—北京 : 金盾出版社,2015.1

ISBN 978-7-5082-9315-8

Ⅰ. ①育…　Ⅱ. ①中…　Ⅲ. ①婴幼儿—哺育—基本知识　Ⅳ. ① TS976.31

中国版本图书馆 CIP 数据核字(2014)第 046943 号

金盾出版社出版、总发行

北京太平路 5 号(地铁万寿路站往南)

邮政编码:100036　电话:68214039　83219215

传真:68276683　网址:www.jdcbs.cn

封面印刷:北京盛世双龙印刷有限公司

正文印刷:双峰印刷装订有限公司

装订:双峰印刷装订有限公司

各地新华书店经销

开本:705×1000 1/16　印张:23.75　字数:220 千字

2015 年 1 月第 1 版第 1 次印刷

印数:1~5 000 册　定价:65.00 元

🐰 前言

　　宝宝出生不仅是一个新生命的诞生，也是一个家庭的希望、幸福、梦想的延续，家长内心的激动和兴奋不言而喻，但是疑惑、不安也随之而来。

　　面对读者的疑虑，本书全面涵盖了宝宝刚出生到幼儿期的育儿全过程，力求为各位家长解惑。

　　本书是中国早教网专家团队针对婴幼儿身心特点和发育规律，结合最新的育儿学科发展的研究成果，编写出的适合家庭使用的备查图书。力求全方位地提供宝宝在婴幼儿期遇到的饮食、健康、教育等育儿知识，打造出细致、经典的育儿书籍。

　　希望能让更多的家庭、受到专业的孕育期指导服务，让宝宝得到及时的、细致的专业呵护和良好的早期教育。

　　希望通过我们共同的努力，全面提升中国下一代的早教发展水平。

中国早教网孕产中心

目录

有了宝宝的感受……1

宝宝什么时候第一次排尿……2

一定要早开奶吗……3

为什么宝宝的大便是黑绿色的……4

宝宝体重减轻是因为吃得少了吗……5

宝宝按时喂养还是按需喂养……6

母乳喂养就是指宝宝只吃母乳吗……7

宝宝吐奶是生病了吗……8

含着乳头睡觉对宝宝有影响吗……9

哪些新妈妈不宜哺乳……10

怎样给人工喂养的宝宝挑选配方奶粉
……11

早产的宝宝也要母乳喂养吗……12

早产的宝宝应如何喂养……13

为什么宝宝有时不肯吃奶……14

宝宝奶瓶要消毒……15

怎样判断妈妈奶水是否充足……16

宝宝老是含着奶头不放怎么办……17

怎样帮宝宝练习吞咽……18

男宝宝用纸尿裤会影响生育功能吗……19

宝宝的手脚要不要包起来……20

宝宝突然发抖……21

宝宝败血症有何症状……22

应不应该经常抱着宝宝……23

宝宝太乖是不是正常……24

宝宝睡觉的时候要不要开夜灯……25

为什么要给宝宝做抚触……26

宝宝生了鹅口疮，妈妈该怎么办……27

妈妈该如何为宝宝"抚触"……28

宝宝易得肺炎，新妈妈怎样及时发现
……29

宝宝应该什么时候开始学说话……30

宝宝为什么会惊厥……31

满月的宝宝体格发育有哪些标准……32

宝宝能剃满月头吗……33

宝宝可以开始晒太阳吗……34

宝宝用怎样的姿势睡觉最合适……35

怎样给宝宝把大、小便……36

怎样通过大便看宝宝的身体异常……37

啊，我的宝宝是罗圈腿……38

宝宝皮肤褶皱处糜烂怎么办……39

可以单独用米粉来喂养宝宝吗……40

宝宝需要健身吗……41

宝宝床上的玩具应该怎样挂……42

宝宝经常打嗝怎么办……43

怎样给宝宝包尿布……44

怎样防止宝宝睡偏了头……45

宝宝持续拉肚子，体重却不见下降，这
是为什么……46

怎样及时发现宝宝的听力异常……47

怎样及时发现宝宝的视力异常……48

妈妈应如何指导新雇的保姆……49

女宝宝外阴发红是怎么回事……50

宝宝多大才能认识妈妈的脸……51

宝宝感冒了有什么表现……52

宝宝患感冒能用抗生素吗……53

宝宝哭是什么信号……54

妈妈怎样帮宝宝换衣服……55

鼻痂堵住了宝宝的鼻孔怎么办……56

给宝宝洗脸……57

为什么宝宝的头总是偏向一侧……58

什么是克丁病……59

宝宝应该接种哪些疫苗……60

2个月的宝宝体格发育有哪些标准……61

宝宝什么时候服用小儿麻痹糖丸……62

宝宝不会走路，需要穿袜子吗……63

宝宝为什么易患中耳炎……64

宝宝2个月大时需要补充钙剂和维生素吗……65

宝宝发生窒息时应该如何处理……66

什么是 Hib 疫苗接种……67

宝宝多久排便一次正常……68

宝宝不会笑是怎么回事……69

天气冷，宝宝可以使用热水袋吗……70

为什么宝宝会吸吮手指……71

宝宝鱼肝油补多了会有危险吗……72

如何帮助宝宝清理眼屎……73

可以用尿布给宝宝擦屁股吗……74

怎样让宝宝长出好头发……75

宝宝的眉毛需要刮吗……76

宝宝得了尿布皮炎怎么办……77

小儿脑炎……78

什么是化脓性脑膜炎……79

怎样让宝宝知道睡觉的时间……80

为什么宝宝会手脚冰凉……81

宝宝"枕秃"是怎么回事……82

怎样让宝宝睡个好觉……83

妈妈怎样给宝宝制作果蔬汁……84

父母怎样判断宝宝的营养状况……85

怎样通过宝宝的睡眠看病情……86

宝宝湿疹是怎么回事……87

如何训练宝宝抬头……88

宝宝的尿为什么是白色的……89

宝宝应该什么时候用枕头……90

职业妈妈怎样母乳喂养宝宝……91

3个月的宝宝体格发育有哪些标准……92

爸爸妈妈应该怎样和宝宝说话……93

怎样帮助宝宝练习翻身……94

摇晃宝宝会造成损伤吗……95

宝宝的鼻子能捏挺吗……96

怎样预防宝宝生痱子……97

宝宝睡觉时爱出汗是缺钙吗……98

如何正确为宝宝洗澡……99

给宝宝热食物可以用微波炉吗……100

宝宝大哭对声带有影响吗……101

宝宝关节会响，是得了关节炎吗……102

宝宝是"螳螂嘴"怎么办……103

怎样给宝宝拍痰……104

宝宝生病了能继续母乳喂养吗……105

预防接种后宝宝会出现哪些不适反应……106

妈妈该怎样给宝宝喂药……107

宝宝的颅囟什么时候会闭合……108

宝宝什么时候才能学会坐……109

宝宝不爱发音是什么原因……110

什么情况下宝宝不能接受预防接种……111

宝宝总是醒得很早怎么办……112

哺乳期的妈妈能代替宝宝吃药吗……113

果汁能治宝宝便秘吗……114

什么是宝宝晚发型维生素 K 缺乏出血症……115

宝宝扭伤了怎么办……116

宝宝被烫伤该怎么处理……117

宝宝肠绞痛怎么办……118

宝宝为什么很少笑……119

为什么宝宝总是流口水……120

怎样预防宝宝缺铁性贫血……121

4个月的宝宝体格发育有哪些标准
……122

为宝宝添加辅食要依照什么顺序……123

宝宝的缠绕指如何处理……124

宝宝的疫苗必不可少……125

如何训练宝宝的听觉……126

宝宝生了痱子怎么办……127

妈妈什么时候可以竖着抱宝宝……128

宝宝腹泻可以采取禁食治疗吗……129

宝宝可以裸睡吗……130

宝宝头型睡偏了如何矫正……131

乳汁不足是否要马上放弃母乳喂养
……132

喂奶姿势不当会影响宝宝出牙吗……133

练习翻身时怎样避免扭伤宝宝的手脚
……134

咿呀学语，应该利用好这个时机……135

如何训练宝宝学坐……136

宝宝可以吃咸的食物吗……137

宝宝头围小会影响智力吗……138

为什么虚胖的宝宝容易得病……139

宝宝大便时有血丝怎么办……140

宝宝喜欢看电视，可以吗……141

维生素C片能代替蔬菜和水果吗……142

宝宝什么时候可以站立，并上下跳动
……143

为什么宝宝嘴唇周围会溃烂……144

妈妈可以把食物嚼碎喂宝宝吗……145

宝宝夜间屁多正常吗……146

给宝宝喝茶有助消化吗……147

宝宝支气管哮喘需要做哪些检查……148

如何测量宝宝的呼吸……149

宝宝唾液分泌突然增多是为什么……150

宝宝能够区别好与不好的气味吗……151

5个月的宝宝体格发育有哪些标准
……152

为什么要给宝宝打三联针……153

怎样训练宝宝站立……154

可以给宝宝吃零食吗……155

外出时可以给宝宝蒙纱巾吗……156

宝宝是不是要一直吃流质辅食……157

为什么最好用米汤稀释牛奶……158

宝宝发热了，该如何安排饮食……159

为什么宝宝突然变得爱生病了……160

脂肪含量低的牛奶适合宝宝喝吗
……161

宝宝冬天洗澡易着凉怎么办……162

宝宝肠梗阻伴发热应注意什么……163

妈妈应该在宝宝的牛奶中加钙粉吗
……164

宝宝严重腹泻该如何补充水分……165

为什么不能用果汁、茶水给宝宝服药
……166

怎样培养宝宝早睡早起的习惯……167

宝宝已经提前吃药，为什么还是会发热
……168

妈妈如何给宝宝测量身高……169

宝宝可以不学爬吗……170

婴儿黄水疮……171

怎样让宝宝习惯用勺子喂饭……172

如何训练宝宝用手拿东西的习惯
……173

宝宝长期发热应该做哪些检查……174

和宝宝做游戏有何要领……175

葡萄糖水可以做宝宝的营养点心吗
……176

为什么宝宝会经常放屁……177

让宝宝逐渐适应稀软食物……178

宝宝一直便秘怎么办……179

怎样给宝宝使用开塞露……180

宝宝坠床了怎么办……181

6 个月的宝宝体格发育有哪些标准……182

为什么要给宝宝转奶……183

怎样给宝宝转奶……184

宝宝"撞头"是不是生病了……185

宝宝出牙顺序……186

宝宝出牙晚是缺钙吗……187

怎样预防宝宝奶瓶性蛀牙……188

为什么宝宝总爱吃玩具……189

怎样训练宝宝爬行……190

怎样早期发现宝宝肺结核……191

什么是宝宝夏季热……192

什么是宝宝秋季腹泻……193

在日常生活中增加宝宝学习机会……194

教宝宝模仿发音……195

宝宝药物过敏该如何处理……196

宝宝生病，打针好还是吃药好……197

爸爸妈妈怎样给宝宝测量体温……198

预防铅中毒……199

热性惊厥能引起宝宝智力低下吗……200

为什么人工喂养的宝宝容易生病……201

怎样让宝宝离开奶瓶……202

如何护理患哮喘病的宝宝……203

怎样判断宝宝是否缺乏维生素 A……204

宝宝为什么会打鼾……205

宝宝发热时可以吃鸡蛋吗……206

宝宝患了外耳道炎怎么办……207

可以喂宝宝吃冷饮吗……208

看电视对宝宝有影响吗……209

什么是先天性睑内翻……210

什么是婴儿苔藓……211

7 个月的宝宝体格发育有哪些标准……212

宝宝睡觉也要讲方位吗……213

宝宝胖嘟嘟的小脸蛋可以捏吗……214

什么是胃肠感冒……215

不要给宝宝修眼睫毛……216

宝宝误服了药物怎么办……217

怎样预防宝宝将来偏食……218

怎样给宝宝洗脸……219

宝宝咳嗽只在清晨或晚上发作是怎么回事……220

为什么宝宝的小脸特别容易皴……221

怎样给宝宝选袜子……222

儿童营养学专家都为宝宝推荐哪些食品……223

宝宝发热可以睡冰枕吗……224

宝宝夏天食欲很差怎么办……225

宝宝吃饭时注意力不集中怎么办……226

宝宝患支气管炎会发热吗……227

宝宝的牙齿发育也需要钙吗……228

宝宝的房间里可以放电视机吗……229

控制宝宝的体重……230

什么情况下宝宝不能打预防针……231

宝宝不愿换尿布怎么办……232

宝宝的皮肤该如何保健……233

宝宝现在可以开始"阅读"了吗……234

给宝宝用外用药需要注意什么……235

宝宝没有尿布疹，也要每天使用护臀霜吗……236

妈妈该怎样训练宝宝用杯子……237
宝宝为什么会睁着眼睛睡觉……238
宝宝打完针，妈妈可以用手为他按摩针
　眼吗……239
宝宝学爬时怎样保护膝盖……240
给宝宝安排合理的睡眠时间……241
8 个月的宝宝体格发育有哪些标准
　……242
宝宝大声叫嚷是因为什么……243
宝宝认生怎么办……244
宝宝的房间应该布置得很花哨吗……245
为什么宝宝夜间醒来妈妈最好不应答
　……246
宝宝感冒可以喝鸡汤吗……247
可以给宝宝喝酸奶吗……248
麻疹疫苗要按照时间打……249
宝宝为何尿频……250
宝宝打呼噜……251
为什么要让宝宝早早拿画笔……252
怎样训练 8 个月宝宝的动手能力……253
为什么健康宝宝会有心脏杂音……254
为宝宝修剪指甲……255
宝宝龋齿要从什么时候开始预防……256
如何为宝宝选择润肤霜……257
如何帮 8 个月大的宝宝选鞋子……258
为什么宝宝会得化脓性汗腺炎……259
不要让宝宝摄入过多糖分……260
宝宝为什么会"鼻涕倒流"……261
不要忽视宝宝的手指活动……262
宝宝需要防晒吗……263
什么是宝宝异位性皮肤炎……264
宝宝的睡姿要变化……265
为什么要少带宝宝去逛街……266
宝宝的房间里可以喷洒杀虫剂吗……267

怎样帮宝宝克服乱咬东西的习惯
　……268
妈妈应该如何称赞宝宝……269
宝宝不愿待在家里怎么办……270
9 个月的宝宝体格发育有哪些标准
　……271
怎样避免损失蔬菜中的维生素……272
为什么妈妈不能干预宝宝"自得其乐"
　的玩耍……273
可以给宝宝服用保健品吗……274
可以给宝宝用牛奶服药吗……275
宝宝爬行时撞了头怎么办……276
宝宝断奶期会缺铁吗……277
总是担心宝宝的腿会畸形，怎么办
　……278
可以给宝宝吃购买的鱼松吗……279
注意宝宝睡觉张口呼吸……280
突然给宝宝断奶好不好……281
宝宝现在为什么会偏食……282
宝宝的辅食中应该加食用油吗……283
怎样给宝宝晒日光浴……284
左撇子宝宝更聪明吗……285
如何通过饮食帮助宝宝预防感冒
　……286
现在起应该让宝宝学用勺子吗……287
怎样防治宝宝百日咳……288
怎样为宝宝挑选洗护用品……289
要不要为宝宝购买学步车……290
怎样教宝宝把东西交给别人……291
妈妈可以给宝宝玩橡皮泥吗……292
妈妈怎样帮宝宝度过出牙期……293
为什么不要大声呵斥宝宝……294
为什么宝宝要多品尝一些味道……295
夏季应该怎样刺激宝宝食欲……296

足浴可以减轻宝宝的感冒症状吗……297

父母先尝食会引起宝宝龋齿吗……298

小宝宝也需要看牙医吗……299

可以用果汁给宝宝喂药吗……300

10个月的宝宝体格发育有哪些标准……301

怎样帮助宝宝锻炼腿部肌肉……302

宝宝误吞了东西怎么办……303

宝宝流鼻血了怎么办……304

为什么吃精细食品会造成宝宝近视眼……305

宝宝不慎擦伤了，该如何处理……306

宝宝为什么胆子小……307

宝宝冬季也会"中暑"吗……308

宝宝不小心被宠物抓伤怎么办……309

多久给宝宝剪一次头发……310

宝宝眼睛进了异物怎么办……311

如何帮助宝宝学站立和迈步……312

为什么要在早上给宝宝量体温……313

为什么新鲜材料制作的辅食可以培养宝宝的智力……314

断奶期间，妈妈应该怎样做……315

怎样做鱼类辅食……316

宝宝总是要人抱，不爱自己玩怎么办……317

宝宝爱在吃饭时喝水，有什么坏处……318

宝宝不小心被烧伤怎么办……319

怎样激发宝宝的学习兴趣……320

宝宝口角为什么会发生乳白色糜烂……321

给宝宝穿新衣服的须知……322

巧克力可以当作宝宝的零食吗……323

妈妈怎样将熟睡的宝宝叫醒……324

宝宝真要每天吃一个苹果吗……325

宝宝的磨牙食品可以自制吗……326

宝宝过胖会导致智力低下吗……327

吃汤泡饭很有营养吗……328

宝宝可以吃奶酪吗……329

11个月的宝宝体格发育有哪些标准……330

断奶期间如何转移宝宝注意力……331

怎样储存宝宝剩余的食物……332

怎样在宝宝的辅食中添加粗粮……333

宝宝断奶可使用"反感法"吗……334

给宝宝断奶，爸爸要起什么作用……335

断奶前后妈妈觉得愧疚怎么办……336

宝宝断奶后要继续喝牛奶吗……337

为什么要多给宝宝吃蔬菜……338

怎样合理为宝宝添加零食……339

怎样教宝宝走路……340

怎样制止宝宝的不当行为……341

给宝宝补充钙……342

宝宝呕吐反复发作怎么办……343

带宝宝出远门需要准备哪些药物……344

可以给宝宝吃菠萝吗……345

宝宝老想去摸热水瓶怎么办……346

宝宝吃饭时喜欢用手抓怎么办……347

妈妈应该在宝宝吃饭时搞"比赛"吗……348

妈妈偏食会导致宝宝也偏食吗……349

宝宝应该天天洗脚吗……350

宝宝发热后咽部红肿怎么办……351

宝宝走路踮脚尖正常吗……352

宝宝可以吃奶糖吗……353

怎样教宝宝做事有始有终……354

怎样才能激发宝宝的好奇心……355

如何发展宝宝的自我意识……356

宝宝使用学步车要注意哪些事项……357

预防多动症要从婴儿时期开始吗……358

为什么宝宝老是把屋子弄乱……359

宝宝要学走路了，该怎样为他选双好鞋子
……360

宝宝怎样才能吃得香……361

宝宝喜欢喝可乐，对身体的影响大吗
……362

多长时间给宝宝洗一次头……363

宝宝嫉妒小客人，怎样克服呢……364

宝宝1周岁，要接种流脑疫苗吗……365

附录：宝宝1岁后疫苗注射……366

有了宝宝的感受

宝宝的诞生不单单是一个新的生命的诞生，也是一个家庭的希望、幸福、梦想的延续。小小的宝宝皱巴巴的脸蛋，虽然还没有张开，但是对于父母来说，怎么看都觉得百看不厌，怎么都觉着宝宝是这么的可爱，就像一个天使一样。哪怕宝宝的诞生让自己一点时间也没有，整天像个陀螺一样的转不停，累了就稍稍休息一下，可就是这样的日子，父母们还是一样的感觉到很满足，累并且快乐着。

对于家长们来说，孩子健康的成长和受到良好的教育将是未来的重点，虽然家庭情况不同，教育方式也各有千秋，但目的都是希望自己的孩子能快快乐乐地健康成长。作为父母，我们究竟该怎样养育孩子？请根据本书介绍的育儿经验选择适合你的，并在实践中慢慢体会吧。

育儿小贴士

宝宝出生后，医生会剪断脐带并用消毒纱布包扎好，一星期左右就会自行脱落。如果给宝宝洗澡，不要让宝宝在水中浸泡过久；洗完澡要用酒精棉消毒脐部；垫尿布时，如果尿布比较长，最好在腰部反折下来，以免尿液蔓延至脐部；注意观察宝宝脐带周围是否有红肿、渗水或特殊气味，如有异常要及时看医生。

要注射疫苗啦！

疫苗

出生 24 小时内
乙肝疫苗（第一针）
卡介苗（第一针）

宝宝什么时候第一次排尿

新生宝宝第一天的尿量很少，只有 10～30 毫升，在出生后 36 个小时之内排出都属于正常情况。以后，随着哺乳及摄入水分，宝宝的尿量会逐渐增加，每天的排尿次数达到 10 次以上，日总量能达到 100～300 毫升，到了满月前后每天将会达到 250～400 毫升。宝宝排尿的次数多是正常现象，不要因为宝宝尿量多，就减少水分的供给。

— 妈妈小常识 —

正常新生宝宝，其胎龄要大于或等于 37 周，体重在 2 500 克以上。低于 37 周出生的宝宝被称为早产儿。若胎龄满 37 周，但体重却不足 2 500 克的宝宝被称为足月小样儿，也称低体重儿。我们平时所说的新生儿一般是指正常足月产的宝宝，其身体各项指标正常值如下：体重为 2 500～4 000 克；身长为 47～53 厘米；头围为 33～34 厘米；胸围约为 32 厘米；坐高约为 33 厘米；每分钟呼吸次数为 40 次左右；心率为每分钟 120～130 次。

温馨提示

新妈妈产后第二天就可以进行一些简单的恢复体形的运动了。如腹式呼吸：双手放在肚子上，做深呼吸，让肚子鼓起来，稍微憋一会儿气，然后再慢慢地呼出，使肚子瘪下去，白天可以每隔 2～3 个小时做 5～6 次。还可以适当做些脚部运动：将双腿并拢，脚尖伸直，用力弯曲脚踝，绷紧腿部肌肉，膝盖不要弯曲，呼吸 2 次左右恢复原状，这个动作可以每天早、中、晚各做一组，每组 10 次。

育儿小贴士

新生儿体温调节中枢尚未发育成熟，体温变化易受外界环境的影响，故选择能使新生儿保持正常体温，又耗氧代谢最低的环境就很重要。婴儿居室的室温宜保持在 18 ℃～22 ℃，湿度以 50%～60% 为佳。

一定要早开奶吗

宝宝出生后，要立即让妈妈建立泌乳、排乳和控制泌乳的反射，同时也要让宝宝建立觅食、吸吮和吞咽反射。反射建立得越早、越快，下奶就越早、越多，最好在产后2～3小时就开奶。许多婴儿，尤其是早产儿、巨大儿，如果不早开奶，易造成婴儿低血糖，危害宝宝的生长和健康。

— 妈妈小常识 —

妈妈在给宝宝喂奶的时候可以采用侧卧位和坐位两种姿势。但在产后的最初几天里，妈妈的身体通常较虚弱，最好采用侧卧位。具体方法是：妈妈取侧卧位，用一只手搂住宝宝，并稍稍垫高宝宝的头部，使宝宝的嘴与妈妈的乳头成水平状态，以便宝宝吸吮乳头。但要注意宝宝睡着后不要压住他的嘴、鼻，以免发生窒息。

温馨提示

产后三四天，妈妈会觉得乳房发胀，这种情况叫胀奶，是由于血液凝集不通而造成的肿胀。只要妈妈坚持正常喂奶，很快就会好起来。如果胀得很痛，可以用吸奶器吸出一些奶水或者在喂奶的间隙冷敷乳房。另外，吃甜食或摄取的水分过多也会出现这种现象。因此，妈妈要适当控制甜品和饮水量。

育儿小贴士

母乳中的蛋白质以乳清蛋白为主，乳清蛋白易被婴儿吸收；乳铁蛋白也是母乳中特有的蛋白质，它能与需要铁的细菌竞争铁，从而抑制肠道中的某些依赖铁生存的细菌，防止发生腹泻；母乳中的乳糖在消化道经微生物作用可以生成乳酸，对婴儿的消化道也可起到调节和保护作用；母乳中的脂肪颗粒小，含不饱和脂肪酸多，均有利于消化吸收；母乳还含有丰富的牛磺酸，对婴儿脑神经系统发育起着重要作用。

为什么宝宝的大便是黑绿色的

新生宝宝一般在出生12小时后开始排大便。这时的大便是"胎便"，呈深绿色、黑绿色或黑色，为黏稠的糊状。这是宝宝在妈妈子宫内吞食了羊水中的胎毛、胎脂和肠道分泌物而形成的大便。胎便一般3～4天可以排尽，并由于吃奶而逐渐转变成黄色。由母乳喂养的新生宝宝，大便多为金黄色糊状，并且每天大便次数不定，一般为1～4次，甚至更多。

温馨提示

正常情况下，胎儿在宫内会吞入少量羊水，这对胎儿的胃黏膜并无刺激。但在分娩过程中。胎儿如吞入羊水量过多，或吞入被胎粪污染或含较多母血的羊水，均可刺激新生宝宝的胃黏膜，导致胃酸及黏液分泌亢进而引起呕吐。这些宝宝常于出生后尚未开奶，即开始呕吐，吐出物呈泡沫黏液样，有时带绿色，这是被胎粪污染的羊水。开始喂奶后呕吐常加重，吃奶后即吐出。但一般情况无呛咳，也无发绀等症状。胎便排出是正常现象，有时可排黑便。通常在出生1～2天内，宝宝将咽下的羊水及血液吐净后，呕吐即可停止。

一 妈妈小常识 一

妈妈在取坐位进行哺乳时，应将宝宝放在大腿上，前臂托住宝宝的颈部，手托住宝宝的后背，与宝宝胸腹相贴，乳头贴近宝宝的嘴。另一只手呈"C"字形托起乳房，用乳头轻碰宝宝的嘴唇，他会自动寻觅乳头，并张大嘴，此时快速将乳头及乳晕送入宝宝口中。待宝宝吃完奶需抽出乳头时，可让宝宝自己张口或把手指伸到宝宝的上下牙龈之间让他松口，吐出乳头。喂完奶后，要把宝宝抱直轻拍后背，让宝宝把咽下去的空气排出来，以免溢奶。

育儿随笔

宝宝体重减轻是因为吃得少了吗

新生宝宝出生后前几天会出现体重下降的现象，称为"生理性体重下降"。宝宝的体重会比出生时减少 3%～9%，这是因为宝宝出生后皮肤上的胎脂被吸收，且环境变得干燥，使皮肤丧失较多水分，加之排尿、排出胎粪、吐出羊水，以及刚出生的宝宝吸吮能力弱、吃奶少，而使体重暂时下降。只要合理喂养，一般经过 10 天左右宝宝的体重就能恢复，并能正常增长。

但如果出生 10 天后宝宝体重仍未回到出生时的体重，就不是"生理性体重下降"，应及时找原因、及时解决，如喂养不当、奶量不足，或是宝宝病了。

－ 妈妈小常识 －

每一次哺乳时，两侧乳房都要让宝宝吸吮，使两侧乳房得到足够的刺激。另外在每次哺乳后，应将两侧乳房尽量排空或吸空，这个过程类似于宝宝的吸吮刺激，可以使乳汁分泌得更多。妈妈还要注意增加热能和蛋白质的摄入量，以增加泌乳量。正常情况下，产后乳汁分泌量会逐渐增多，尤其那些营养状况良好的妈妈，每日泌乳量可达 800 毫升。但是，当妈妈热量摄入过低时，可使泌乳量减少到正常的 40%～50%。一般来说，妈妈食物的摄入量要比平常增加 1/4～1/3，应多吃一些富含蛋白质和维生素的食物，如催乳的汤类，在两餐之间最好饮用水或其他饮料等。

温馨提示

乳房是个非常精妙的供需器官，宝宝吸吮的越多，乳汁分泌也就越多。排空乳房的动作类似于婴儿的吸吮刺激，可使乳汁分泌。每次充分哺乳后应挤净乳房内的余奶，充分排空乳房，会有效刺激更多乳汁的分泌。

育儿小贴士

一般新生宝宝一昼夜的睡眠时间为 18～20 个小时，一天之中，他基本上都在睡觉。睡眠能很好地促进他的生长，而且睡眠的时间长短和质量好坏在某种程度上会决定宝宝的发育良好与否。宝宝睡眠时也要注意很多细节，如保持尿布的干爽，注意睡眠的姿势，没有强光刺激，不要盖过厚的被子等。

宝宝按时喂养还是按需喂养

刚出生的宝宝在吃母乳后2～3个小时就会感到饥饿。有的妈妈试图给宝宝养成定时吃奶的习惯，一定坚持到时间再喂，或者宝宝到了吃奶时间仍然在熟睡，却非要把他叫醒吃奶。这种做法都是错误的，对于刚出生的宝宝，妈妈应该采取按需喂奶的原则，喂奶的次数也是按每个宝宝习惯的不同而逐渐稳定的。宝宝饥饿时故意不给他及时喂奶，会影响他的情绪及心理的健康发展，同时也会影响宝宝身体的生长发育。如果到了喂奶时间宝宝还在熟睡，妈妈也没有必要叫醒他，否则会影响宝宝的情绪，即使宝宝马马虎虎地吃上几口又睡了，妈妈自己也搞不清他有没有吃饱。

— 妈妈小常识 —

有的新妈妈为了保证卫生，经常用香皂清洗乳房，这是不正确的。清洁是必要的，但香皂类的清洁物质可通过机械与化学作用除去皮肤表面的角化层，损害皮肤的保护作用，促使皮肤表面"碱化"，有利于细菌的生长。时间一长，便可能引起乳房感染。因此，只要经常用温开水清洗乳房就可以了。

温馨提示

母乳喂养宝宝的妈妈，应多准备几个枕头，这样妈妈和宝宝都会感觉舒适。妈妈会发现把一个枕头放在腿上，把宝宝放在枕头上，就正好把宝宝放在一个合适的哺乳高度。当宝宝吃奶时，妈妈可以把抱着他的手放在枕头上休息一下。如果妈妈是在床上喂奶，可以用几个枕头靠着后背。

育儿小贴士

绝大部分新生宝宝在自然光线下会出现皮肤发黄的现象，这是生理性黄疸的表现。这时宝宝的皮肤呈浅黄色，眼白以蓝为主略带黄色，小便也有点黄，但不会染黄尿布。一般生理性黄疸于出生后3～5天出现，1～2周黄色就会逐渐消退，早产儿需2～3周消退。生理性黄疸是由于新生宝宝体内红细胞多，因此产生的间接胆红素较多，而肝脏转化和排泄胆红素功能较差，胆红素在血液中堆积形成黄疸，绝不是宝宝得了肝炎。

这时候可多给宝宝喂些水或葡萄糖水，有助于黄疸消退。如果黄疸持续2周后还不退，应及时带宝宝去医院就诊。

母乳喂养就是指宝宝只吃母乳吗

母乳喂养的情况主要可以分为以下 3 类：

全部母乳喂养。其中又包括纯母乳喂养和几乎纯母乳喂养。纯母乳喂养是指除母乳外，不给宝宝吃其他食物；而几乎纯母乳喂养是指除母乳外，还给宝宝喂食维生素、水、果汁等，但每天不超过 2 次，每次不超过 2 口。

部分母乳喂养。这类喂养可以分为 3 种形式。高比例母乳喂养：母乳占宝宝食物的 80% 以上；中等比例母乳喂养：母乳占宝宝食物的 20% ~ 79%；低比例母乳喂养：母乳占宝宝食物的 20% 以下。

象征性母乳喂养。这种母乳喂养只能为宝宝提供一小部分的母乳需要。

— 妈妈小常识 —

很多新妈妈由于产后身材变形，急于减肥，于是限吃脂肪。这样做对宝宝非常不好，脂肪是乳汁的重要组成部分，一旦来自食物中的脂肪减少，身体就会动用体内储存的脂肪来产奶，而储存的脂肪多含有对婴儿不利的物质。所以，请新妈妈注意，一定要在断奶以后再进行限食减肥。

温馨提示

妈妈在喂奶时最好不断刺激宝宝的吸吮，当感觉到宝宝停止吸吮时，就轻轻动一下乳头或转动一下奶嘴，宝宝就会继续吸吮了，必要时还可轻捏宝宝的耳郭或拍拍宝宝的脸颊、弹弹足底，给他一些刺激，延长兴奋时间，使宝宝吃够奶。宝宝吃饱后再让他好好睡一觉，培养宝宝养成良好的喂养习惯。

育儿小贴士

医生在帮助分娩时，会用产钳夹婴儿的头部，从而在婴儿头上留下痕迹。这些痕迹在头的两侧和前额最容易看到，有时在脸上也看得到。但是这些痕迹很快就可以痊愈，不会形成瘢痕。有时，父母可能会看到"深钳伤"，这是医生在用产钳时损坏了宝宝的皮肤及皮下脂肪，分娩 4 ~ 8 天后这种情况会变得更加明显。但绝大多数的钳伤在几周后会自行痊愈，并不会引起并发症。

宝宝吐奶是生病了吗

新生宝宝容易吐奶是常见现象。由于宝宝胃呈水平状，胃上端的贲门肌肉发育不成熟，比较松弛，而下端的幽门肌肉相对较紧张；宝宝胃容量又小；大脑皮质发育不成熟，控制呕吐的能力不强。因此，一旦吃奶过快就很容易呕吐。

一般宝宝喂奶后会从嘴边溢奶，有时一打嗝就吐奶，如果不是喷射性的，就不会影响宝宝的生长发育。随着年龄的增长，吐奶也会不治而愈。

对常常吐奶的宝宝要少喂一些，喂奶以后要多抱一会儿，抱的姿势是使宝宝上半身立直，趴在大人肩上，然后用手轻轻拍打宝宝背部，直到宝宝打嗝，将胃内所含空气排出为止。这时轻轻把宝宝放在床上，枕部高一些，向右侧卧，这样可以减少吐奶情况的发生。但如果吐奶频繁且呈喷射状，吐出的除了乳块还伴有黄绿色液体时，就要及时到医院检查。

— 妈妈小常识 —

新妈妈一定要注意自己的情绪问题，尤其不要在生气的时候喂奶。因为人在生气时体内会产生毒素，妈妈在生气时或刚生完气就喂奶，宝宝就会吸入带有"毒素"的奶汁，从而对其生长产生负面影响。

温馨提示

新妈妈产后由于活动少，肠胃蠕动慢，容易便秘，所以应进食含纤维素较多的食物，如粗粮、蔬菜、水果等。尤其是水果，不但含有丰富的水分、水溶性维生素、纤维素、微量元素，还有防病治病的功效。但由于水果性多寒凉，容易导致胃病和不适，新妈妈要适量食用。

育儿小贴士

爸爸妈妈记得要为宝宝准备一张小床，宝宝自己睡，对他的健康更有利。宝宝有自己单独的小床，不仅可以防止同床时大人不小心压到宝宝，也可避免宝宝睡在大人旁边，吸入过多大人呼出的废气。

育儿随笔

_____

_____

含着乳头睡觉对宝宝有影响吗

不要让宝宝口含乳头睡觉，因为这样做不仅不卫生，还容易引起窒息、呕吐，同时还会影响宝宝牙齿的发育而导致畸形。如果因为各种原因需要暂停哺乳时，应定时将乳汁挤出，以免乳量减少。喂奶后要把宝宝竖起来轻拍背部，使吸入胃里的空气及时排出。然后再让宝宝向右侧睡，头部抬高，防止吐奶。

— 妈妈小常识 —

哺乳妈妈的营养状况与奶量有密切的关系。无奶或少奶是哺乳妈妈营养不良的一个表现。产后哺乳妈妈身体较虚弱，比一般人需要更多的营养物质以满足产后身体的恢复和哺喂婴儿。所以，妈妈除主食外应多摄入鱼、肉、蛋、蔬菜和水果。哺乳妈妈食物的烹调方法以烧、煮、炖为好，每餐要有汤，如鸡汤、鱼汤等。这样既可以增加营养，又可以促进乳汁的分泌。

温馨提示

怎样抱起初生的宝宝

★先把两只手插到仰卧着的宝宝的脖子下面，轻轻托起头。

★将右手移到宝宝的臀部，左手托住脖颈。

★左手掌抱住宝宝的头，注意不要只抬起头。

★把你的身体靠近宝宝，两只手小心地将宝宝的身体抱起。

★如果竖起抱，就要将宝宝贴在你的身体上，分别用两手托住宝宝的脖子和臀部。

★如果想变换成横抱姿势，让宝宝身体重量落在你的身体上，再挪动托在脖子后面的左手，让宝宝脖子完全靠在你的左侧胳膊肘上，右手依然托着臀部。

★让宝宝头部贴近你的左前胸，这样他就能够听见你的心跳声了。

育儿随笔

哪些新妈妈不宜哺乳

新妈妈在分娩的时候，如果流血过多或患有败血症；患有结核病、艾滋病、肝炎等传染病；患严重心脏病、肾脏疾病、糖尿病、癌症或身体极度虚弱时，不宜哺乳。患急性传染病、乳头皲裂或乳腺脓肿的新妈妈，可以暂时停止哺乳。在暂停哺乳期间，要将乳汁用吸奶器吸出来，一方面可以消除肿胀，另一方面可以在疾病痊愈后仍有足量的乳汁。

一 妈妈小常识 一

新妈妈要注意，运动后不要立刻喂奶，因为人在运动过程中体内会产生乳酸，乳酸滞留于血液中会使乳汁变味，宝宝不爱吃。据测试，一般中等强度以上的运动即会产生这种情况，所以，新妈妈最好只进行一些舒缓的运动，运动结束后要休息一会儿再喂奶。

育儿随笔

育儿小贴士

刚出生的宝宝脊柱平直，平躺时背和后脑勺在同一个平面上，颈、背部肌肉自然松弛，侧卧时头与身体也在同一平面，如果枕头垫高了，反而容易使脖颈弯曲，有的还会引起呼吸困难，以致影响宝宝正常的生长发育。因此，新生宝宝是不需要枕头的。但为了防止吐奶，必要时可以把新生宝宝的上半身适当垫高一点儿。

怎样给人工喂养的宝宝挑选配方奶粉

如果进行人工喂养，妈妈需要为宝宝选择适合的配方奶粉。选购时要注意看奶粉说明书，一般奶粉都有年龄段，还要注意宝宝食用后的反应，当发现所食用的婴儿配方奶粉与宝宝的体质不合适，应立即停止哺喂原配方奶粉，改用其他品牌奶粉。

在以营养成分为标准选择婴儿配方奶粉时，除了追求"营养成分近似母乳"之外，在各成分的含量设计上也应尽量符合母乳的比例。例如，以母乳为标准，乳清蛋白：酪蛋白是 60：40。配方奶粉是将牛奶成分改变，使其接近母乳成分，再加入各种维生素和微量元素，更适宜于喂哺婴儿。

另外，妈妈购买奶粉前要检查奶粉的生产日期、保质期等；还要保留发票、出库单等凭证；在打开奶粉包装盖或剪开袋时，要观察奶粉的外观、形状、干湿程度及有无结块、杂质等；冲泡奶粉时也要注意奶粉的溶解度、是否黏瓶等。

— 妈妈小常识 —

妈妈在产后过性生活时，一定要注意选择适当的方法避孕。特别是在哺乳期千万不要认为产妇没有月经来潮就不会怀孕。最好选择避孕套、避孕药膏、药膜等方式避孕，不要选择口服避孕药。因为口服避孕药会影响产妇泌乳，并影响母乳质量。

温馨提示

其实给宝宝进行母乳喂养对妈妈的身体也有很大的好处。宝宝吮吸乳头，能反射性地促进妈妈产后的子宫收缩和复位，防止产后出血，减少产褥感染。哺乳能够提高妈妈的代谢功能，消耗怀孕时妈妈体内存储的脂肪，利于妈妈产后体形的恢复。另外，从长期效果看，还能减少乳腺癌和卵巢癌发生的概率。

育儿随笔

早产的宝宝也要母乳喂养吗

这个问题的答案是：肯定的。事实上，早产儿生理功能发育不完善，因此母乳才是早产儿最理想的天然营养食品。母乳内蛋白质含乳蛋白较多，它的氨基酸易于促进宝宝生长，且初乳含有多种抗体，这些对早产儿尤为可贵。用母乳喂养的早产儿，发生消化不良性腹泻和其他感染的机会较少，宝宝体重会逐渐增加。

只有在万不得已的情况下，才考虑用代乳品喂养早产儿。首选为优质母乳化奶粉，它的成分接近母乳，营养更易吸收，能使宝宝体重增加较快。也可考虑用鲜牛奶喂养，但宜选择低脂肪的牛奶，并增加糖量，使之成为低脂、高糖、高蛋白的乳品。在用代乳品喂养的过程中，要密切注意宝宝有无呕吐、腹泻、腹胀及便秘等消化不良的症状。

— 妈妈小常识 —

在哺乳期间，妈妈每天摄入的能量如果低于5 000千焦，乳汁的分泌量就会大大降低。给妈妈补充营养，可使乳汁成分发生变化，不仅质提高，而且量也增加。因此，妈妈应当多吃营养丰富且容易消化的食物，并多喝汤水、豆浆，可促进乳汁分泌。妈妈必须保证充分的睡眠和休息，如果疲劳过度则会降低乳汁的分泌量。此外，乳腺分泌乳汁的多少，与妈妈的精神状态有密切的关系，如过度紧张、忧虑、悲伤、愤怒或惊恐，都会影响催乳素的分泌，而使乳汁减少。因此，妈妈在哺乳期间务必保持心情的愉快、平静，这样才能保证乳汁的正常分泌。

温馨提示

有的宝宝喝配方奶会腹泻，这可能是因为乳糖不耐受，宝宝的肠道中缺乏乳糖酶，使乳糖无法吸收，所以会出现腹泻等消化不良的症状。对于乳糖不耐受的宝宝，妈妈可以为他选择低乳糖或无乳糖的配方奶或大豆配方奶。

育儿随笔

早产的宝宝应如何喂养

早产儿的吸吮能力和胃容量均有限，摄入量的足够与否，不像足月新生儿表现得那么明显，因此必须根据宝宝的体重情况给予适当的喂养量。母乳喂养的早产宝宝应该经常称一称体重，观察早产儿体重的增加情况，是判断喂养是否合理的重要指标。一般足月新生儿在最初几日内由于喂哺不足或大小便排泄的原因，体重略有减轻，这是正常现象。但早产儿此时体重的维持至关重要，要重视出生后的早期喂养，设法防止宝宝体重的减轻。

由于早产儿口舌肌肉力量弱，消化能力差，胃容量小，而每日所需能量又比较多，因此可采用少量多餐的喂养方法。如宝宝生长情况良好，则夜间可适当延长哺喂间隔时间，这样可以在保证摄入量的基础上逐步养成夜间不喂的习惯。

— 妈妈小常识 —

与成年人相比，新生儿体内的水分所占比重更大，比幼儿和成年人更容易发生脱水的危险。而且，宝宝的新陈代谢速度很快，所以他身体需要更多的水分参与新陈代谢，供身体排泄废物所用。你可以把手洗干净用手指伸进他的嘴里探一探，如果里面是湿润的，就证明一切正常，如果里面是干的，而且发黏，就说明他需要进食母乳或配方奶了。

温馨提示

如果用传统布尿布，应该选用柔软的棉布或者纱布，并且要经常煮沸消毒。为了清洗尿布更方便，可以配合使用隔尿垫巾，这样即使宝宝排便，尿布也不会被污染，扔掉隔尿垫巾，尿布很容易就洗干净了。每次为宝宝换纸尿裤或者布尿布后，都要用婴儿湿巾擦拭宝宝的小屁股，尤其是女宝宝，要从前向后擦，防止细菌进入尿道，引发感染。

育儿小贴士

垫尿布的关键是把尿布最厚的地方放在小便最多的地方。男孩应以前方为主，尿布的前半部要垫得厚一些；女孩则以后方为主，尿布的后半部垫厚一些。垫时要使宝宝的两腿保持外展蛙式位，从而使其活动自如。

为什么宝宝有时不肯吃奶

有的时候宝宝会突然不爱吃奶了，这时妈妈不要着急。这可能是因为前一段时间给宝宝的奶量过大，宝宝体内负担太重所造成的。这个时候妈妈可以多给宝宝一些果汁、菜汁或水等，不要勉强宝宝吃奶，等他想吃的时候再吃。只要宝宝每天能吃下100～200毫升奶就可以了。经过7～10天后，宝宝体内各器官得到充分的休息，他就会继续吃奶了。

另外，新妈妈是否酷爱某些辛辣刺激的食物？如果是，那么宝宝可能只是因为你所吃的某种味道重的东西，经由母乳到了他的口中，而他很不喜欢那样的味道。如果你知道什么样的饮食可能造成这种局面，就少吃为妙。

育儿小贴士

妈妈在喂母乳期间，为了自身及宝宝的健康，应避免摄取某些会影响乳汁分泌的食物或戒除个人的一些特殊嗜好，以免破坏良好的哺喂效果。如抑制乳汁分泌的食物有韭菜、麦芽、人参等。另外，产后饮食宜清淡，不要吃刺激性的食物，如辛辣的调味料、辣椒、酒、咖啡及香烟等。

有时新生宝宝会有一些过敏的情况发生，妈妈不妨多观察宝宝皮肤上是否出现红疹，并检查自己的饮食，看看自己是否食用了可能会造成宝宝过敏的食物，以作早期发现、早期治疗的参考。

育儿随笔

－妈妈小常识－

有的宝宝在出生时身上带有一些细长的软毛，父母不要惊慌，这是正常的现象。这些软毛会在宝宝成长的过程中慢慢脱落。

温馨提示

在出生后的2个星期后，可以帮助宝宝将脐带残余部分摘掉。宝宝的脐带残余部分已经没有神经末梢，所以不要害怕会弄痛宝宝。医生建议，每次换尿布时，都要用酒精擦洗宝宝脐带处。如果4个星期后，脐带还没有脱落，就要咨询医生，确认是否有免疫系统的疾病存在。

宝宝奶瓶要消毒

宝宝喝完奶的奶瓶一定要及时清洗、消毒。清洗时，先用热水冲刷，以冲掉残余油脂。之后再滴入少量洗洁精清洗，洗洁精一定要选择天然植物成分配方的。用奶瓶刷仔细刷洗奶瓶内部，保证完全洗掉奶垢，奶瓶颈部及螺纹处也要刷洗干净。盐可以分解奶垢，用盐擦洗奶嘴的里面，挤压与揉搓奶嘴顶部。这样可以完全清除奶垢。要把奶嘴和奶嘴座拆开洗，尤其注意奶嘴吸孔处不要有奶垢沉积，可以用细小的针或尖锐的东西来清洁奶嘴的吸孔。

育儿小贴士

新妈妈在服用生物碱代谢药、止痛药、镇静药的时候可能会影响泌乳，请务必注意。另外，金刚烷胺、抗癌药物、溴化物、放射性核素等药物在哺乳期最好不用，如果必须用，要考虑停止哺乳。

温馨提示

哺乳期的妈妈要十分重视无机盐的摄取，其中的钙、铁、铜、锌、碘这几种无机盐对于妈妈来讲是最值得注意的。因为在这个阶段很容易造成这几种物质缺乏。例如锌，产后头3个月妈妈营养不良，乳汁中锌的含量显著低于营养良好者，如果宝宝长期饮用，便会导致体内缺锌。

育儿随笔

怎样判断妈妈奶水是否充足

母乳不足表现：喂奶时听不到宝宝吞咽的声音；妈妈自己感觉不到胀奶；宝宝吃奶时不安静，吃奶后过不了多久又想吃奶；尿量少且每日少于6次；出生后10天体重仍在下降，生长曲线平坦等。严重者常通过睡觉、不吃不哭来保存能量，表现为长时间睡眠、表情淡漠、哭声低微，并出现早发性母乳性黄疸（又称喂养性黄疸）。早发性母乳性黄疸主要是由哺乳次数不够、母乳不足、胆红素排泄过慢导致肠肝循环增加所致。

温馨提示

0～1岁的宝宝身体器官尚未发育完全，妈妈初乳中的免疫球蛋白完全能抵御致病菌及病毒入侵，让宝宝远离疾病。所以，母乳喂养的宝宝一般不建议服用牛初乳；当母乳不足或无母乳时，宝宝体质就会变差，容易咳嗽、感冒、发热、腹泻，甚至发育迟缓，这时可以服用婴儿专用牛初乳。此外，一些早产儿、低体重儿或难产儿，也可以服用。

育儿小贴士

爸爸妈妈一定要记住在宝宝不哭的时候也要爱抚他，如果你只是在他哭闹的时候去抱他，他很容易就学会利用哭闹来吸引你的关注。长此以往，他会变得更爱哭。

育儿随笔

— 妈妈小常识 —

在宝宝的皮肤表面，特别是他的眼睑、前额和颈后会经常出现一些小红斑点。这种小红斑点是由于接近皮肤表面的微血管扩张造成的，通常在宝宝出生后的6个月内消失，有些也会延长到18个月左右才消失。另一种是常见的胎痣，即所谓的"杨梅状痣"。这种"杨梅状痣"一般在出生后2天时出现，在宝宝3岁内逐渐消退。

宝宝老是含着奶头不放怎么办

作为妈妈应该理解宝宝的这种心理需要，让宝宝在自己怀里多待一会儿，同时为了避免宝宝常叼奶头，妈妈可借机多和宝宝说说话。宝宝吃饱后要及时逗引宝宝玩，如摸头、抚腮、抱起拍背、挠脚心、玩手指、给宝宝个拨浪鼓等，把宝宝的注意力从奶头上吸引过来，不要自顾自看电视，或和别人讲话，而把宝宝冷落在一边。

温馨提示

在新生宝宝的牙龈边缘或上腭，常可见到一些黄白色芝麻大小的疙瘩。这是由于上皮细胞堆积或黏液腺潴留肿胀而引起的，俗称"马牙"，是正常现象，几个星期后可自行消失。千万不要用针挑或用布擦"马牙"，以免擦破感染。

育儿随笔

— 妈妈小常识 —

宝宝现在虽然还不会说话，但他也有感觉、有思想，他不仅需要物质营养，更需要精神营养。所以宝宝吸吮妈妈的奶头，既是为了吃奶，满足生理上的需要，也是为了得到心理上的满足，这对宝宝来说，可谓是一种"超级享受"。母婴之间面对面的各种交流是一种"心理维生素"，它对宝宝智力、精神和心理的作用，就像母乳对宝宝身体发育一样重要。

怎样帮宝宝练习吞咽

宝宝出生半个月后，妈妈就可以帮助宝宝练习吞咽了。在两次喂奶之间宝宝半张嘴时，可以用勺子喂100毫升的钙剂溶液到宝宝的舌头中央，用勺子压着舌头，待宝宝吞咽。宝宝吞咽时会把溶液随着会厌软骨的前移而带出口外，所以要把勺子留在舌头中央来接住外流的液体。宝宝大约需要吞咽三四次，才会把勺子喂进的液体吞下。

— 妈妈小常识 —

大部分的宝宝在出生时身体各部位都有数量不等、一层黑绒绒的毛发，这是宝宝的"胎毛"。有些宝宝的胎毛只长在头上，而有些宝宝的双肩和脊柱部位都覆盖有一层黑黑的体毛，这些也是正常的。一般这些体毛在宝宝出生后，很快就会被摩擦掉。

育儿随笔

育儿小贴士

给宝宝洗澡时，尽量避免洗澡水流进外耳道。如果不小心流进去，可把宝宝的头侧向一边，有利于水流出，也可用棉签轻轻地把水擦拭掉，但不要把棉签插进外耳道。在感冒时也要小心宝宝是否有耳朵的不适，是否有分泌物流出或有特殊异味。如果宝宝老是抓耳朵，要小心患中耳炎的可能。

男宝宝用纸尿裤会影响生育功能吗

这种说法并没有确实的科学根据。不管使用传统尿布还是纸尿裤，阴囊内的温度都会提高，而这种温度变化并不会对青春期的生殖健康有影响。因为在婴幼儿时期，阴囊内并没有精子形成，只有在胚胎时期形成的精原细胞存在。这些精原细胞是在宝宝出生前，在温度为37℃左右的母体腹腔中发育而成的。直到青春期，睾丸性腺分泌性激素，输精管里的精原细胞才分裂为精母细胞，再分裂为精子细胞，最终分裂为精子。在使用纸尿裤的婴儿时期，阴囊内还没有精子，所以，穿纸尿裤并不会影响成年后的生育功能。

但是，鉴于男宝宝的生理结构，妈妈在给他穿纸尿裤的时候一定要注意松紧程度，不要因为怕漏而包得紧紧的，让宝宝的阴囊受到压迫。

－ 妈妈小常识 －

爸爸妈妈在选择尿布时，应该分别选用布尿布和纸尿裤。一般来说，布尿布更贴身、透气、经济、环保，晴好的白天与夏天使用起来很方便。纸尿裤在阴雨天与夜晚使用比较方便。宝宝大便后，要用温水把宝宝屁股洗干净，尤其是对腹泻的宝宝一定要耐心地清洗；用毛巾擦干皮肤时，要轻轻把水吸干，而不是来回擦拭皮肤，以免损伤宝宝娇嫩的会阴部及肛门周围皮肤。

温馨提示

初次分娩的妈妈很容易发生乳头皲裂，轻者可以继续哺乳，严重的则应采用乳头罩间接哺乳。这样的妈妈哺乳后乳房局部要涂10%复方安息香酸酊或10%鱼肝油铋剂，为了宝宝健康，哺乳前要注意洗净乳房。

育儿小贴士

新生宝宝的膀胱还没有发育完全，小便不能在体内存留很久，而且小宝宝的新陈代谢非常活跃，尤其是水代谢，所以每天会尿很多次，而每次的尿量却不多。再加上小宝宝的大便没有规律，一天不止一次，每次大便后都需要更换纸尿裤，所以新生宝宝每天需要尿布8～12片。随着宝宝逐渐长大，减少到每天4～5片。

宝宝的手脚要不要包起来

胎儿在母亲的子宫内四肢呈屈曲状态，出生后这种姿势还要保持一段时间，如突然用包裹、捆绑的方法去改变这种姿势，会使宝宝很不适应，影响宝宝的自由活动，从而阻碍其正常的生长发育，也容易造成宝宝腋下、腹股沟、臀部等处的皮肤糜烂。但是刚出生的宝宝还不能完全控制自己的手脚，往往会因为身体痉挛或一些突发的声音，而产生惊吓反射动作，并且容易从睡梦中惊醒。因此，给宝宝"打包"还是有必要的，关键是要掌握好包裹宝宝的方法。

包裹宝宝的原则是在保暖的前提下，让宝宝的四肢能够充分地活动。一般主张给宝宝穿上小衣服，可用睡袋来代替包裹。睡袋不仅保暖、宽松、舒适，四肢又能自由地活动，有利于宝宝的健康生长发育。

一 妈妈小常识 一

宝宝多动手，可以变得更聪明。爸爸妈妈不要因为害怕宝宝乱动会抓伤自己的脸便给他戴上手套，或者捆起来不让宝宝动。而应该创造条件，让宝宝充分地去抓、握、拍、打、敲、叩、击打、挖、画……例如，解开宝宝袋，把宝宝平放在床上，让他自由挥动拳头，看自己的手，玩手，吸吮手，还可以在宝宝清醒时轻轻抚摩他的小手，按摩手指，以引起抓握反射，输入刺激信息。你可以试试看，当你的手指（或细棒）接触宝宝的手掌时，他的小手是不是能握住不放。

温馨提示

在月子里吃鸡蛋有不少益处，可促进乳汁分泌，增强母子健康。但坐月子吃鸡蛋也要讲究方法：一是不可一次吃得过多，吃多了，蛋白质吸收不了，不但浪费，而且有的还会引起消化不良，每天最多吃 4 个为宜。二是烹调方法要多样，不要单纯煮着吃，煮鸡蛋的蛋白质不易消化和吸收，可做成鸡蛋羹、荷包蛋，以及配炒其他蔬菜等方法来食用。

宝宝突然发抖

有时候宝宝会突然发抖，妈妈担心宝宝是不是患了癫痫，或者是缺钙。其实这是一种很正常的生理现象。因为宝宝的大脑组织还未完全发育成熟，所以控制肌肉的功能尚不健全，而处于从属地位的皮质下中枢及脊髓，在功能上却相对地较为完善，因此宝宝的动作均是通过它们来完成的，并没有完全受到最高级神经中枢大脑皮质的控制。所以，宝宝常出现无目的、不自主的肌肉抖动。但是随着大脑功能的逐渐完善，宝宝就会出现有意识、有目的的动作，这种不自主的抖动就会慢慢消失。

育儿小贴士

新生宝宝在浅睡眠的时候会有吸吮动作，面部有很多表情，眼睛虽然闭合，但眼球还在转动，有时候四肢还会舞动。爸爸妈妈要知道这是宝宝在浅睡眠时的正常表现，而不是身体上的不适，不要急着用过多的喂食或护理去打扰他。宝宝在出生后，睡眠规律还没有养成，夜间要尽量少受打扰，喂奶的时间间隔应由2～3小时逐渐延长到4～5小时，使他晚上多睡、白天少睡，尽快和成年人生活节律同步。

育儿随笔

第22天

宝宝败血症有何症状

新生儿败血症是新生儿时期一种严重的感染性疾病,是病原体侵入新生儿血液中并且生长、繁殖、产生毒素而造成的全身性炎症反应。新生儿败血症往往缺乏典型的临床表现,但进展迅速,病情险恶成为新生儿败血症的特点。

由于新生儿免疫系统未成熟,免疫功能较差,极易发生感染,感染后很难局限而导致全身广泛炎性反应,病情进展较快。常见病原体为细菌,也可为真菌、病毒或原虫等其他病原体。

败血症是致病菌侵入血液,在血液循环中生长繁殖,同时释放毒素,造成全身感染的重症感染性疾病。宝宝败血症多数起病急、热势高,表现为突然高热,或先寒战,继之高热,体温多在 39℃ 以上,呈持续高热或不规则高热,热退时出汗较多。个别体弱或营养不良的宝宝可无发热,但精神欠佳、面色灰白。

一 妈妈小常识 一

在宝宝睡觉时,要尽量保持室内安静。在宝宝睡醒后,妈妈可以用和蔼亲切的话语和他讲话,进行听觉训练。给宝宝唱一些歌,也可以给宝宝听一些柔和悦耳的音乐,但声音要小,以免过强的声音刺激宝宝,使宝宝受到惊吓。

育儿随笔

....

....

....

....

育儿小贴士

越早会笑的宝宝越聪明,新生宝宝一般在第10～20天时学会笑。如果到1～2个月时还不会笑,需要请医生检查。宝宝的笑需要学习,从出生第1天起爸爸妈妈要向宝宝笑,并逗引宝宝笑。爸爸妈妈要经常与宝宝近距离、面对面地说话、逗笑。

应不应该经常抱着宝宝

旧的传统观念认为新生宝宝不能抱，抱了易形成抱癖，对爸爸妈妈和宝宝都没什么好处，这种想法是不正确的。经常抱着的宝宝体形会变得优美，这也是宝宝的运动之一。整日躺着的宝宝，对父母来说很方便，但并不利于宝宝的生长和发育。

经常被抱着的宝宝通常性格特别好。抱着时表情愉快，不停地咿咿呀呀，爸爸妈妈有事顾不上抱时，他自己躺在床上不断地运动四肢，四处张望，口中常"念念有词"，身体发育也显著地超过同龄宝宝。这是因为抱着的宝宝看到的事物多，躺着的宝宝光看天花板，缺乏神经发育必需的各种丰富的刺激。

育儿小贴士

妈妈请尽量减少给宝宝使用橡皮奶嘴的机会，因为宝宝吸吮奶嘴与吸吮妈妈的乳头不一样，橡皮奶嘴长，出奶量大，瓶中的乳汁容易流出，故吸吮方便。宝宝一旦习惯橡皮奶嘴，则会对需用更大气力吸吮的母乳不感兴趣，导致拒绝母乳。

温馨提示

刚出生的宝宝身上，特别是在背部下方或臀部会有一块一块的青斑，在这些青色斑块上还会见到一些黑色素，看上去像被挫伤过，其实，这是正常现象，医学上称它为"蒙古斑"。亚洲和非洲的婴儿在出生时几乎都会有这些斑块，这些斑块对人体是无害的，在宝宝的生长过程中，它会逐渐地自行消失。

育儿随笔

宝宝太乖是不是正常

有些宝宝会出现四肢直伸、活动少，面部缺乏表情，吃奶吸吮力不强，很少哭闹等现象，经常被误认为很"乖"。其实宝宝在"乖"的假象下，可能隐伏有各种严重的疾病。就四肢活动来讲，表现为安静、动作少的小宝宝，有的是肌肉张力增高，下肢强直呈交叉状。这种婴儿往往精神呆滞，反应不灵敏，而且随着年龄增大，智力发育落后逐渐明显，这样的宝宝可能患有先天性脑发育不全症。有的宝宝因营养不良导致肌肉发育不良，或患先天性肌弛缓综合征，肌张力低下，表情呆钝，对周围环境不感兴趣。这些宝宝都需去医院检查，以明确诊断。

— 妈妈小常识 —

有些妈妈奶水不足，或者为了不让宝宝哭闹，往往给宝宝吸个奶嘴。宝宝吸上了奶嘴，可能不再哭了，然而这样做却带来了许多弊病。宝宝吸吮的动作与消化技能是相互联系的，正常的吸奶与胃肠道的消化吸收作用已经建立条件反射。而吸奶嘴时，同样给消化道一个刺激信号，却没有奶水可消化吸收，这样时间长了，就会产生消化不良的症状。

温馨提示

当你看到宝宝眼睛半睁半闭，不再动来动去时，就表明他要睡着了，妈妈可以轻轻播放当初胎教时宝宝曾经听过的音乐，让他置身于熟悉的环境中，并轻拍宝宝，让他感到妈妈一直陪在他身边，这样，宝宝就会感觉到温暖和安全而沉沉地睡去。如果妈妈愿意亲自哼唱摇篮曲，那对宝宝而言就更好了。宝宝一定会仔细倾听，陶醉其中。

育儿小贴士

有的宝宝白天睡觉，晚上却醒着玩，否则就会大哭大闹。这是由宝宝的神经系统发育不完善造成的，需要妈妈反复培养，他才能建立起白天活动、夜里睡觉的规律。如果宝宝白天睡得太熟，妈妈要有意识地让宝宝多醒几次，引逗他多玩一些时间。在抱着宝宝玩的时候，父母要注意，不要旋转、上下晃动，或突然改变方向等。

宝宝睡觉的时候要不要开夜灯

许多新手父母为了夜里便于给宝宝喂奶、换尿布，总爱在卧室通宵开着灯，这样做对宝宝的健康成长是十分不利的。昼夜不分地经常处于明亮光照环境中的宝宝，往往出现睡眠和喂养方面的问题。宝宝体内自发的内源性昼夜变化节律会受光照、噪声等物理因素影响。昼夜有别的环境对宝宝的生长发育较为有利。

— 妈妈小常识 —

宝宝的新陈代谢比成人快，所以也比较怕热，冬天固然应该穿得保暖一点。但是天气热的时候，穿太多反而会令宝宝不舒服，加上他的体温很容易受外界的影响，所以在给他穿衣时，必须更要注意环境的冷暖变化。一般而言，大人觉得冷，必须穿多时，就给宝宝多穿一件；大人觉得热，必须少穿时，就给宝宝多脱掉一件，而夜晚则需比白天多穿一件。

育儿随笔

育儿小贴士

有些宝宝会带着一两颗牙来到世上，一般是长出下门齿。由于宝宝有牙，喂奶时就会咬疼妈妈的乳头。这种过早长出来的牙齿有两种，一种是真正的乳牙，一种是多余的牙。真正的乳牙牙根很深，而多余的牙是歪斜的，从一长出来就不牢固。妈妈应该带宝宝到医院请牙科医生检查后，拔掉多余的、活动的牙为宜。

为什么要给宝宝做抚触

抚触是对新生宝宝最好的慰藉。如果宝宝的身体能得到充满爱意的触摸，皮肤内分布的许许多多神经末梢就会兴奋，并且立即将兴奋传送到大脑，使神经系统活动旺盛，从而分泌出各种激素，很快便会使宝宝的紧张情绪得到放松，内心安定下来，仿佛又回到曾经生长的子宫。这样有助于宝宝新的生物钟的建立，并且日渐平衡，生长发育由此步入正轨。

— 妈妈小常识 —

正常新生宝宝在睡醒的情况下，手足活动是相当频繁的，尤其在天热洗澡前脱去衣服时这种表现更为明显，这是正常现象。正常宝宝啼哭时，嘴巴张开左右嘴角位置相仿。如果在出生过程中面神经受压有些损伤时，宝宝哭的时候就可以看到嘴角歪向一边。正常宝宝没有四肢强直、两眼上翻、凝视、抽搐、面肌跳动和手脚颤动等现象，一旦发现或频繁出现上述现象，就属异常了。

育儿随笔

....

....

....

....

温馨提示

宝宝的衣物和被褥都应该选用纯棉制品，不仅舒适，而且透气性好。两个月内的宝宝可以不穿裤子，用一条纯棉或者纱布包单将宝宝从腋下一直到脚裹住，既保暖，又方便妈妈及时清洁宝宝的小屁股，但要注意不能把宝宝裹得太紧。

宝宝生了鹅口疮，妈妈该怎么办

在宝宝的舌头上和颊内侧出现的白色苔状物，一般为鹅口疮，是由念珠菌感染引起的。另外，鹅口疮通常出现在宝宝的双颊，有时会出现在舌头、上腭、牙龈。新生宝宝出现的机会很大。这种感染虽不危险，但是会痛，会影响宝宝吸奶。一定要为宝宝治好此病，以免妈妈自己也因为乳头皮肤的裂伤而感染，或是传染到宝宝身体的其他部位。

患鹅口疮的宝宝常常会出现喂食困难，因为他的嘴巴一碰就会痛。妈妈可以请医生检查宝宝的病情，从口腔内刮取检体以便进行分析，可以使用抗真菌软膏或口滴剂进行治疗。

为了防止宝宝反复发生感染，在消毒奶瓶和奶嘴时，就要特别注意清洗消毒。如果是母乳喂养，在鹅口疮未治愈之前，妈妈的乳房一定要保持清洁。

新生宝宝鹅口疮是可以预防的，平时只要注意口腔护理，每次喂奶后再喂几口温开水，可冲去留在口腔内的奶汁，这样真菌就不会生长了。此外，每次喂奶前，要先将奶头揩净，妈妈双手也要洗干净。新生宝宝所用食具，也应煮沸消毒。

育儿小贴士

有些宝宝尿布一湿就会大哭特哭，一般来说，这是由于宝宝被湿布裹着感到很不舒服。但如果这种情况经常发生，排除其他危险因素外，爸爸妈妈最好将宝宝抱起来观察一会儿，看他是否出现排尿困难的症状。假如有这种情况即表明宝宝的尿道有感染或被阻塞，应该尽快去看医生。

温馨提示

大多数新生宝宝在哭的时候，如果把他抱起来靠在你的肩膀上，他不仅可以停止哭闹，还会睁开眼睛。如果你逗他，他会注视你，和你交流。一般情况下，通过与宝宝面对面地说话，或把你的手放在宝宝腹部，或按握住他的双臂，宝宝都可以通过这种安慰停止哭闹。

育儿随笔

妈妈该如何为宝宝"抚触"

让宝宝取俯卧位，妈妈用较小的力自头-颈-背，再从背-颈-头进行抚触，约5分钟。接着宝宝取仰卧位，妈妈抚触其肩-胸-大腿-双足-臂-双手，约5分钟。接下来做上下肢伸屈运动，5分钟。先俯卧位会使宝宝感觉更安全、舒适，表现安静、不哭闹，而后仰卧位继续抚触，使宝宝更愿意接受。每个按摩动作不能重复太多，先从5分钟开始，逐渐延长到15～20分钟，一般每天3次。

温馨提示

由于新生宝宝新陈代谢更旺盛，所以自然就会比其他年龄段的宝宝眼屎多。但是如果眼屎过多、黏稠，那就是有眼部病变的警示了。新生宝宝眼屎多常常是结膜炎的表现之一。宝宝出生时，妈妈产道内的病菌可侵入宝宝的眼中；平时卫生习惯不好，用不清洁的手擦了宝宝的眼睛，也可能引起结膜炎。

有的新生宝宝不仅有"眼屎"，而且常常见到他的眼睛里总是泪汪汪的，经多次使用眼药水后仍不见好转，此时有可能是新生宝宝的鼻泪管被上皮细胞残渣堵塞或鼻泪管黏膜闭塞，时间久了而引起泪囊炎。凡是新生宝宝有"眼屎"、溢泪，经抗生素眼药水或眼膏治疗不见效时，就应到医院眼科做进一步检查，并进行治疗。

— 妈妈小常识 —

妈妈应经常在宝宝醒着的时候抱起他，脸对着他的脸，相距20～30厘米。妈妈的眼睛盯着宝宝的眼睛，轻轻地跟他说话。同时轻轻地抚摸宝宝的小脸，或把示指（食指）给宝宝握着，慢慢地摆动。这时，妈妈可以哼着儿歌，或说些亲昵的话，可每日抱宝宝玩一会儿。

育儿随笔

宝宝易得肺炎，新妈妈怎样及时发现

新生宝宝正常的呼吸次数每分钟为 40 ～ 45 次，如果大于 60 次为呼吸增快。为了计算的准确性，前后应数两次。当宝宝的呼吸每分钟大于 60 次时应尽快去医院。数呼吸时要注意一吸一呼为 1 次呼吸，不要误算为 2 次。由于宝宝的胸廓运动幅度小，以腹式呼吸为主，所以观察腹部呼吸运动的情况会更清楚，数出的次数也较准确。测量要在安静的情况下进行。但是，正常新生宝宝入睡后有时也会出现呼吸不均或暂停，要结合其他表现来确定是不是患了肺炎。

温馨提示

家中卧室要经常开窗通风换气，尽量减少亲戚朋友的探访，尤其是患感冒等传染性疾病的人员不宜接触新生宝宝。家庭成员接触新生宝宝应认真洗手，以防将病原体传给新生宝宝而使其患病。同时最好多给新生宝宝洗澡，避免皮肤、黏膜破损，保持脐部的清洁干燥。

育儿小贴士

在宝宝哭过之后，爸爸妈妈可以试着学宝宝的哭声。这时宝宝会跟着你发声，慢慢练习几次，父母可以再进一步对宝宝进行训练，张大嘴，用"啊"来代替哭声引导宝宝回答，这样反复后，宝宝就会发出第一个元音了。

— 妈妈小常识 —

宝宝的体温在 38℃ 以下时，一般不需要处理，只要多喂些水就可以了。体温如果在 38℃ ～ 39℃，可将襁褓打开，将包裹宝宝的衣物抖一抖，散去热量，然后给宝宝盖上薄些的衣物，使宝宝的皮肤散去过多的热量。对于 39℃ 以上的高热患儿，可用 75% 的酒精加入一半水，用纱布蘸湿后擦颈部、腋下、大腿根部及四肢等处，高热会很快降下来。在降温过程中要注意，体温一开始下降，就要马上停止降温措施，以免矫枉过正出现低体温。在夏季降温过程中要注意多给宝宝饮水，白开水或糖水均可以。当宝宝情况严重时一定要请医生检查宝宝发热的原因，及时进行治疗。

宝宝应该什么时候开始学说话

宝宝呱呱落地的第一声啼哭，是他成长道路上的第一个响亮的音符，此时此刻的宝宝已经具备了说话的能力。人生语言的启蒙阶段可以分成3个时期：第一时期为0～3个月发音简单时期，比如，宝宝在第一个月会间歇性地发出"ki、wi"等声音，第二个月发出"ma"声，第三个月出现更多元音和很少的辅助音调，比如"a、e、ou、m"等；第二个时期是4～8个月的连续发音时期，这时宝宝发出的辅助音调就更多了，而且出现了连续的音节，比如"ba—ba、ma—ma"等，爸爸妈妈会欣喜地以为这是宝宝在叫"爸爸""妈妈"了；第三个时期为9～12个月，这个时候的宝宝开始模仿爸爸妈妈的发音，开始对简单的词产生理解了。

— 妈妈小常识 —

宝宝的早期教育大体分为2个时期。第一个时期，主要是接受感知经验，包括大脑的听觉经验、视觉经验、触觉经验、味觉经验等。这一时期爸爸妈妈往往把大量的东西存储在宝宝的大脑里，从而使宝宝的感知经验增加，以后可提取的信息与经验也就增加了。第二时期则是使用这些经验。

宝宝学会说话是智力发展的一个飞跃，语言的发展使宝宝在扩大视野和活动范围的同时迅速扩展了他的思维能力。宝宝要学会说话并非易事，但父母不要过分担心，而是要遵循宝宝学说话的各个进展阶段，利用这些阶段，提供良好的教育条件，让宝宝尽早说话。

温馨提示

妈妈为宝宝增添的菜汁、番茄汁等辅食中都含有丰富的维生素C。但维生素C在接触氧气、高温、碱性物质或铜制品时很容易被破坏。因此一定要用新鲜的瓜果蔬菜。

育儿小贴士

爸爸妈妈为了让宝宝尽早开口说话，有时候方法不得当反而会使宝宝从这个极端走向另一个极端。所以，除了要注重语言教育外，更重要的是要重视左右脑的协调活动，让宝宝的大脑潜能得到最大限度的开发。

宝宝为什么会惊厥

新生宝宝惊厥是中枢神经系统功能紊乱的症状，由多种原因引起。最多见的原因有产伤、围产期缺氧、颅内出血、代谢紊乱、先天代谢异常、中枢神经系统感染、脑发育畸形等。良性系统性新生宝宝惊厥可能是由常染色体遗传性疾病引起的，有家族史，惊厥可在数周内停止，发育后可恢复正常。有低血钙、低血镁、低血糖、窒息史、难产、缺氧缺血脑病症状的宝宝应密切注意其变化。

育儿小贴士

给女宝宝洗完澡的时候，可以用毛巾或棉花球擦洗她的外阴部。一般从外阴的前面向后面擦洗，这样就不会将细菌从她的肛门带到尿道。如果宝宝对肥皂过敏，可以考虑改用浴液，以免出现皮疹。然后冲洗掉宝宝身上的肥皂泡沫，用柔软的毛巾把外阴部擦干。

— 妈妈小常识 —

夏天天气炎热，但也不要给宝宝睡凉席，否则很容易造成宝宝腹痛和腹泻。可以在凉席上铺上薄被或床单，防止宝宝受凉。

温馨提示

宝宝出生以后，肠胃就在不停地蠕动着，当宝宝感受到寒冷的刺激时，肠蠕动就会加快，内脏肌肉呈阵发性强烈收缩，因而发生阵发性腹痛。因此，平时不要忽视对宝宝腹部的保暖，即使夏天，天气炎热时，也应防止宝宝腹部受凉，不要让宝宝光着身子睡觉和玩耍。

要注射疫苗啦！

育儿随笔

满月的宝宝体格发育有哪些标准

按照世界卫生组织儿童体格发育评估标准：如果是男宝宝，满月时标准体重为3.6～5.0千克，标准身高为52.1～57厘米。如果是女宝宝，满月时标准体重为3.4～4.5千克，标准身高为51.2～55.8厘米。

温馨提示

专家提倡按需喂养宝宝，但并不是说宝宝一哭就得喂。因为宝宝啼哭的原因很多，也许是尿湿了，也许是想要人抱了，也许是受到惊吓了，妈妈应学会分辨。如果把宝宝抱起来走一走，或是给他换掉脏尿布，他就能安静下来，停止啼哭，那么就可以不必喂奶。喂奶过于频繁，奶水还来不及充分分泌，造成宝宝每次都吃不饱，过不了多久就又要吃。这样，一方面会影响妈妈休息，另一方面频繁吸吮也会使妈妈的乳头负担过重，容易破裂。

一 妈妈小常识 一

新生儿期各种感染如败血症、肺炎、脑膜炎、泌尿系感染等，临床常以食欲低下为前驱症状；消化系统疾病，如肠道感染等，食欲低下也是最常见的表现，同时常伴有呕吐、腹泻；心肺功能异常，如肺炎、心力衰竭等，除了脸色青紫、气急外，也会导致食欲低下；神经系统疾病，如脑缺氧、脑出血等，由于神经系统病变使吸吮反射消失，影响吞咽而造成食欲低下。

育儿小贴士

宝宝在满月前后，每天的尿量可达到250～450毫升。宝宝尿的次数多是正常现象，父母不要因为宝宝尿多，就减少给水量。尤其是在夏季，如果喂水少，室温又高，宝宝很容易出现脱水热。

疫苗

乙肝疫苗（第二针）

宝宝能剃满月头吗

给满月的宝宝理发应"剪"非"剃"。用剪刀剪去过长的头发既可以让宝宝显得精神又不会对头皮造成损伤。而剃头则不然，在剃头的过程中，刀片会对宝宝的头皮造成许多肉眼看不到的损伤。此时的宝宝皮肤娇嫩，防御功能尚不完善。作为人体的第一道防线，它尚不能很好地抵御病菌的入侵，更何况是用剃刀，若有损伤，这就更为病菌打开了无数的缺口。因此，从预防感染的角度考虑，剪发要比剃发更合理、更安全。

— 妈妈小常识 —

妈妈也可以对刚出生的宝宝进行一些智力训练。比如，当宝宝睁开眼时，你可以试着让宝宝看你的脸，因为刚出生的宝宝视焦距调节能力差，最好的距离是19厘米。还可以在20厘米处放一红色圆形玩具，以引起宝宝的注意，然后移动玩具，上、下、左、右摆动，宝宝会慢慢移动头和眼睛追随玩具。健康的宝宝在睡醒时，一般都有注视、不同程度转动眼和头追随移动物体的能力。

育儿小贴士

给宝宝喂奶1个小时后是非常好的按摩时刻。此时宝宝的精神状态良好，而且也不会因按摩发生吐奶的情况，抓住时机按摩能让宝宝感觉更愉快。这样的按摩可以每周进行2～3次，每次20分钟左右，让按摩成为你和宝宝之间的家庭活动。当然，别忘了每次按摩时要适时地和宝宝说说话，以增进和他的感情。

育儿随笔

第34天

宝宝可以开始晒太阳吗

新生宝宝在出生后1个月就可以开始晒太阳了，但如果在冬天，则需要适当推迟。宝宝晒太阳可以促进机体的新陈代谢。日光中的紫外线还能杀菌、消毒和转化皮肤内 7-脱氢胆固醇为维生素 D_3。维生素 D_3 有助于肠道内钙磷的吸收，起到预防和治疗维生素 D 缺乏症的作用。

— 妈妈小常识 —

在天气好的时候，每天让宝宝到户外活动并晒晒太阳，因为阳光中的紫外线照射皮肤后，能够使人体自身合成维生素 D，而这也是人体内维生素 D 的主要来源。如果遇到冬、春季节不能外出活动，就要考虑额外补充适量的维生素 D 以满足身体需要。但是，千万不要盲目补钙。虽然缺钙多数表现为枕秃、多汗，但不能仅从这两项就断定宝宝一定缺钙，最保险的办法是带宝宝到医院去检查血钙，如果真的缺钙再补也不迟，盲目补钙会引起不良后果。

育儿小贴士

给宝宝晒太阳时温度以 20℃～24℃为宜，气温过低会引起宝宝感冒。一般先晒1分钟，如果无皮肤红斑等反应，可以逐步加到 3～10 分钟，但不要在烈日下暴晒，否则会引起宝宝皮肤灼伤。宝宝的眼睛不能直接接触阳光，尤其在夏季，请妈妈记得给宝宝戴上白色帽子。

育儿随笔

温馨提示

不要把冰箱放在卧室里。冰箱启动后放出的电磁波，可作用于人大脑中的松果体，对神经系统产生影响，可影响机体免疫功能。同时电磁辐射还会直接损伤人体细胞内的基因主体——脱氧核糖核酸。此外，冰箱电机工作时的噪声对新妈妈和宝宝的睡眠也会产生一定的影响。所以，尽量把冰箱放在客厅或门厅里，不要放在卧室。

宝宝用怎样的姿势睡觉最合适

新生宝宝的头颅骨缝还未完全闭合，如果经常保持一个睡姿，头部始终偏向一个方向，可能会引起头颅变形。正确的做法是经常为宝宝翻身，变换体位和睡眠姿势。吃奶后不要仰卧，而应侧卧，以防宝宝吐奶。左右侧卧的时候要当心不要把宝宝的耳轮压向前方，否则耳轮经常受折叠也容易变形。

温馨提示

一般情况下，母乳喂养的宝宝不需要额外补充水分。因为妈妈的乳汁能提供足够的水。如果再给宝宝喝水会减少宝宝的饥饿感，并减弱宝宝的吸吮能力，从而影响母乳的喂食，要知道，宝宝自己是搞不清奶和水的用处的。但如果是人工喂养的宝宝，则需要额外补充一些水分，在两次喂奶之间可喝 30 毫升左右温白开水。

一 妈妈小常识 一

有的新妈妈喜欢用自己的乳汁涂擦在宝宝脸上，认为这样可以使宝宝面部皮肤更细腻。其实，营养丰富的母乳是细菌滋生的最好培养液。宝宝面部皮肤娇嫩，血管丰富，繁殖的细菌进入毛孔后，皮肤就会产生红晕，造成损伤。

育儿小贴士

妈妈需要回医院进行检查时，也不要忘了给宝宝进行详细检查。如 1 个月的体重、身高、四肢活动、眼睛的视力、耳朵的听力及大小便的化验等，从而了解宝宝生长发育的状况及是否有生理缺陷。其中要特别注意宝宝脐带脱落情况是否正常。

育儿随笔

怎样给宝宝把大、小便

有规律的大、小便可以使父母少洗些尿布，更有利于宝宝皮肤的清洁，培养宝宝良好的卫生习惯。妈妈现在就可以开始给宝宝"把屎、把尿"，让宝宝学习听声音和用"把"的姿势排大、小便。

妈妈平时要注意观察宝宝大、小便的时间规律，一般大、小便多在醒后和进食后，此时可及时把屎、把尿。把小便时妈妈可伴以"嘘嘘"声和一定的姿势；把大便时结合"嗯嗯"声与把便姿势，逐渐形成条件反射；还要注意让宝宝的头和背部靠在大人身上，每次时间不应超过 3～5 分钟；宝宝哭闹表示拒绝时不要勉强；把尿也不要过勤，以免造成尿频。

温馨提示

经常把持的宝宝无论是否需要排泄，都会尿出几滴来回应。此外，在宝宝需要时，他会以咿呀学语、全身颤动等方式来让妈妈把持。如果母子配合默契，几乎每次把持都能成功。不少宝宝在满月后就"识把"了，会在妈妈垫尿布时主动把臀部抬起，与你合作。

— 妈妈小常识 —

在宝宝睡前醒后，饭前饭后，出去回来时可以把尿。给宝宝把尿时妈妈发出一些声音，使宝宝对排尿形成条件反射，以后妈妈发出这种声音宝宝便会有尿意。

育儿小贴士

在脐带没脱落之前，宝宝的肚脐是一个创面，有利于细菌繁殖而发生脐炎。严重情况下，宝宝会出现发热、精神弱、吃奶差等现象。妈妈在平时要注意保持宝宝脐部的清洁干燥，千万不要用有污染的物品接触宝宝脐部。治疗脐炎可以在局部用 75% 酒精擦净残端，但请不要用消毒粉撒在脐部，以防感染。如脐周红肿，表面有脓性分泌物并带有臭味，可以带宝宝去医院向医生求助。

怎样通过大便看宝宝的身体异常

如果宝宝大便次数多而量少，且又多呈绿色黏液状，有少量奶瓣，一般说明宝宝食量过大而吸收差，此时应减少宝宝的奶量。若宝宝从出生起一直排灰白色便，而小便呈黄色，很可能由先天性胆道梗阻所致。若宝宝大便次数多，为稀便或水样便，且臭带黏液，外加宝宝呕吐、厌食等，应考虑宝宝是否肠道感染，应及时带宝宝去医院检查。

哺喂婴儿配方奶的宝宝会因厂牌不同，大便颜色也会有些差异。世界卫生组织对婴儿配方奶粉的成分制定有标准，包括脂肪、蛋白质、糖类及渗透压等，但各厂牌的成分还是有些不同，因此对哺喂配方奶粉的宝宝，要注意长时间观察其大便情况。

温馨提示

正常情况下，宝宝的尿色是淡黄、清澈的。尿液在寒冷的季节放置以后，可能会出现白色结晶沉淀，变得混浊，在加热后就可以溶解，但在一些特殊情况下，宝宝的尿液颜色可能会说明一些异常的情况。

尿液无色　可能是由于喝了大量水分造成的，没什么问题。

尿液深黄色　流汗、呕吐、腹泻时体液流失，尿液减少，颜色就会加深。

尿液橙黄色、橘红色　部分药物会造成尿液变色，父母要注意。褐色，肝脏或胆的疾病，应就医检查，部分药物也可造成尿液变色。

尿液粉红色、焦黄色　有些药物或食用色素会使尿液变红。

尿液异常混浊　肾脏疾病会使尿液含有蛋白质而变得混浊。

在尿布疹严重的时候暂时不要让宝宝用尿布，而应让他的臀部暴露在空气中。通常尿布下可放置塑料布以免弄脏床褥，但不要将塑料布紧贴宝宝的臀部，以免影响透气性。尽量选用纯棉布做尿布，要勤换尿布。尿布要洗烫后在阳光下晒干再使用。还要注意勤给宝宝把尿，以免尿液继续伤害宝宝皮肤。需要的话，可在医生指导下应用鞣酸软膏、护臀霜、加热消毒后放凉待用的植物油等。患处严重者可到医院理疗。如果是真菌感染可选用制霉菌素药膏。

啊，我的宝宝是罗圈腿

妈妈看到宝宝躺着时腿和脚向内弯曲，用手轻轻拉直，一会儿宝宝的腿又弯了，难道宝宝是罗圈腿？其实，这并不是异常现象。由于在母体子宫内的空间有限，胎儿是以双腿交叉蜷曲、臀部和膝盖拉伸的姿势生长的，因此腿和脚向内弯曲。出生后，随着宝宝经常运动，臀部和腿部肌肉力量加强，宝宝的腿和脚就会慢慢变直。

爸爸妈妈可以在宝宝熟睡时检查一下：将宝宝双腿轻轻拉直，如果大腿两侧的皱纹（俯卧时可看臀纹）一高一低差别很大，极其不对称，要注意宝宝是否患有先天性髋关节脱位，应带宝宝到骨科医生处检查确诊。

— 妈妈小常识 —

尿布疹是婴儿常见的皮肤问题，表现为臀红，皮肤上有红色的斑点状疹子，甚至溃烂流水，患病宝宝表现出经常哭闹、不安、烦躁、睡不踏实等。

尿布疹是由于尿布被粪便、尿液污染后，分解产生氨，刺激和损伤宝宝皮肤所致。未及时更换尿布是致病的主要原因之一。宝宝的皮肤娇嫩，易对洗涤剂、柔顺剂过敏，因此在反复使用尿布时，洗净后一定要用清水多漂洗几次，并定期用开水烫或煮。

尿布疹的发生还与纸尿裤的类型、更换次数相关。由于穿着大小合适的纸尿裤不容易出现侧漏，对皮肤的封闭状态会导致皮肤 pH 值的增高，而有些粗心的父母又不太注意及时更换纸尿裤，这样时间一长也会导致尿布疹的发生。

育儿小贴士

一般来说，宝宝满月之后，脐带脱落部位已经愈合，但有的宝宝肚脐上却鼓出一个包，皮肤颜色却正常。家长不要担心，这是脐疝。脐疝是由于脐带脱落之后，脐带血管及胶样物质退化消失，腹膜与瘢痕性皮肤组织相粘连，两侧腹直肌鞘未合拢，这样肚脐部位就成为一个薄弱的环口。当宝宝用力哭闹、咳嗽的时候，腹压增高，肚脐部分的腹膜向外膨胀而出，就形成了脐疝。

患有脐疝的宝宝应尽量避免不停哭闹，有便秘、咳嗽等情况出现时也要尽快采取措施。因为这些状况都会导致宝宝的腹压增高，加重脐疝的症状，影响脐环的愈合。

宝宝皮肤褶皱处糜烂怎么办

宝宝皮肤细嫩，颈部、大腿、腋窝等皮肤褶缝处通风有限，相贴的皮肤表面相互摩擦容易造成局部表皮糜烂，甚至出现渗液或化脓，并伴有臭味，但糜烂面往往不再扩大至暴露在外的皮肤。这种情况在胖宝宝身上更容易发生，防止的办法就是及时为宝宝清洗褶皱处的汗水，并用柔软的干毛巾轻轻擦拭，以保证皮肤干燥。除清洗外，最好到通风的地方，给宝宝的皮肤降降温，可以防止皮肤糜烂和长痱子等，也可用点爽身粉，但要注意擦去皮肤表层的浮粉，减少毛孔堵塞。

育儿小贴士

牛奶在冰箱外搁置几个小时后就不要再给宝宝食用了。如果要在妈妈离开家后一两个小时给宝宝喂奶，那么一旦从冰箱中取出奶后，就应该放进隔热包里。如果宝宝吃了半瓶奶就睡着了，那就要把剩下的半瓶放进冰箱。记住哦，第二次从冰箱里取出后，牛奶就不能再往回放了。

温馨提示

不要直接用嘴来试牛奶的温度。很多对大人来说无所谓的病菌对宝宝来说却是可怕的。正确的方法是喂奶前将奶汁滴于手背或手腕处，试一下牛奶的温度，以不烫手为宜。

妈妈小常识

完全人工喂养的宝宝，需要根据其食欲情况而定喂奶量。一般 1 个月月龄的宝宝全天需奶量 500 ～ 750 毫升，按每天喂 6 次计算，每次喂 75 ～ 125 毫升。当然，宝宝的活动量不同，食量也会不同，这要根据每个宝宝的具体情况确定，不能强求一致。

育儿随笔

可以单独用米粉来喂养宝宝吗

宝宝最需要的蛋白质在米粉中含量不足，质量也不够好，如果只用米粉喂养宝宝，就会出现蛋白质缺乏症，不仅宝宝生长发育迟缓，而且还会影响宝宝的神经系统、血液系统和肌肉的发育，并且抵抗力低下，免疫球蛋白不足，易患疾病。长期食用米粉的宝宝体重不一定减少，反而又白又胖，这是因为宝宝摄入过多的糖类转化成为脂肪，把皮肤充实得紧绷绷的，成了"泥膏宝宝"。

育儿小贴士

头向一定位置倾斜，一般是宝宝仰睡时形成的习惯。你可以把宝宝的头转到相反的方向，也可以让宝宝俯卧，这样便抬高了宝宝头的位置，颈肌就会积极地活动。有的时候，宝宝某块颈肌上出现血肿或小结，这样就使得该侧肌肉缩短，此时就需要增加一些有目的性的锻炼。

育儿随笔

— 妈妈小常识 —

现在宝宝对妈妈说话的声音已经很熟悉了，而且如果听到陌生的声音还会表现得很吃惊，声音如果大些他还会害怕。这时候要给宝宝听一些轻柔的音乐，对宝宝说话、唱歌的声音都要悦耳。宝宝玩具发出的声音不要超过70分贝，居住环境里的噪声更不能超过100分贝。宝宝非常喜欢周围的人跟他说话，否则他也会觉得孤单。

宝宝需要健身吗

婴儿期是宝宝身体生长发育最快的时期，也是最关键的阶段。研究证明，不少的成人疾病，如肥胖、高血压、冠心病及智力发育的好坏，都与婴儿时期的活动锻炼有直接关系。宝宝现在过的几乎是吃了睡、睡了吃的生活，能量消耗过低，体内脂肪很容易堆积过剩。所以，为了宝宝将来的健康着想，爸爸妈妈一定要帮助宝宝健身。

育儿小贴士

宝宝从第二个月开始就可以做被动体操了，由爸爸妈妈协助进行，做四肢伸展屈曲运动。每次运动时间2分钟，上下午各进行1次。这样锻炼可以增强肌肉的紧张度，促进肌肉发育，加强深呼吸，促进血液循环，有利于宝宝的健康生长。

— 妈妈小常识 —

宝宝健身操：让宝宝保持仰卧状态，两腿伸直，妈妈用双手握住宝宝的两脚踝，注意不要握得太紧。先帮助宝宝将两腿同时屈至腹部，然后还原，重复这个动作。这个动作可以帮助宝宝运动下肢，促进下肢的发育，需要注意的是，当宝宝的腿屈到腹部时，妈妈的手要用力一些，而伸直时就不要太用力了。

温馨提示

宝宝的健身运动一定要适时适量进行。尤其是进食时或刚刚进食不久，绝不能让宝宝进行运动，以免宝宝呕吐，甚至使吐出的食物呛入气管。亲子健身运动的时间一般要选择在进食2小时之后。

育儿随笔

....

....

....

....

....

....

宝宝床上的玩具应该怎样挂

在宝宝的床上悬挂玩具,可供宝宝看和玩耍,但要注意这些玩具应经常变换地方,以防宝宝斜视。因为总把玩具挂在床的正中间,宝宝总盯着中间看,容易出现内斜视;若把玩具挂在床的一侧,会引起宝宝斜视。玩具不要挂得太近,否则会让宝宝看得很累,最好常抱宝宝到窗前或户外看远的东西。

育儿小贴士

对于刚出世的宝宝来说,除了吃奶的需要之外,再也没有比母爱更珍贵、更重要的精神营养了。这不仅是因为宝宝从宫内来到这个大千世界感觉到了许多东西,更重要的是在心理上已经懂得母爱,并能用哭声与微笑来表达他的内心世界。宝宝最喜欢的是妈妈温柔的声音和笑脸,当妈妈轻轻呼唤宝宝的名字时,他就会转过脸来看妈妈。妈妈把他抱在怀中,抚摸着他并轻声呼唤着逗引他时,他就会很理解似的微笑。

温馨提示

爸爸妈妈要学会在早期保护宝宝嗓音,正确对待宝宝的哭。哭是宝宝的一种运动,也是一种需要的表达方式,所以不能不让宝宝哭,也不能让宝宝长时间地哭。长时间哭或喊叫会造成声带的边缘变粗、变厚,致使嗓音沙哑。

妈妈小常识

产后42天,新妈妈应该到医院进行产后检查了,了解全身的恢复情况。在产褥期应避免性生活,因为产妇的子宫尚未完全恢复,阴道也可能因分娩而出现裂伤,容易造成细菌感染。

育儿随笔

....

....

....

宝宝经常打嗝怎么办

宝宝打嗝是由横膈膜突然用力收缩造成的，是很常见的现象。由于刚出生的宝宝神经系统发育还不太成熟，一般很短的时间后会停止打嗝，不会对宝宝的健康造成影响，随着长大也会自行缓解。妈妈可以通过以下几种办法帮宝宝"对付"打嗝。

如果是"胃食管反流"造成的打嗝及溢奶，可在喂奶后让宝宝直立靠在大人的肩上排气，且半小时内勿让其平躺。

如果宝宝打嗝是因为对牛奶蛋白过敏，可依医师指示使用特殊配方奶粉。

平时喂食宝宝要在安静的状态与环境下，注意不要让宝宝过度饥饿，更不要在宝宝哭得厉害时喂奶。

— 妈妈小常识 —

喂奶后拍宝宝后背，让宝宝打嗝的目的是帮助他排出在吃奶时咽下的空气。首先妈妈必须注意喂奶的姿势，把宝宝的头部位置摆正，咽下的空气才可能有机会排出。每次喂奶的情况不同，建议每次喂奶 20 ～ 30 毫升后，停下来让他打嗝，然后再继续喂。宝宝吃奶后，竖起抱直几分钟。

温馨提示

哺乳期的妈妈因为饮食的关系，很容易患上便秘。服用氧化镁和矿物油这类缓泻药，不会导致化学物质大量地进入母乳而对宝宝产生不良后果；其他的缓泻药，主要是大便软化剂，一般也不能被肠道吸收，也不会进入母乳中。不过某些缓泻剂应避免服用，尤其是含有酚酞的缓泻剂，因为酚酞可以被肠道吸收并可能有少量进入母乳中。

育儿随笔

....

....

....

....

....

怎样给宝宝包尿布

给宝宝裹的尿布不要太长，尤其不要超过肚脐，否则宝宝尿湿了之后容易引起脐部感染。如果是女宝宝，一般尿会向下流，因此尿布要在腰背部垫得长一些、厚一些。男宝宝一般向上尿，所以在腹部加厚一点儿就可以了。给宝宝准备的尿布一般为15厘米见方，折成四层三角形或八层的长方形使用就可以了。

－ 妈妈小常识 －

从小就养成宝宝整洁的好习惯很重要。宝宝尿湿以后妈妈应尽快来到宝宝的身边，一边和宝宝说话，一边心平气和地为宝宝处理干净，这么做有助于促进母子之间的感情。宝宝也可以从这些经验中，学习如何表达喜、怒、哀、乐。如喝奶之前，妈妈先换尿布，可以这样和宝宝说："来！妈妈看看尿布，是不是便便出来了？啊！真是便便跑出来了。"

温馨提示

在新生宝宝卧室里摆放植物可以使环境变得更舒适，不会产生什么直接的害处。尽管宝宝不能辨别颜色，但植物对他视觉上的刺激却有一定的促进作用。但是，在选择植物的时候，应该注意避免使宝宝发生过敏反应。如果家庭成员有明显过敏史的话，最好不要在卧室里摆放任何植物。当然，更不要在卧室里放置那些容易吸收病菌和容易生虫的花草。

育儿小贴士

现在，妈妈可以和宝宝一起做游戏了。在宝宝睡醒以后，用一个鲜红色的玩具，如一个红色的绒布娃娃、十几厘米大的球等，逗引他，看他有无视觉反应，宝宝看到玩具后，通常会盯住它看。妈妈再把玩具慢慢地移动，让宝宝的视线追随玩具移动，玩2～5分钟。这个游戏可以促进宝宝视觉能力的发展。

育儿随笔

怎样防止宝宝睡偏了头

宝宝出生后，正常情况下头颅都是对称的，但由于婴儿时期骨质密度低，发育很快，很容易受到外界影响。如果宝宝睡觉时总是偏向一边，就会出现头颅不对称的现象。要防止宝宝睡偏了头，首先要注意宝宝睡觉时头部的位置，要保持头部两侧受力均匀。另外，宝宝睡觉时喜欢面对着妈妈，吃奶的时候也会把头转向母亲的一侧。为了不影响宝宝的头形，妈妈要注意经常和宝宝换个位置，不要让他总把头转向固定的一侧。

育儿小贴士

宝宝使用的奶嘴孔大小应该按宝宝的吸吮力量决定，一般以奶瓶盛水后倒置，水连续滴出为宜。喝水的奶嘴孔一般小于喂奶的奶嘴孔，使用时应区分清楚。如果奶嘴孔过大，在宝宝吸吮时，奶流过急会引起宝宝呛奶；而如果奶嘴口过小，宝宝吸吮时太费力。一般来说，一个奶瓶有三四个奶嘴孔就够了。奶嘴孔可以用烧红的缝衣针来烫制。此外，还可以选择带有十字孔的奶嘴，这些都可以根据实际情况来定。

— 妈妈小常识 —

宝宝在子宫里的时候，他的世界听起来有水声和波浪声。妈妈不妨买一个模拟子宫内声音的玩具。这样，当妈妈外出时，流动的水声能使宝宝安静下来，哄他入睡。用录音机录下淋浴流水的声音、水流进洗脸池的声音、正在工作的洗碗机的声音，或买一盘有水声的磁带。宝宝睡不着时，就播放这些声音。

温馨提示

当宝宝要睡觉的时候，爸爸妈妈的亲吻、抚摸会使宝宝感觉心情舒畅，产生安全感，很快就会入睡，甚至在睡梦中露出微笑。早上当宝宝醒来时，爸爸妈妈亲切温柔的爱抚，同样也会使宝宝感觉温暖、愉快。爸爸妈妈的亲吻、抚摸、拥抱会使宝宝感觉到爸爸妈妈浓浓的爱，从而对父母产生浓厚的信赖感。

宝宝持续拉肚子，体重却不见下降，这是为什么

有些宝宝出生没几天就开始腹泻，每天大便稀稀的，呈黄色或黄绿色，少则2～3次，多则4～5次，时间长达几个月，甚至半年。不过虽然腹泻了很长时间，体重却没有下降，而且吃得也很不错。这是因为宝宝得了"生理性腹泻"，多见于1个月以内母乳喂养的宝宝。

婴儿生理性腹泻多见于面部湿疹比较严重的宝宝，随着年龄的增长，婴儿生理性腹泻会不治自愈。生理性腹泻的惟一问题是宝宝的大便次数太多，给家长在护理上带来不小的麻烦，如果家长不能及时给宝宝换尿布和清洗臀部，还可能引起红臀，甚至局部感染。因此，每次给宝宝换尿布时，妈妈都应先为宝宝清洗臀部，并用婴儿专用护肤霜涂抹，以保护宝宝臀部的皮肤。

— 妈妈小常识 —

宝宝睡眠时不必使房内保持绝对的安静。事实上，如果太刻意制造安静，反而会使宝宝只有在安静的环境中才能安睡。这样宝宝一旦听到陌生的声音就会受到惊吓，如果声音过大他还会被惊醒而大哭起来。因此，在宝宝睡觉时，按照平常的样子，该怎样做就怎样做，只要不是在宝宝睡觉的房间里听收音机、看电视或制造其他过大的声音就可以了。

温馨提示

在寒冷的天气里，给宝宝洗过的尿布不容易干，或者干得不够彻底，有的妈妈为了应急，便将没有干透的尿布给宝宝垫上了。这种做法很容易引起宝宝的感冒。给宝宝换上的尿布不仅要完全干燥，最好能在暖气上或用热水袋焐热后再用。

育儿小贴士

当宝宝想要得到什么东西时，他会一直哭，直到达到目的为止。一般宝宝第一声啼哭，多半是为了引起爸爸妈妈的注意。而如果爸爸妈妈不能给予积极的反应，不能及时满足他的需要，他便会陷入一种不能自控的状态，一直哭下去。他非常希望通过哭声，能够唤起爸爸妈妈对他的重视。

怎样及时发现宝宝的听力异常

宝宝听力是否异常，家长一定要重视，应及早进行测试。家长测试的方法有2种。

唤醒测听：在宝宝睡着时进行。将发声器，如小鼓、铃铛等放在宝宝耳旁10～15厘米处，并使其发出声音，观察宝宝会不会惊醒。如果没有任何反应，则要怀疑宝宝听力是否存在问题。

条件反向性测听：在宝宝面前两侧放置声音发生源和光源，两者同时开启。如果宝宝对声音有反应，会四处张望，发现并注视光源；若没有任何反应，说明可能存在听力问题。

温馨提示

在为宝宝喂奶、换尿布的时候，妈妈可以一边做事，一边和宝宝说话。动作要轻柔、语言要温柔，不要表现出厌烦或是郁闷的情绪，否则可能会让宝宝误解为自己不讨妈妈的喜欢，这样宝宝自己也不会开心。这种不开心累积在宝宝心里，日子长了，就会对宝宝的生长发育及自尊心产生一定的影响。

育儿小贴士

宝宝现在虽然听也听不懂，看也看不明白，但爸爸妈妈在他面前说的每一句话，做的每一件事，都会被宝宝的小脑袋瓜存储起来。爸爸妈妈的言谈举止都会直接影响宝宝的性格和情绪。

一妈妈小常识一

有以下情况时，最好能去医院给宝宝做个听力检查，以排除宝宝可能的听力隐患：

★家族中有遗传性听力障碍者。

★妈妈在妊娠期间有病毒感染史，如风疹等。

★妈妈在妊娠期间曾使用过耳毒性药物，如庆大霉素、链霉素等。

★颅面结构有畸形者。

★有新生儿黄疸者。

★出生体重低于1 500克者。

★出生时有严重窒息者。

★患过细菌性脑膜炎者。

怎样及时发现宝宝的视力异常

宝宝的视力发育特点是有光感，可注视眼前33厘米左右处较明显的目标。在新生儿末期，还可追随移动目标片刻。根据这些特点，可用下面的简单方法对宝宝的视力做定性检查，以便及早发现宝宝的视力是否异常。

在宝宝睡着的时候，突然用手电光晃他的眼睛，如果能引起宝宝皱眉、身体扭动甚至醒过来，就说明宝宝的眼睛有光感。但如果反复照射几次，均不能引起宝宝任何反应，这就要引起父母的注意了。

可用1个直径约10厘米的红绒球放在宝宝眼前约33厘米处，这时候宝宝应该会注视红球，并可随球的移动跟随片刻。这个检查应在宝宝睡醒，并且不哭闹的时候做，多重复几次。

温馨提示

有的男宝宝阴囊一侧大，另一侧小，如果用手电筒放在大的阴囊一侧下面照一照，显示出红而透亮。能透亮，这就是鞘膜积液；如果不透光，则是疝气。疝气是由于宝宝腹股沟环发育不好，腹腔内肠管掉到阴囊中，引起阴囊增大，应请医生做进一步检查，决定用药或手术。

育儿小贴士

当男宝宝哭闹时会增加腹压，部分肠管会通过孔隙进入阴囊，可以摸到宝宝的阴囊明显增大，柔软呈囊状，用手指轻压肿物可以使其还纳腹腔，还可以听到气过水声。这便是我们俗称的"气蛋"，即腹股沟斜疝。"气蛋"的产生与宝宝体位、腹压有密切的关系，当宝宝哭闹腹压增加或直立时，肿物会增大；当安静或平卧时，肿物会缩小，甚至消失。由于右侧腹股沟管闭锁较左侧迟，所以右侧腹股沟斜疝较多见。有的宝宝的腹股沟管到出生后6个月才闭锁，所以"气蛋"在6个月以内是有可能自愈的。

育儿随笔

妈妈应如何指导新雇的保姆

当妈妈雇保姆时，应当向她介绍主要的家务规则和程序。虽然任何保姆都不可能完全按你的指示去办，但她应当尽可能地接近你的习惯。小的变更是允许的，宝宝通常也可以毫无困难地适应不同的保姆。如果你和保姆有不同的意见，可以进行讨论。如果意见还不能统一，你可以让她试一段时间，如果她很会照管宝宝，只是在照管方式上不太合你的意，就没有必要重新雇保姆。另外，一定要考虑保姆的经验和成熟程度。

育儿小贴士

正常的呼吸会引起肋间肌和膈肌两部分肌肉的运动。宝宝呼吸时，膈肌作用显得更重要些。新生宝宝的胸壁比年龄稍大些的宝宝柔软些。因此，新生宝宝在吸气时胸部会扩展，上腹部在同一时间也会隆起，这是因为横膈下降可以使空气更容易吸入胸腔。

温馨提示

分娩后6～8周出现的肢体、腰膝、关节疼痛或全身酸痛，称为产后身痛或产后关节痛。新妈妈要卧床休息，保证充足睡眠。居室内应保持干燥，温度适宜，阳光充足，空气流通。妈妈应注意局部保暖，夏季不要贪凉，不要睡竹席、竹床，空调温度不要过低。另外，要保持床铺和衣服被褥的干燥、清洁。出汗多时，应勤用温水擦身并及时更换衣服。

一 妈妈小常识 一

给宝宝喝的番茄汁等果蔬汁最好不要用市场上瓶装的，而是要妈妈自己来做。番茄汁可以这样做：准备番茄50克，白糖少许，温开水适量。挑选自然成熟的饱满番茄，洗干净，用开水烫一下拿出，番茄会变软；剥去皮，然后切碎，用洁净的双层纱布包好，把番茄汁挤入容器里；将白糖放入，用温开水冲调后即可饮用。要注意选用新鲜、成熟的番茄。

育儿随笔

女宝宝外阴发红是怎么回事

女宝宝外阴部皮肤是非常敏感的，而且容易被尿、粪便、化学药品、纸尿裤、肥皂、清洁剂刺激。最初的治疗方法是把女宝宝抱在有阳光的房间，并给她垫一块干净的尿布，不要盖住外阴。晚上，在外阴部涂上一些乳膏，如氧化锌、甘油软膏等，有助于减轻因刺激而引起的不适感，然后再裹上尿布。如果仍不能痊愈，最好不要再使用肥皂、婴儿擦拭纸和加香料的纸尿裤。如果几天后仍未好转，可能是感染引起的，应尽快请医生治疗。

— 妈妈小常识 —

妈妈现在可以开始和宝宝做亲子游戏了。妈妈拿一个彩色的、较大些的花铃棒，一边摇一边慢慢移动，从宝宝的左边到他的右边，再从右边到左边，开始宝宝只是眼睛跟着玩具转，而后是头随着玩具从左到右，从右到左。这样可以训练宝宝的视觉和听觉能力，也让宝宝达到了运动的目的。

温馨提示

教给妈妈如何为宝宝煮青菜水。方法如下：取少许新鲜蔬菜，如菠菜、油菜、胡萝卜、白菜等，洗净切碎，放入小锅中，加少量水煮沸后再煮3～5分钟，菠菜可少煮一会儿，胡萝卜多煮一会儿。放置到不烫手时，将汁倒出，加少量白糖，放入奶瓶给宝宝食用。

育儿随笔

育儿小贴士

宝宝的大便也是他身体状况的信号，千万不要忽视。以下情况为不正常大便：大便带脓、有血，可能是痢疾；大便黑色像柏油样或暗红，可能是上消化道出血；大便带血，血色鲜红，可能是下消化道出血或肛裂；大便发绿，有泡沫，可能是消化不良；大便稀水样或粥样稀便，可见于各种原因引起的腹泻；大便褐色球状坚硬，是便秘。

宝宝多大才能认识妈妈的脸

宝宝一出生的时候就会看东西，可以分辨明暗，能区别脸庞和其他物体，而且会被灯、窗户和其他发亮的东西吸引。新生宝宝会打量面孔，但是如果脸离宝宝太远或太近，他就看不清了，距离宝宝眼睛20～30厘米是比较适当的。一般来说，3～6个月的宝宝可以分辨出爸爸和妈妈的声音。不过，据最新的研究表明，出生后2～3周的新生宝宝就能分辨出爸爸妈妈照顾他的独特方式，而且能以某种方式向爸爸妈妈表达他的爱和理解。

育儿小贴士

爸爸妈妈不要在给宝宝喂完奶之后就立刻给他喝水果汁。因为酸性饮料容易把乳汁中的蛋白质变成凝块状，极不利于乳汁的消化和吸收。一般来说，两者之间应该间隔1个小时以上。另外，作为辅食添加的米粉、麦粉最好在宝宝4个月大的时候再食用，以免过早食用谷类食品造成宝宝肥胖。宝宝对谷类食物的消化吸收很差，而且因为淀粉酶活性差，严重情况下可能会引起腹泻。

温馨提示

妈妈在产后6周左右，盆底组织基本恢复正常。没有恢复的，在6周后也不会再进一步改善，而且那时全身各器官及各个系统在妊娠期间的变化也都恢复正常了。因此，一般在产后8周就可以恢复正常工作。难产或接受剖宫产的妈妈，时间应适当延长，在产后10周左右再恢复正常工作与劳动。从事重体力劳动的妈妈应适当延长休息时间。

— 妈妈小常识 —

事先准备好湿润的婴儿擦布，对清洗婴儿的臀部很有用。把小块白色纸巾浸泡在婴儿润肤油中，做成物美价廉的自制擦布。把做好的擦布装入塑料袋或有盖的容器里。还可以用棉花球蘸婴儿润肤油擦拭宝宝弄脏的臀部。如果用毛巾来清洁，一定要把清洗宝宝臀部和洗澡的毛巾分开。

宝宝感冒了有什么表现

感冒是上呼吸道感染的俗称，上呼吸道包括鼻、耳、咽、喉。感冒时，这些部位通常不是全被感染，而表现出一样的病症。通常是不同的病原菌感染不同的部位，因此，宝宝感冒的表现不是每次都一样。有时候以流鼻涕、流眼泪为主，有时候以咽痛为主，偶尔还会发生耳朵流脓。由于宝宝感冒会有这些特殊的表现，爸爸妈妈要注意观察宝宝的病情以便及时发现一些异常表现。

一 妈妈小常识 一

宝宝感冒发热时，给他的衣着被褥要适宜。不要在宝宝高热时给他穿得过多、盖得过严过厚，因为这样一方面不易散热，更会促使体温升高；另一方面在出汗退热时，捂得太多会使宝宝出汗过多，造成水分丧失过多而引发虚脱，从而削弱宝宝的抵抗力。宝宝发热时，妈妈应该为其适量着衣，睡觉时应脱去一些衣服，以免起床后着凉，被子可以比平常多一点，但也不要太多。

温馨提示

现在的宝宝还不会自己翻身，同样也不会表达自己的需求。很多时候他躺得不舒服了，就会以哭声来表达不满的情绪，以引起妈妈的注意，妈妈要理解宝宝所表达的要求，并做出反应，这是日常温馨成长的必备条件。

育儿随笔

育儿小贴士

据统计，一个小宝宝每年平均会患感冒 6 ～ 8 次，几乎每次爸爸妈妈都因为担心是肺炎，而带宝宝去医院，要打针、挂吊瓶，还要整天往医院跑。这样不仅父母疲惫不堪，宝宝在医院更有被传染其他疾病的可能。而且频繁去医院，宝宝也得不到很好的休息和护理，反而会使感冒病程延长或加重而发生肺炎。因此，爸爸妈妈一定要学会识别宝宝是患了感冒还是患了肺炎。

宝宝患感冒能用抗生素吗

宝宝感冒绝对不能滥用抗生素，只有少数特殊类型的感冒需要用抗生素治疗。例如，感冒引起急性中耳炎，出现耳道流脓，应该用抗生素治疗。化脓性扁桃体炎多为细菌感染引起的，需要使用抗生素治疗。但有许多患病宝宝咽痛，扁桃体上有白色分泌物，这种情况往往被诊断为细菌感染而用抗生素治疗，其实这多数是病毒感染，不必用抗生素治疗。急性喉炎中有部分是细菌感染引起的，如出现喉部喘鸣，是咽喉部严重感染，形成咽后壁脓肿或颈淋巴结炎，此时需要立即去医院治疗，不可擅自使用抗生素。

— 妈妈小常识 —

宝宝刚出生时，味觉和嗅觉已经基本发育完善，对不同的味道会有不同的反应，如果给他喂糖水，他会欣然接受；如果把黄连素放入他的口中，他会用做出咧嘴的样子，或者吐出表示抗拒。新生宝宝对母乳的香味比较敏感，哺乳时闻到奶香味就会把头扎到妈妈怀里，去寻找妈妈的乳头。这时宝宝已经能区分出自己的妈妈与其他人的不同气味了。

育儿随笔

....

....

....

....

温馨提示

激素的退热作用是一种假象，有害而无益。激素还会导致蛋白质、糖、脂肪及电解质代谢失常，严重的可引起肌肉萎缩、骨质疏松，影响宝宝的生长发育。

育儿小贴士

凡是药物都有不良反应，抗生素也不例外，有些抗生素还会引起严重的后果，如过敏性休克、神经性耳聋、肝肾功能损害等。另外，抗生素的广泛应用增加了抗生素耐药菌株的产生，使得真正需要用抗生素时许多抗生素已经没有作用，给疾病的治疗造成困难。

宝宝哭是什么信号

如果宝宝哭得清脆、响亮、有节奏，是一种健康的表现。宝宝饿了会哭，尿布湿了也会哭。但这种啼哭有回声，一般并不剧烈，完全属于正常现象。

然而，异乎寻常的高声哭叫、尖叫、持续啼哭，哭声变得细弱，有时像猫叫，哭不出声等情况就是不正常的了。有些平时很乖的宝宝突然变得特别爱哭，而且哭声急促，显得烦躁，这也是患病的表现。总之，做父母的一定要多留意宝宝的哭声，当哭声与平时不同时，应想到宝宝可能生病了。

— 妈妈小常识 —

哭声是宝宝初到人间和爸爸妈妈交流的语言工具，比如，宝宝饿了会不停地哭，喂奶才能使他安静下来；当室温过低时宝宝会哭，并且不能睡眠；很多宝宝不喜欢脱光衣服，穿上衣服他才会停止啼哭；当然，痒、痛及肠胃不适更会引起宝宝的啼哭；当宝宝的睡眠被打扰，惊醒之后也会啼哭；尿布湿了，身体会很不舒服，宝宝会哭；如果妈妈中断喂奶，而宝宝还没吃饱，他会大哭；宝宝烦躁时遇到别人引逗会不耐烦地哭；宝宝不喜欢孤独，所以大人离开，剩他一人时也会哭。

温馨提示

宝宝身体不舒服时，常常会出现情绪和性格的变化，如本来活泼的宝宝变得无精打采、好哭闹、对外界刺激的好奇心减少，而且显得烦躁、爱发脾气，给人"一反常态"的感觉。爸爸妈妈不仅要从表面的"哭闹"来寻找宝宝生病的信号，也要学会通过观察宝宝的情绪来判断宝宝的健康状况。

育儿小贴士

爸爸妈妈要十分注意男宝宝的会阴卫生。在给男宝宝洗澡的时候要用纱布或毛巾擦拭他的大腿根、阴茎，然后将阴囊轻轻托起，清洁四周。清洗阴茎的动作要轻柔，不要推动包皮。然后用左手握住宝宝双脚，抬起宝宝双腿，清洗他的屁股、肛门。最后给宝宝涂上护肤膏，换上干净的尿布。

妈妈怎样帮宝宝换衣服

给宝宝穿汗衫时先把衣服弄成一圈，并用两拇指把衣服颈部撑开。把汗衫的领口套过宝宝的头，同时要把宝宝的头稍微抬起，把右袖卷成圈形，妈妈的手指从中穿过去后抓住宝宝的拳头把他的手轻轻地拉过去，顺势把衣袖套在宝宝手臂上。另一侧同样这样穿，然后轻轻抬起宝宝的上半身，把汗衫往下拉。穿裤子也采取同样的方法，把裤腿卷成圈形，妈妈的手指从中穿过去后抓住宝宝的脚轻轻地拉过去，同时把裤子拉直。最后把裤腰提上去包住宝宝的上衣。

温馨提示

有些宝宝不穿衣服时会变得极为痛苦，他喜欢全身上下被包得严严实实的，或裹在温暖而舒适的毯子里。对于这些宝宝，在他非常小的时候，就要给他穿着内衣或包着尿布。如果要给他换衣服，一定要让他包着尿布或穿着睡裤。

— 妈妈小常识 —

爸爸妈妈可以在宝宝仰卧位时轻轻拉起他的双手，使他的身体慢慢抬高，当肩部略微离开床面时突然松手。这时，正常的新生宝宝会出现两臂外展、伸直，继而内收，并向胸前屈曲类似于拥抱的动作，这是拥抱反射。这种检查动作要轻柔，注意别伤着宝宝。

育儿随笔

鼻痂堵住了宝宝的鼻孔怎么办

宝宝可能有时会因为感冒等呼吸道疾病引起严重鼻塞，这时可以让宝宝吸一点潮湿的水蒸气。可以利用浴室放热水弥漫的水蒸气，或是使用妈妈美容用的蒸脸器喷出来的水蒸气，吸三五分钟后，再清除鼻涕。这种解除鼻塞不适感的效果，会比光用热毛巾敷鼻子好很多，并且有化痰作用。

如果鼻塞的程度严重影响宝宝的睡眠或食欲时，可以请儿科医生开1瓶含有轻微血管收缩成分的滴鼻剂。在宝宝睡前或喂食前15～20分钟滴鼻子，可缓解鼻塞，注意连续使用不要超过四五天。口服的抗组胺、伪麻黄素药物，也会有帮助。

育儿小贴士

新生宝宝的鼻腔狭窄，鼻窦还没有发育成熟，鼻腔黏膜又特别敏感，每天都会有分泌物，所以容易出现流鼻涕、鼻塞的现象。如果宝宝的鼻腔有鼻痂，爸爸妈妈千万不要用手抠宝宝的鼻子，企图把鼻痂硬挖出来。这样不但不能清除鼻痂，反而可能挖伤鼻孔，应用棉签轻轻将鼻痂卷除。如果鼻垢在鼻腔较深处，可轻轻挤压鼻翼，必要时先在鼻孔内滴1～2滴生理盐水或冷开水，将鼻垢湿润软化，再轻挤鼻翼，可使鼻痂逐渐松脱，再用棉签将鼻痂卷除。

温馨提示

妈妈在睡前要给宝宝换好尿布，被褥要厚薄适宜，不要过暖；室内空气要新鲜，冷暖适宜，不要有对流风，也不要用电扇和空调直吹；卧室夜间不要用灯光照明；宝宝要单独睡在小床上，不要与爸爸妈妈同床睡。

妈妈小常识

宝宝具有抓握反射功能：用宝宝能握住的玩具去触及宝宝的小手时，他就会把手握得更紧。如果他拿住了这个玩具，就会牢牢地抓住，当你用力拉玩具时，会连宝宝的身体一起拉起来。这两种条件反射随着神经系统的正常发育，到了宝宝3个月时将会消失。

给宝宝洗脸

爸爸妈妈知道怎样给宝宝洗脸吗？你要用纱布或小毛巾由鼻外侧、眼内侧开始擦，擦净耳朵外部及耳后。然后用较湿的小毛巾擦嘴的四周、下巴及颈部。再用湿毛巾擦宝宝的腋下。最后张开婴儿的小手，用较湿的毛巾将手背、手指间、手掌擦干净。

育儿小贴士

宝宝居住的房间不仅要注意温度也要注意湿度，但是湿度当然不像温度那样容易控制。但是，父母要知道，房间内温度越高，空气就会越干燥。如果房间过于干燥，宝宝的鼻腔和咽喉的湿度就会降低，皮肤也会变得干燥。这时候在宝宝的房间内增加加湿器就显得很有必要了。

温馨提示

每天给宝宝清洗脸蛋儿时也不要忽略了室内和水的温度，室温宜保持在 25℃～29℃，水温则要控制在 37℃～40℃，并要避免宝宝直接受到凉风吹，否则很容易感冒。

育儿随笔

一 妈妈小常识 一

宝宝的抵抗力很弱，在接触到感染源后，很容易引发感染。因此，在流感横行的季节里要尽量减少与外界的接触，尤其是当家人患有呼吸道感染或皮肤感染时更不应该接触宝宝。如母亲伤风感冒，应戴上口罩，病重时应与宝宝隔离，以免传染。

为了减少感染，宝宝的衣、食、住的卫生应该格外重视。居室要经常通气，确保室内空气新鲜。妈妈也要经常清洗和更换内衣。奶瓶、奶嘴、杯、碗等用具应每天消毒。

为什么宝宝的头总是偏向一侧

如果你发现宝宝平躺时总将头倾向同一侧，取坐姿时头也固定转向一边，并且头颈部转动有困难时，那么你的宝宝可能有斜颈症。斜颈是颇为常见的宝宝外科疾病，有 4 个症状：

头倾向一侧，下巴朝对侧肩膀。

颈部出现硬块。

脸部左右大小不对称。

颈部活动受限制。

这些症状可能一出生就有，也可能在后来才慢慢出现，有些症状也可能不经治疗而自行消失。

斜颈是可以早期矫治的。推拿就是一种早期矫治的好方法，开始越早，效果越好。通常，它适用于 1 岁以内的宝宝。推拿失败者可手术矫治。

育儿随笔

....

....

....

....

....

....

....

....

....

— 妈妈小常识 —

平时妈妈在和宝宝玩耍时，可以将各种能发声的玩具放在宝宝的视线内，弄响给他听。并且用缓慢、清晰的声音反复告诉他这个东西的名称，待宝宝注意后，再慢慢移开，让他追声寻源。

妈妈要学会观察宝宝对胎教录音和歌声的兴趣，看他听到哪一段时会安静下来，或者大笑、手舞足蹈、表情兴奋，让他经常反复听，观察他感兴趣的部分，并做记录。

需要注意的是，视听训练的声响不能太强、太刺耳，要柔和，否则形成噪声，妨碍宝宝听觉系统的健康发育，甚至造成宝宝日后拒听。

什么是克丁病

克丁病是由于新生宝宝体内缺少甲状腺素而引起的疾病。宝宝缺乏这种激素，就会影响脑细胞和骨骼的发育。如果在出生后到1岁内不能及早发现并治疗的话，会造成宝宝终身智力低下和身材矮小。克丁病发病的原因主要有2种，一是某些地区缺乏微量元素碘，妈妈在怀孕的时候供给胎儿的碘就不足，导致出生的宝宝缺乏甲状腺素；另外一种情况，也可能是宝宝先天性甲状腺功能发育不良。

温馨提示

宝宝头顶囟门的部位有时会有一层很厚的褐色硬痂，这是由于出生时头皮上过厚的胎脂未洗净，加上出生后头皮每天分泌的皮脂，以及灰尘等混在一起形成的。在处理这层硬痂时，不要硬剥，以免损伤皮肤，引起细菌感染。要用花生油或麻油、甘油等浸泡，等干痂皮松软后，再用肥皂和温水洗净，一次洗不干净的可以反复多次，直到洗干净为止。

一 妈妈小常识 一

父母要学会经常帮助宝宝练习颈部和背部的肌肉力量，扩大他的视觉范围。如让宝宝进行俯卧抬头的动作。宝宝取俯卧位平放在床上，训练时可以配合铃声，鼓励宝宝跟着铃声抬头，此时宝宝不仅能抬起头观察带响的棒铃，下颌也能在短时间内离开床面，双肩也能抬起来。这个动作可以每天练习2～3次，从而开阔宝宝的眼界，丰富他的视觉范围。

育儿随笔

宝宝应该接种哪些疫苗

宝宝满月后，应带上预防接种证到指定的单位去接种第二针乙肝疫苗，在满6个月时再接种第三针；乙肝疫苗的基础免疫便完成了。

宝宝在1岁内应口服脊髓灰质炎疫苗3次；注射百白破混合疫苗3次；麻疹疫苗1次；乙型脑炎疫苗和流行性脑膜炎疫苗各1次。1岁以内的宝宝预防接种的次数和接种疫苗的种类很多，并且都是基础免疫，对预防各种传染病非常重要。除此之外，为了判断卡介苗接种是否成功，一般在接种后8～14周，应到所属区的结核病防治所再做结核菌素（OT）试验。局部出现红肿0.5～1厘米为正常，如果超过1.5厘米，需排除结核菌自然感染。一般新生宝宝接种卡介苗后，2～3个月就可以产生有效免疫力；3～5年后，在小学一年级时再进行OT检查，如呈阴性，可再接种卡介苗一次。

— 妈妈小常识 —

妈妈在哺乳期间，关节可能会变得松弛，而且身体钙质流失也比较严重，这种情况会一直持续到恢复正常的生理功能为止。因此，妈妈在锻炼的时候一定要尽量避免会给关节增加压力的锻炼方式。比如，强度很大的健身运动、举重训练或跑、跳、爬楼梯、打网球等。

要注射疫苗啦！

育儿随笔

....

....

....

育儿小贴士

给宝宝洗完澡后，尤其是在夏天，妈妈会给宝宝身上涂上一些爽身粉。女宝宝可以用，但最好不要把爽身粉扑在大腿内侧、外阴部、下腹部等处。爽身粉的主要成分是滑石粉，由于爽身粉的颗粒很小，在往女宝宝的腹部、臀部及大腿内侧等处涂擦时，粉末极易通过外阴进入阴道深处。

2个月的宝宝体格发育有哪些标准

宝宝到了2个月时，体格发育应达到以下标准：如果是男宝宝，两个月时标准体重为5.3～6.0千克，身高标准为55.5～60.7厘米。如果是女宝宝，两个月时标准体重为4.0～5.4千克，身高标准为54.4～59.2厘米。

— 妈妈小常识 —

新生宝宝乳房胀大甚至分泌乳汁，是一种常见的生理状况，男女宝宝都有。这是由于胎儿通过胎盘接受母体两种激素的影响所造成的：一种是妈妈卵巢分泌的黄体酮，与乳房的胀大有关系；另一种为垂体催乳素，与分泌乳汁有关系。分泌的乳量自几滴至20毫升不等。一般1～2周后自行消失，但偶尔可延长到3个月。早产儿一般没有这种现象发生。

千万不要挤压新生宝宝的乳腺，因为挤压后容易引起皮肤破损，皮肤上的多种细菌易经过破口进入乳腺，发生乳腺炎，表现为宝宝发热、不吃奶，宝宝乳腺红、肿、热、痛。加上新生宝宝抵抗力低下，乳腺一旦感染，细菌还可能经血液扩散至全身，引起败血症，其后果十分严重。

疫苗

脊髓灰质炎糖丸（第一丸）

育儿随笔

育儿小贴士

宝宝的婴幼儿时期是体格生长迅速的一个阶段，是一生中生长最快的时期，骨骼的生长需要足量的钙，如果体内缺钙，就会患佝偻病。正因如此，许多家长都认为佝偻病的原因就是缺钙。其实，正常吃奶的宝宝一般不会缺钙，母乳和牛奶中都含有大量的钙，体内缺乏钙是因为缺乏帮助钙吸收的维生素D。

宝宝什么时候服用小儿麻痹糖丸

宝宝满2个月的时候，应该服用第一丸小儿麻痹糖丸（脊髓灰质炎减毒活疫苗）了，这种糖丸是用来预防小儿麻痹的。糖丸发放后要立即给宝宝服用，不要放置，以免失效。服用的方法：将糖丸研碎，用凉水溶化，不要用热水溶，以免把糖丸中病毒烫死而失去免疫作用。然后用小勺给宝宝喂下。近期发热、腹泻或有先天免疫缺陷及其他严重疾病的宝宝均不能服用，以免引起不良反应或加重病情。

— 妈妈小常识 —

为了锻炼宝宝的触觉，妈妈可以把质地不同的旧手套洗净，以泡沫塑料或海绵等填充，用松紧带吊在婴儿床上方，高度以宝宝小手能够得着为准。同宝宝玩的时候，妈妈可以帮宝宝握住手套。也可让宝宝的小手抓握毛线、橡皮或皮手套，以促进宝宝感知觉的发育。

育儿随笔

育儿小贴士

爸爸妈妈应该为宝宝选用吸水、透气性能良好，质地柔软，对宝宝皮肤无刺激的棉织品衣物。因为宝宝皮肤娇嫩，抵抗力低，化纤织物对皮肤有刺激作用，尤其对宝宝的皮肤刺激更大，容易引起皮炎、瘙痒等。在颜色上选用白色或浅色为好，尤其是夏季，深色布料中的染料对宝宝皮肤有刺激性，也更易吸收阳光而产生闷热感。

宝宝不会走路，需要穿袜子吗

宝宝的体温调节功能尚未发育成熟，产热能力较小，而散热能力较大，加上体表面积相对较大，更容易散热。当环境温度略低时，宝宝的末梢循环就不好，摸他的小脚，会觉得冰凉冰凉的。如果给宝宝穿上袜子，可以起一定的保温作用，避免着凉。

一 妈妈小常识 一

宝宝在 2 个月的时候，喜欢注视色彩鲜艳的物品，同时也会用目光凝视小床旁边的悬挂物。宝宝在 2 个月时对铃声有反应，同时也会歪头侧脸去寻找铃声的来源。宝宝在高兴的时候还会用两腿无意识地踢和蹬，嘴里还发出单一喉音，脸上也会呈现出相应的微笑。

育儿小贴士

俯卧一般是很多父母不大愿意让宝宝采取的睡姿，因为怕宝宝喘不过气来，造成窒息。所以大多数宝宝睡觉一般都会仰卧，偶尔侧卧。

宝宝的潜能是很惊人的，如果让他多几种睡姿的体验，他会很快适应，自己也会做出相应的调整。多种姿势睡眠，既有利于宝宝保持完美的头形，又可以锻炼宝宝的活动能力。例如，侧卧可以帮助宝宝练习翻身，可以锻炼宝宝的颈部肌肉，练习抬头，为以后学习匍行和爬行打下基础。需要注意的是，父母给宝宝准备的床铺不要太软，否则不利于宝宝头颈部及上肢的活动。

育儿随笔

第64天

宝宝为什么易患中耳炎

急性中耳炎是中耳的黏膜、鼓膜发生急性炎症，常见于婴幼儿。因为中耳的咽鼓管内侧开口与口鼻相通，而宝宝的咽鼓管短、宽且平直，再加上宝宝很容易患上呼吸道感染，细菌和病毒便更容易通过咽鼓管进入中耳感染，造成急性中耳炎。当然，其他情况如喂奶不当、洗澡时宝宝头位过低等，病菌也可以随乳汁、污水等侵入而引起发病。

温馨提示

妈妈可坚持每天口服维生素 C 100～200 毫克，这样可以使乳房丰满；充足的维生素 C 可与核酸食品协同作用，既可保持妈妈皮肤白嫩，又可防止乳房皱纹的产生。维生素 C 可从菜花、苦瓜、黄瓜、香菜、小白菜、番茄、橙子、柠檬中摄取；而核酸主要存在于鱼、虾米、动物肝脏、蘑菇、黑木耳、花粉等食物中。

— 妈妈小常识 —

急性化脓性中耳炎的治疗应以消炎止痛为主。由于此病大多为细菌感染，一般说来，应该在医生指导下使用抗生素治疗，首选青霉素、红霉素等。爸爸妈妈在宝宝的治疗过程中，应常用棉签将宝宝耳道的脓性分泌物引流出来。如果已经转变为慢性中耳炎，则不应再用抗生素治疗，应以清除耳道脓液治疗为主。

育儿随笔

....

....

....

....

....

育儿小贴士

宝宝患感冒或肺炎并发急性化脓性中耳炎后，开始耳朵还没有流脓，尽管耳朵有不适感、疼痛，但宝宝常因不能表达而表现为啼哭不止、抓耳、摇头而查不出原因，直到几天之后因耳朵里面流脓，才发现宝宝患了中耳炎。爸爸妈妈一定要注意这一点，越早发现越好。

宝宝2个月大时需要补充钙剂和维生素吗

根据世界卫生组织的规定，纯母乳喂养的婴儿在4个月内是不需添加任何营养素的，因为母乳中所含的营养成分完全可以满足4个月内婴儿的需要。但是，由于我国的饮食结构同西方国家有很大差异，许多孕妇和新妈妈自己就缺钙，所以女性在孕期和哺乳期就应注意钙的补充，可以每日坚持喝牛奶，也可以吃钙片。另外，要注意多晒太阳以利于钙的吸收。如果母乳不缺钙，母乳喂养的宝宝在3个月内可以不吃钙片，只需要从出生后3周开始补充鱼肝油，尤其是寒冷季节出生的宝宝要注意补充。

但对于人工喂养的宝宝来说，就必须要补充鱼肝油和钙剂了。鱼肝油中含有丰富的维生素A和维生素D，我们通常使用的是浓鱼肝油，每日1次。

— 妈妈小常识 —

妈妈首先要学会逗宝宝，这是宝宝最好的运动方式。常被逗弄的宝宝比长期躺在床上很少有人过问的宝宝不仅表现得活泼可爱，而且对周围事物的反应也显得更加灵活敏锐，可直接影响宝宝今后的智力发育。但妈妈也要注意，逗弄宝宝的时候，表情要自然大方，不要挤眉弄眼，以防止宝宝模仿。

育儿小贴士

对于宝宝而言，只要掌握住大脑的主要能力，日后便可以分支发展出更多、更复杂的能力。左、右脑主要的功能可综合为语言、记忆、阅读、数理思考、创造、解决问题6大类，爸爸妈妈应该在宝宝的大脑定型之前，以轻松、自然的方式，帮助宝宝将左、右脑的各种能力诱导出来，也就是透过游戏来开发左、右脑的功能。

育儿随笔

宝宝发生窒息时应该如何处理

宝宝发生窒息时，要按照不同情况不同对待。如果在喂奶、喂药、溢乳误吸时，宝宝突然出现呛咳、气急、面色青紫、烦躁不安等情况，应立即把宝宝倒提起来，轻拍背部，使其呕吐、咳嗽，将气管内异物排出。

若是宝宝睡觉时被被子蒙住，或襁褓包得太紧发生窒息，甚至呼吸暂停，爸爸妈妈应立即摸脉搏是否有搏动，或贴在宝宝胸部听是否有心搏音，如果未闻及心音或心音很弱、很慢，则应立即进行口对口呼吸，还要加上胸外按摩。

育儿小贴士

给宝宝做心肺复苏的方法如下：首先将宝宝放于板床上，一手托起宝宝颈部，让宝宝头呈15度向后倾斜，嘴巴打开，另一手放在宝宝两侧乳头连线的中间，然后开始心肺复苏。用上下唇将宝宝口鼻全部含住，以每3秒1次的速度吹气，同时以每分钟120～140次的速度按压宝宝胸部，按下的深度为1.5～2厘米。如果呼吸、心跳恢复，应把宝宝转向侧卧位的恢复姿势，保持呼吸道通畅，防止异物进入气管，然后尽快将宝宝送到医院进行诊治。

育儿随笔

— 妈妈小常识 —

小儿泪囊炎是一种常见的眼科疾病，是因为泪道发育不良引起的小儿眼病。表现为宝宝出生以后，一眼或双眼泪溢并有较多分泌物，常被误认为结膜炎。压迫泪囊有黏液或脓性分泌物溢出。宝宝泪囊炎治疗应滴抗生素眼药，并每日向下挤压泪囊，这样先天残膜有被泪囊液体冲破的可能。

什么是 Hib 疫苗接种

感染 b 型流感嗜血杆菌（Hib）是引起宝宝脑膜炎、肺炎、败血症、关节炎等疾病的主要原因。在我国，58.1% 的 Hib 脑膜炎发生在 1 岁以内的宝宝，因此宝宝从 2 个月起就要准备注射 Hib 疫苗。Hib 疫苗初种共 3 针，时间间隔为 1～2 个月，1 岁半时再加强 1 针。但由于这种疫苗属于进口产品，目前还没有列入我国的计划免疫内。如果宝宝在 6 个月以前未接种，那么，6～12 个月的宝宝初种只需两次，1 岁半时加强一次。如果宝宝已超过 1 岁尚未接种，那么，1～5 岁宝宝只需接种一针就可以了。

需要注意的是，宝宝如有发热和急性感染情况发生时，要推迟接种疫苗的时间。此种免疫接种后无明显的不良反应。

－ 妈妈小常识 －

宝宝知道，听到声音后，妈妈就会走过来，在他听到声音后就会笑，这表示出对周围环境的愉快反应，而不只是单纯的肌肉神经运动。宝宝很喜欢与大人玩耍、被大人逗弄，这是因为他需要感情的互动。逗宝宝的方法很多，如用手在宝宝的肚子上抓痒，或是用纸或毛巾将自己的脸遮住再打开的躲猫猫游戏，都会逗得宝宝很开心。

温馨提示

给宝宝做抚触，首先要保证室内温度适宜，不要被电话打扰，可以放一些舒缓的音乐，然后将宝宝放在柔软的大毛巾上。妈妈可以从按摩宝宝的头顶，慢慢至脸、额头、眼上部、耳朵，从胸部顺着肋骨方向按摩。然后在宝宝肚脐周围做环形按摩，先顺时针方向再逆时针方向，接着用手揉宝宝脊柱两侧，从颈部到尾椎。最后是四肢，从大腿到小腿、脚，上臂到前臂再到手。

育儿小贴士

一般来说，宝宝身上发出怪味，是某些先天性代谢疾病的信号。先天性代谢疾病与遗传有关系，基因发生突变，导致某些酶或结构蛋白的缺陷，发生体内氨基酸或有机酸代谢障碍，产生异常代谢物，堆积在宝宝身体内，并通过汗液、尿液排出，从而散发出各种怪味。代谢病的发病率虽然不多，但危害严重，一旦延误，便难以挽回。

宝宝多久排便一次正常

宝宝排便正常与否取决于不同的个体及饮食。母乳喂养的宝宝，经常每次吃完都会排便，大便经常较稀，呈淡黄色、芥末状。奶粉喂养的宝宝，大便类似于蛋黄酱，1天只有2～3次排便。但如果宝宝的排便不多，也不要着急，母乳喂养的宝宝也有隔1天1便，甚至4天1便，排量较大的情况，这都是正常的。而人工喂养的宝宝1天排便3～4次，更容易出现排量少的状况。

温馨提示

妈妈应该给宝宝挑选什么质地的内衣呢？首选应该是针织罗纹布，质地较薄，特点是伸缩性、透气性强，手感好。但针织罗纹布保暖性略差，因此不太适用于冬季。针织棉毛布比罗纹布稍厚，有极佳的伸缩性、保暖性、透气性及较好的手感，适用于秋冬内衣。棉纱布比较薄且纤维间隙大，透气性极好，但手感一般，主要用于夏季内衣。

宝宝内衣讲究做工，不是为了美观，而是为了安全舒适。宝宝的颈部总是不停转动，下颌和脖子易出汗，因此领窝处不能太深；袖缝设计影响着宝宝手臂的活动，最好采用袖部与肩部水平的立体剪裁；宝宝的肚子比较娇嫩，因此腹部的重叠设计才可以保证宝宝不会受凉。

另外，宝宝的内衣不宜有坚硬的东西，如纽扣、拉链、扣环及其他饰物，以防刺伤宝宝，或发生意外，纽扣最好用柔软的布带来代替。

育儿小贴士

每个宝宝睡眠时间各不相同，一般来说，新生宝宝需睡18～20小时，白天和晚上睡眠的时间差不多。随月龄的增长，宝宝睡眠时间逐渐减少，3～6个月时为14小时左右，6～12个月为12～14小时，而且晚上睡眠的时间逐渐延长。要安排好宝宝的睡眠，就要注意在白天给予宝宝适当的活动或运动，比如到户外晒太阳，中午或早晚这段时间安排听音乐或做游戏，这样可适当缩短宝宝白天的睡眠时间，消耗其精力，在晚上他就会睡得更香甜。这种训练可从宝宝4～5个月时开始。

宝宝不会笑是怎么回事

现阶段的宝宝已经会看自己的小手，对移动的物体渐渐会用眼睛追着看，并且还会天真快乐地笑。这个时候，宝宝对外界的好奇心与反应不断增长，开始用咿咿呀呀的声音跟爸爸妈妈说话了。如果你的宝宝满 2 个月之后还不会笑，有时目光呆滞，对身后传来的声音没有什么反应，那么爸爸妈妈可要注意了，要去医院检查一下宝宝的智力、视觉或者听觉是否异常。

育儿小贴士

宝宝从出生时起就已经具备了语言能力，然而要想让自己的宝宝成为"语言神童"，就不要忽视宝宝在哺乳期的语言启蒙教育，在这个阶段要不断刺激宝宝的大脑皮质，这样他才会在无意识中把名称和实物联系起来。因此父母在逗宝宝玩时可以拿着玩具在宝宝面前摆弄，并不断重复玩具的名字，并弄出声响，刺激宝宝的感知觉，使其将玩具和玩具的名称联系起来。

温馨提示

进入第三个月的宝宝，睡眠明显要比第二个月减少一些，一般在 18 个小时左右。白天宝宝需要睡 3～4 觉，平均每觉 1.5～2 个小时；而夜晚，宝宝需要睡 10～12 个小时的觉。妈妈爸爸要注意，白天宝宝醒来的时候一定要陪宝宝活动一会儿，持续 1.5～2 小时为宜。

育儿随笔

第70天

天气冷，宝宝可以使用热水袋吗

冬季、深秋或早春，由于室温较低，有些家长常使用热水袋给宝宝保暖。这当然是可以的，但是要注意使用热水袋的方法。首先热水袋水温不宜过高，一般 50℃左右，最好热水袋外面包一层布，置于宝宝包被外面。不要将热水袋直接贴在宝宝皮肤上，否则宝宝皮肤娇嫩，很容易发生皮肤烫伤。

― 妈妈小常识 ―

宝宝的体格发育衡量指标除了体重和身高外还要看头围、胸围及坐高。2个多月大的男宝宝头围平均为 39.84 厘米，女孩头围平均为 38.67 厘米；男孩胸围平均 40.10 厘米，女孩胸围平均 38.76 厘米；男孩坐高平均 40.00厘米，女孩坐高平均 39.05 厘米。

温馨提示

有些时候，宝宝哭泣的理由即使是最敏感的妈妈也是无法了解的。所以，此时妈妈需要换一种新方法来吸引宝宝，千万不要操之过急，因为此时的宝宝不见得能很快有反应，这是一个循序渐进的过程，并不是做表演给宝宝看，要给宝宝一点儿时间。

育儿随笔

育儿小贴士

和宝宝玩其实就是在为宝宝做智力开发，父母一定不能忽略这个过程。这里教给父母一个可以诱发宝宝快乐情绪的游戏——躲猫猫。因为宝宝太小，不能大范围移动，所以父母只要取一块大点的方巾，或者颜色素净的衣服，用方巾或衣服遮住脸，然后突然拉下来，露出脸，一边叫宝宝的名字，一边逗宝宝笑。反复几次后，可以把方巾遮在宝宝脸上，看他是不是也会拉下来对你笑。

为什么宝宝会吸吮手指

宝宝 2 个月后，新生宝宝时期的反射动作会逐渐消失，而改由感情及意志来支配行动。这个时期的宝宝脑神经细胞发育得非常迅速。出现在 2～3 个月时的吸吮手指行为，是宝宝心灵发展中最明显的例子。宝宝之所以会吸吮手指，是因为在漫无目的摆动手指时，无意中碰到了嘴巴，便在反射作用下吸吮起来，而这个偶然的行为使宝宝发现吸吮手指可以得到吸吮乳房般的安全感。

— 妈妈小常识 —

对于 2 个多月大的宝宝来说，将手举到嘴巴已经不是一件非常困难的事情了，所以，妈妈完全不必担心宝宝总是把小手放在自己的嘴巴里吸吮，而是应该鼓励他，帮助他，尽早让他学会吸吮，充分地吸吮，不要担心他会养成坏习惯。根据调查，6 个月以内能充分吸吮的宝宝，以后反而不容易养成吸吮手指的习惯。

温馨提示

对 2 个多月的宝宝，仍应继续坚持母乳喂养。妈妈应该每隔 4 小时喂 1 次，每天共喂 6 次。牛奶喂养的宝宝奶量每次应为 100 毫升左右，即使吃得再多，全天总奶量也不能超过 1 000 毫升。2 个多月的宝宝辅食仍是果汁、菜水，每次 1～2 匙，每天 1～2 次；鱼肝油每天 1 滴；钙每天补充 150～200 毫克即可。

育儿小贴士

1～3 个月的宝宝以流质食物为主，主食就是妈妈的乳汁或奶粉。虽然给宝宝适当地添加辅食是必要的，但由于宝宝目前的消化系统还不完善，太多的添加不但没有好处，还会给宝宝的胃肠造成负担。从现在开始可以适当地给宝宝补充一些果汁等流质食品。

育儿随笔

....

....

....

宝宝鱼肝油补多了会有危险吗

很多爸爸妈妈认为鱼肝油是维生素D，多吃一些对宝宝的身体一定只有好处没有坏处。而事实上，过量补充维生素A或维生素D是会引起宝宝维生素中毒的。宝宝维生素A、维生素D急性中毒，会引起颅内压增高，头痛、恶心，有时会呕吐不止，精神萎靡不振，甚至常常会被认为患了脑膜炎。维生素慢性中毒表现为宝宝食欲不振、发热、腹泻、口角糜烂等。如果你的宝宝有这些情况出现，就不要再服用鱼肝油，停止晒太阳，并到医院请教医生。

育儿小贴士

有的宝宝从出生起就有从喉部发出怪声的毛病，这是先天性喉喘鸣，为新生儿先天的喉部异常，喉软骨软化者多发生此病。症状较轻的宝宝不会影响呼吸和吸吮，严重的可导致进食和呼吸困难、反复上呼吸道感染等。对这类患病宝宝要精心护理、加强营养，及早正确补充钙剂及维生素D，并注意预防感冒。一般来说，随着宝宝年龄增大，大多在2岁左右症状就会逐渐消失，恢复正常。

温馨提示

宝宝在2个月末3个月初时，会明显对照顾他的人，尤其是妈妈表现出天真快乐的反应。这时宝宝的悟性也非常好，他能看懂妈妈的表情，能领会妈妈的意思，也会配合妈妈，并按照自己的方式跟妈妈进行一定的感情交流。如果妈妈轻声呼唤他："宝宝，妈妈在这里呢。你找到妈妈了是吗？你真是个聪明的宝宝。"有时宝宝会"回答"你，而且咿咿呀呀说得很欢。

一妈妈小常识一

宝宝在发热的时候会不愿意吃奶，但不要因为宝宝不愿意吃便放弃，可以多次少量地喂一点儿，同时也可以增加一些清淡的辅食，如米汤等。另外，宝宝发热时体内水分消耗比较多，因此要注意多给发热的宝宝补些水，以保证宝宝足够的体液供给。

育儿随笔

如何帮助宝宝清理眼屎

现在宝宝的眼睛泪腺还未发育成熟，稍有刺激就容易分泌眼屎，所以细心的爸爸妈妈应该在每天清早起床或洗澡后，为宝宝做一次眼部清洁护理。清理的时候要选用消毒棉棒，不要用超市买的那种脱脂棉棒，因为这种棉棒未经消毒，而是应该去药店买医用的消毒棉棒。取出消毒棉棒一根，从宝宝的内眼角到外眼角轻轻向外卷出眼屎，双眼采取相同步骤。

育儿小贴士

为了促进宝宝的听觉发育，父母要多给他听音乐。妈妈最好也学一些轻快悦耳的歌曲，在宝宝快要入睡时唱给他听。给宝宝选择的音乐一定要轻柔舒缓，不要将音响距离宝宝太近，以免刺激到宝宝，引起惊吓。轻快悦耳的音乐可以让你的宝宝精神愉快，并且能够促进他的大脑发育。

育儿随笔

温馨提示

当宝宝发出咿咿呀呀的声音同爸爸妈妈交流的时候，你也可以用单个的词语同宝宝说话，使宝宝感受到亲人的鼓励和支持，得到交往的快乐。并且从被动转为主动，喜欢与父母进行"咿呀应答"的游戏，萌发出最初的交流欲望。在充满父母关爱的情感氛围里和语言刺激的交流下促进宝宝的语言中枢神经发育。

如果宝宝不高兴，想发脾气的话，也会很猛烈。这些特殊的语言形式都是宝宝同妈妈爸爸的交流方式。

可以用尿布给宝宝擦屁股吗

宝宝大、小便后用尿布来给他擦屁股的方法显然是不正确的。尿布由于长时间的使用和搓洗，一般质地会变得很粗糙，经常用它来给宝宝擦屁股会导致宝宝的皮肤变红，还会很疼。正确的做法应该是用婴儿专用纸巾将宝宝屁股擦干净，然后用温开水冲洗，再用柔软的干毛巾擦干。清洗女宝宝的肛门时要注意从前向后洗，以防止粪便污染宝宝的生殖器。

育儿小贴士

在宝宝醒着的时候，爸爸妈妈可在距离宝宝耳边10厘米左右，轻轻呼唤宝宝的名字，让他听到你的声音后转过头来。父母还可以将能发出柔和声音的吹塑玩具、彩色旋转玩具、色彩鲜艳的球悬挂在床头，吸引宝宝听和看。宝宝很容易疲劳，一般每次视听训练不要超过10分钟，以保证宝宝充足的睡眠。

— 妈妈小常识 —

在阳光充足的中午（阳光较强的夏季除外），不妨利用给宝宝换尿布的机会让宝宝的屁股做做日光浴。将宝宝屁股洗干净后，不用立刻包上尿布，可以让他趴着晒会儿太阳，这样做不仅可以让宝宝享受阳光的温暖，还可以有效防止尿布疹的发生。

育儿随笔

....

....

....

....

....

怎样让宝宝长出好头发

想让宝宝长出一头好头发,爸爸妈妈一定要注意为宝宝防病,特别是各种传染病,如肝炎、痢疾、伤寒、结核等。这些病对全身各个部分都有伤害,也可影响头发的正常发育。例如,痢疾可以通过神经系统和血液末梢循环影响发根,最后导致脱发。要让宝宝养成良好的生活习惯,按时睡觉、休息和活动,预防宝宝经常哭闹。这些不仅有利于身体健康,也有利于头发的正常生长发育。

— 妈妈小常识 —

宝宝两个多月了,妈妈应该注意发展宝宝小手的"抓""捏"能力,使他的乱抓乱捏动作逐渐转到准确无误地抓捏。妈妈可以把鲜艳的小彩带、小塑料动物,挂在宝宝小手能抓捏到的地方。要训练宝宝从不同侧面去抓捏玩具,挂在宝宝面前的玩具位置就要不断移动。每周鼓励宝宝把手伸远一些,以提高手的技能。注意小玩具的清洁,因为宝宝常常会将抓到的东西顺手放进嘴里。

温馨提示

让宝宝在快3个月的时候就开始多接触周围的人,这样才能避免6个月后宝宝过分怕生和依恋妈妈。这个时候妈妈要多和宝宝进行亲子交谈,并带宝宝走出家门,有意识地让宝宝多和陌生面孔接触,促进宝宝的社交能力。

育儿随笔

育儿小贴士

宝宝已经喜欢从不同角度玩弄自己的小手了,喜欢用手触摸玩具,并且喜欢把玩具放在嘴里吃。宝宝已经能分辨妈妈与陌生人的区别,看到妈妈的脸和听到妈妈的声音会表现得非常欢喜,对妈妈显示出格外的偏爱、离不开。而看到陌生人可能会惧怕、逃避或者不让陌生人抱他。有的宝宝看到陌生人靠近时还会哇哇大哭起来。

宝宝的眉毛需要刮吗

老一辈的人通常认为满月时给宝宝刮眉，将来长出的眉毛会更黑、更浓密。而现代观点却认为宝宝的眉毛在 3～6 个月时会自行然脱落，长出新眉，所以根本没必要给宝宝刮眉。事实上，宝宝毛发的状况与遗传因素及妈妈孕期的营养有关，与剃不剃无关。另外，给宝宝刮眉难免会刮出外伤，引起感染，眉毛可能因之无法再生。刮掉眉毛会使眼睛少了一层保护的防线，易引发眼部疾病。一些爸爸妈妈不仅给宝宝刮眉，还给宝宝剃掉胎发，这样会剃掉宝宝头上具有保护作用的"胎皮"，使细菌侵入，甚至引起头皮疾病。

温馨提示

爸爸妈妈可以为宝宝制作简便的"玩具被褥"。做法是把各色布块拼缝起来，然后缝在一块 60 厘米的正方形薄橡胶上。宝宝在扯这块"被褥"的时候，可以感受到各种布料的不同的触感。随着这块"被褥"的翻动变化，宝宝接触的环境也不断变化，可以刺激宝宝进一步去寻找有反应的环境。这种训练，对宝宝建立最初的自信和积极性是有帮助的。

育儿随笔

育儿小贴士

现在，宝宝就快要学会向看得到的东西伸出手了，这说明宝宝从对被动的、没有自由的环境进行适应，转化到对自己的世界主动伸手探索上来了。

一妈妈小常识一

如何丰富宝宝的视觉环境呢？爸爸妈妈可以在摇篮一侧装上一面镜子，让宝宝看到你照料他时的动作和宝宝自己的动作、样子，这样能大大地增进宝宝对环境的视觉关注度。爸爸妈妈还必须引导宝宝慢慢学会主动加入环境，也就是说，让宝宝自己对环境产生印象。

宝宝得了尿布皮炎怎么办

将克霉唑 500 毫克，地塞米松 8 毫克，研成粉末，共放入 20 克宝宝润肤霜中搅匀，即为克霉唑地塞米松霜。使用时，先将宝宝臀部皮肤洗净擦干，然后把克霉唑地塞米松霜薄薄地涂上一层，白天和晚上各搽一次，7 次为 1 个疗程。同时要保持局部皮肤干燥，不要让尿、粪与药物混在一起。也可以用温开水给宝宝冲洗患病区域后，涂上点紫草油，一般 5～6 次可愈，每日 1 次。

— 妈妈小常识 —

尿布皮炎是接触性皮炎的一种，是发生在宝宝尿布遮盖处的局限性皮炎。尿布皮炎主要是因尿布更换不及时，或尿布外加用油布、塑料布等，使宝宝臀部长期处于湿热状态，尿中的尿素被粪便中的细菌分解产生氨而刺激皮肤，引起皮炎。宝宝腹泻时护理不当更易发生。此外，残留在尿布上的染料、洗涤剂及肥皂或橡胶、塑料等直接接触皮肤也可引发皮炎。

育儿小贴士

为了防止尿布皮炎的发生，爸爸妈妈除应勤换尿布，使宝宝外阴及臀部皮肤保持干燥清洁外，还要注意选用吸水性强、柔软、白色的旧布做尿布。清洗尿布时，要多用清水充分清洗污物及残留的肥皂等。不要用油布或塑料布等包在尿布外面。

育儿随笔

温馨提示

对牛奶过敏的宝宝，最好的治疗方法就是避免接触牛奶的任何制品。目前市场上有一些特别配方的奶粉，又名"医泻奶粉"，可供对牛奶过敏或长期腹泻的宝宝食用。"医泻奶粉"与一般婴儿配方奶粉的主要区别是：以植物性蛋白质或经过分解处理后的蛋白质，取代牛奶中的蛋白质；以葡萄糖替代乳糖；以短链及中链的脂肪酸替代一般奶粉中的长链脂肪酸。

小儿脑炎

婴幼儿时期是各种脑膜炎多发的年龄阶段。

常见的脑膜炎有化脓性、病毒性、结核性、真菌性脑膜炎，其共同特点表现为发热、头痛、呕吐、烦躁、惊厥及昏迷等。医生检查可发现脑膜刺激征及脑脊液改变。

以脑膜炎双球菌感染多见，可引起流行性脑脊髓膜炎，主要发生在冬春季节，3～15 岁宝宝多见，近年来因卫生防疫工作较好，此病已较少见。

其次是肺炎球菌和流感杆菌性脑膜炎，主要发生于婴幼儿，冬季前后多发。发病前先有上感，肺炎，中耳炎等感染。此外，大肠埃希菌、链球菌也可引起脑膜炎。

病毒性脑膜炎常发生于夏秋季节，常有腹泻等前驱表现，脑脊液与化脓性脑膜炎不同。

结核性脑膜炎近年来已较少见，主要发生于 5 岁以下宝宝，常有结核病人接触史和低热、盗汗、纳差、消瘦等结核中毒症状。OT 试验阳性和脑脊液检出抗酸染色杆菌可确诊。

温馨提示

宝宝在 1 周岁之前，大脑的发育是非常快的，尤其是出生后的第 3 个月更是脑细胞发育的高峰期，而母乳的质量毫无疑问是宝宝智力提升的关键，为了保证母乳的高质量，妈妈可以吃些健脑的食物：动物脑、肝脏、鱼、鸡蛋、花生、芝麻、大豆、香蕉、榛子、小米、菠菜、玉米、黄花菜等。

一 妈妈小常识 一

当宝宝患脑炎、脑膜炎、脑出血等疾病时，脑脊液会有相应的变化。至于有的宝宝患脑炎、脑膜炎等疾病，腰椎穿刺后出现瘫痪、智力障碍、麻痹失明、耳聋等现象，这绝不是腰椎穿刺造成的，而是因为宝宝患病治疗不及时或治疗不彻底等造成的后遗症，与腰椎穿刺无关。

育儿随笔

什么是化脓性脑膜炎

化脓性脑膜炎是宝宝常见的感染性神经系统疾病，由于宝宝免疫功能不够成熟，化脓性细菌很容易侵入血液。又由于血脑屏障功能较差，血液内的细菌容易侵入中枢神经系统，引起脑膜炎。细菌可由血液循环、呼吸道、消化道、皮肤、黏膜及新生宝宝的脐部侵入。如果宝宝患中耳炎、乳突炎及颅骨骨折时，细菌可直接侵入脑膜。

6个月以内的宝宝化脓性脑炎病症很不典型，表现为不明原因的发热和一般情况欠佳，如进食少、呕吐等，当出现颈强直、布氏征和克氏征阳性时脑膜炎已非早期。对这类宝宝应特别注意有无烦躁与嗜睡交替出现，有无脑性尖叫和凝视，前囟有无隆起或张力增高等症状。妈妈只有提高警惕，及时带宝宝就医，进行腰椎穿刺，才能不失去早期诊断的可能。

一 妈妈小常识 一

新生儿化脓性脑膜炎临床表现常不典型，尤其是早产儿，一般表现包括面色苍白、反应欠佳、少哭少动、拒乳或吮乳减少、呕吐、发热或体温不升、黄疸、肝大、腹胀、休克等。

另外还会出现神经系统症状，如烦躁、易激惹、惊跳、突然尖叫和嗜睡、神萎等。可见双眼凝视、斜视、眼球上翻、眼睑抽动，面肌小抽如吸吮状，也可阵发性青紫、呼吸暂停，一侧或局部肢体抽动。

也会出现颅内压增高，前囟紧张、饱满或隆起、骨缝分离。由于新生儿颈肌发育很差，颈项强直较少见。

温馨提示

新生儿化脓性脑膜炎的病死率近年来无明显下降，一般资料显示可达12%～30%，低体重儿和早产儿可达50%～60%，幸存者可留有失听、失明、癫痫、脑积水、智力和（或）运动障碍等后遗症。早期诊断和及时正确的治疗是成功的关键。如能及时诊断，尽早得到正确治疗，新生儿化脓性脑膜炎同样可以彻底治愈，对减少后遗症起着决定性的作用。

第80天

怎样让宝宝知道睡觉的时间

如果妈妈知道宝宝并不饿，没什么危险和病痛，也没有尿湿，可他却通过哭闹来让你注意他。这个时候妈妈完全可以等几分钟再去看他。妈妈也可以抱起宝宝哄一会儿，之后轻轻地把他放进小床，拍拍他的后背，然后离开房间，让他再哭上几分钟再进去把前面的做法再重复一遍。重复2～3次后，他最终会意识到是睡觉的时间到了，你希望他睡觉。

温馨提示

每天晚上22：00～0：00妈妈可给宝宝喂最后一次奶，具体时间根据妈妈睡觉习惯而定，妈妈要尽量让宝宝习惯把这次"夜宵"当作正餐多吃一些。如果他睡着了，不要害怕把他弄醒，宝宝吃过这次奶后，可以满足他一夜的需要。另外，给宝宝吃过"夜宵"后要尽量推迟一下喂奶的时间。如果宝宝夜间醒来哭闹，你可以给他换一下尿布，说说话，哼个歌，然后把他放回床上，不要给他喂奶。

育儿小贴士

有很多宝宝过分依恋爸爸妈妈，一觉醒来，如果发现爸爸妈妈不在身边，就会啼哭不止。也有些宝宝习惯了让大人逗着玩，时时刻刻都缠着自己熟悉的人，这种习惯如果不尽快尽早加以纠正，就很难建立起宝宝最初的独立意识。长此以往，宝宝就会成为一个"问题"宝宝，让爸爸妈妈头疼不已。

育儿随笔

....

....

....

....

一 妈妈小常识 一

不要把晚上当作游戏的时间。爸爸妈妈第一次把宝宝放在小床上让他自己入睡时，他可能会哭闹得很厉害，建议妈妈抱住宝宝，给他喂奶、换尿布，并哄哄他，然后用小毯子把他包好侧放在小床上，帮助宝宝培养入睡情绪，让他慢慢地睡着。

为什么宝宝会手脚冰凉

许多父母会发现在冬天或房间里气温稍低的时候，宝宝的血液循环会变得很差，手脚冰凉，甚至变成青紫色。当房间温度升高时，宝宝的血液循环情况就会好转，手脚的颜色也会变得正常。这主要是因为一些宝宝的动脉窄小，导致血液循环不良，所以手和脚才会总是冰凉的，并且血管是蓝色的。一般来说这些都属于正常情况，但如果父母对此担心，也可以请医生给宝宝做一下检查。

— 妈妈小常识 —

宝宝的皮肤排汗和排二氧化碳功能比大人明显。皮肤褶皱处细嫩，容易发生浸渍和糜烂，所以宝宝不宜穿紧身或化纤的衣物，要穿透气性好的衣服，皮肤皱褶处经常擦一些婴儿爽身粉，防止发生皮肤损伤。

育儿小贴士

宝宝的皮肤比大人的皮肤薄而嫩，表皮细胞角化层薄，不耐摩擦和碰撞，容易损伤和破溃。另外，宝宝的皮肤防护功能差，容易受到细菌感染和汗水、污物浸渍，容易发生各种损害，如容易发生湿疹、皮炎和其他小毛病。宝宝的皮肤薄而吸收能力强，容易吸收体外的各种化学毒物和药物，因此皮肤沾染有害物质时容易发生中毒或引起其他危害。

温馨提示

即使宝宝还很小，妈妈也要记得每天给自己一点儿时间，喝一杯淡茶、看一会儿报纸，这半个小时会让你觉得这一天很特别、感觉很好。给自己一点儿时间和空间非常必要，当然不是要放任自己。找个时间在电话里与朋友聊个天，或者去上瑜伽课，找回本来的自己，不要总觉得你自己是机械的、不快乐的。

育儿随笔

....

....

....

....

宝宝"枕秃"是怎么回事

宝宝的脑袋与枕头接触的部位,出现一圈头发稀少或没有头发的现象叫枕秃。究其原因是宝宝大部分时间都躺在床上,脑袋跟枕头接触的部位容易发热出汗,使头部皮肤发痒,但因为宝宝还不能用手抓,也无法用言语表达自己的不舒服,所以宝宝通常会通过左右摇晃头部的动作,"对付"自己后脑勺因出汗而发痒的问题。经常摩擦后,枕部头发就会被磨掉而发生枕秃。

其他一些原因也能引起枕秃,可能是妈妈孕期营养摄入不够,也可能是枕头太硬,甚至是缺钙或者佝偻病的前兆。不过大部分的枕秃往往是因为生理性的多汗,头部与枕头经常摩擦而形成的。

温馨提示

在睡眠时,接受面颊、腹部的抚摸,或听到父母的低声哼唱时,新生宝宝会出现自发性的微笑。这种微笑可能反映了新生宝宝处于平静状态,常会使妈妈感到欣慰。大约自出生5周起,人脸和人的声音特别容易引出宝宝的微笑,但持续时间较短,这是一种无选择性的社会微笑。到第8周时,宝宝会对着不移动的脸主动发出持久的微笑,这是最早的有选择性的社会微笑。

育儿小贴士

有枕秃的宝宝不一定是得了佝偻病。除了枕秃以外,佝偻病还表现有面色苍白、烦躁不安、睡眠易醒、夜啼、多汗、颅骨软化、囟门闭合过晚、出牙迟、牙齿形状细小无光泽等。严重者除上述症状外,会出现鸡胸、下肢畸形呈"0"或"X"形腿、脊柱弯曲等症状。

— 妈妈小常识 —

妈妈可以让宝宝仰卧在床上,用一只手托住宝宝的背部,注意不要折到宝宝的胳膊,然后慢慢将宝宝向另一侧推过去,让宝宝翻个身,形成俯卧状态,歇一会儿后再把宝宝翻过来。妈妈在一边做这个动作的同时还要配合语言,比如"翻翻身""宝宝真乖"等,可以帮宝宝锻炼身体,还可以刺激宝宝的听觉。

怎样让宝宝睡个好觉

让宝宝吃饱十分重要；睡前洗个热水澡有助于宝宝入睡；让宝宝听有规律的声音，如轻柔的节拍声等；给宝宝一个与白天不同的有利于入睡的环境，如关掉电视机、收音机，减弱室内光线及尽量降低噪声等；保持室内温度在10℃～21℃等。需要注意的是，在出生后的最初几个月，宝宝的睡眠时间是没有规律的。

— 妈妈小常识 —

有时候宝宝发热很可能是由于室温过高导致的。尤其在夏季，宝宝自身调节体温的能力很差，再加上妈妈经常抱着宝宝，身上的热量不易散发，导致宝宝体温升高。这时可以将宝宝放在凉爽的地方，给宝宝扇扇风，喝一些清凉的果汁或水。也可以给宝宝洗个温水澡，几个小时之后宝宝的体温就会降下来。

温馨提示

为使宝宝睡眠时安全，还要注意不要使用化纤床单；不要给宝宝盖太多或太厚的被子，让宝宝过热不好。另外，如果宝宝是单独睡的话，妈妈要给宝宝使用安全婴儿床。

育儿随笔

妈妈怎样给宝宝制作果蔬汁

橘子汁制法：橘子1个，洗净外皮，切成两半。将每半个放在榨汁器盘上旋转几次，果汁即可流入槽内，过滤后即成。也可以直接用手挤压外皮，使果汁流入碗内，剩余的果肉不要丢弃，大人可以吃掉。这种方法适合所有多汁的水果。

西瓜汁制法：西瓜瓤50克，白糖5克。如果要多榨的话可以按这个比例来配制。将西瓜瓤放在干净的容器内，用杵子捣烂，再过滤，加入白糖，调匀即成。西瓜汁适合宝宝夏季饮用，但不要多吃。

育儿小贴士

如果宝宝哭着不吃，排除身体不适或是想睡觉的原因，那就有可能是宝宝曾经被这种食物烫到或是被强迫喂食过。这时候就不要再强迫宝宝进食，而是换个时间再试。另外，宝宝玩得正高兴时不要突然抱起喂食，宝宝也有自己的情绪，很可能因为被打断游戏而以不吃东西来表示不满。

温馨提示

在制作果蔬汁时，一定要确保制作过程是卫生的，食物、用具及制作的双手都应清洗干净。不然很可能导致宝宝腹泻等疾病的发生。

一 妈妈小常识 一

制作辅食时，要以天然食物为主，不要用色香味俱全来引诱宝宝吃，因为宝宝的味蕾对食物很敏感，食物的天然味道足以满足宝宝，厚重的调味料会使宝宝的口味越来越重，对宝宝的生长很不利。

育儿随笔

....

....

....

....

父母怎样判断宝宝的营养状况

营养缺乏主要是由于营养素摄入不足、消化吸收不良、代谢障碍、需求量增加或消耗过多等多种因素导致营养素缺乏引起的一类疾病。婴幼儿时期，由于生长发育快速，对各种营养素的需求比成人相对要高，另一方面，由于婴幼儿的器官发育尚不成熟，消化吸收能力差、抗病能力弱，容易患腹泻、消化不良等疾病，造成营养素消化吸收不良或营养丢失，所以婴幼儿更加需要注意合理膳食，否则极易发生营养缺乏病。

爸爸妈妈应该怎样来判断宝宝营养状况呢？

这就是考普指数的作用了。考普指数是用宝宝身长和体重来判断营养状况的一种方法。这个指数是用体重除以身长的平方再乘以 10 得出来的，其公式为：

考普指数＝｛体重（克）/［身长（厘米）× 身长（厘米）］｝×10

根据考普指数判断标准，指数达 22 以上，则表示宝宝过胖；20 ～ 22 为稍胖；18 ～ 20 为优良；15 ～ 18 为正常；13 ～ 15 为偏瘦；10 ～ 13 为营养失调；10 以下则表示宝宝营养已经重度失调了。

温馨提示

洗衣粉中所含的 ABS 是一种有毒的化合物，对宝宝细嫩的皮肤有明显的刺激。宝宝接触尿布上 ABS 残留物后，不仅可引起变态反应（过敏反应），而且还会出现胆囊扩大和白细胞升高等症状。调查结果表明，ABS 对肝脏等器官发育不全的婴儿危害尤为严重。所以，家长在给婴儿洗涤尿布时不宜用洗衣粉，应用温和的儿童专用洗衣液或天然皂水浸洗，以除去污渍。

育儿小贴士

对于营养失衡的宝宝，要注意添加配方奶粉和补充缺乏的营养素，保证营养均衡。哺乳期的妈妈也要注意多吃一些含有丰富营养的食物，不要偏食挑食，保证乳汁中的营养均衡。

育儿随笔

怎样通过宝宝的睡眠看病情

宝宝不会说话，自己不舒服也没有办法表达。父母不能因为宝宝没有办法说便忽略了他的"特殊"表达病情的方式——睡眠。正常睡眠时宝宝会很安静，呼吸均匀，没有声响，偶尔脸上还会浮现有趣的表情。如果宝宝在临睡前哭闹不止，烦躁不安，很缠人，入睡后面部发红，呼吸急促，脉搏也加快，超过140次/分钟，则说明有发热的表现。做父母的一定要重视这些特殊表现。

温馨提示

妈妈要学会帮助宝宝做体操：宝宝仰卧，两腿伸直，妈妈两手握住宝宝脚踝。先将两腿屈至腹部，然后还原成预备姿势。重复上面的动作，再还原成预备姿势，接着重复动作。宝宝屈腿时，两膝不分开，可稍稍用力，使宝宝的腿对腰部有压力，有助于肠蠕动。屈、伸都不能用力过大，以免损伤宝宝的关节和韧带。

育儿小贴士

宝宝有时候每隔2～3小时会出现轻度哭闹或烦躁不安，这时妈妈可以轻轻拍或抚摸宝宝，使宝宝重新入睡。妈妈不要马上又抱又哄，或给他喂奶和水，这样会养成宝宝夜间经常醒来的不良习惯。某些神经质类型的宝宝晚上睡眠很差，但只要吃奶正常，生长发育没有问题就不必太过担心。

育儿随笔

....

....

....

....

....

— 妈妈小常识 —

宝宝卧室内的灯不要太亮，离宝宝尽量远些。妈妈可以利用灯来和宝宝做一些亲子游戏。例如，每天开灯的时候妈妈就说"灯"。几天以后，当妈妈再说"灯"，宝宝就会用眼看灯了。

宝宝湿疹是怎么回事

婴儿湿疹，中医叫"奶癣"。营养过度，消化不良，对食物过敏，对空气中的飞尘、花粉，以及肥皂、羽毛、化纤制品、毛织品、猫犬毛等外界刺激过敏等都可引起本病。婴儿湿疹常常发生在 2～3 个月的宝宝身上。患儿常皮肤瘙痒剧烈，皮疹逐渐发生成片的糜烂，流出黄色透明的浆液，干燥后结为蜜黄色薄痂。干燥型湿疹多见于营养较差、瘦弱或皮肤干燥的宝宝，皮损以红斑、丘疹、鳞屑为主，糜烂渗出较少。

— 妈妈小常识 —

对患湿疹的宝宝，妈妈要避免刺激性的物质接触他的皮肤；不要用碱性肥皂洗患处；也不要用过烫的水洗患处；不要涂化妆品或任何油脂；宝宝的衣服要穿得宽松些，以全棉织品为好；面积不大的湿疹可涂肤轻松软膏，不宜涂得太厚；有较多湿疹的宝宝，需去皮肤科诊治。

育儿小贴士

宝宝患湿疹期间不应进行预防接种。治疗可服犀角化毒丸、导赤丹、香橘丹等中药；也可服乳酸钙、复合维生素 B、扑尔敏、安其敏、维生素 C 等西药。糜烂流水的湿疹，可用马齿苋 30～60 克煮水晾温后，用 6～7 层纱布蘸药液湿敷，每日 1～2 次，每次 20 分钟。然后取大黄粉、黄芩粉、寒水石粉各 10 克，青黛 1 克。混匀后，用植物油调成糊状外涂。

温馨提示

预防婴儿湿疹，哺乳期的妈妈不应吃辣椒等刺激性饮食，忌过量吃高脂肪、高蛋白食物。宝宝应限进糖类，不宜过饱，以保持其良好的消化功能。如果是因牛奶所致的过敏，可以把煮牛奶的时间延长一些或反复煮沸 1～2 次。不要给宝宝穿戴尼龙化纤的衣裤、帽子、纱巾等。

育儿随笔

如何训练宝宝抬头

宝宝抬头，需要锻炼颈部和背部的肌肉。让宝宝俯卧，用一个有颜色的物体，比如一件玩具，在他的视野内移动。1个月时宝宝颈部肌肉仍很无力，他的头和眼睛会跟着玩具移动，但他的头只能抬离床面几秒钟。3个月的宝宝头部能追随玩具的移动，头部抬离床面的时间也更长了。等到6个月时，宝宝就能用前臂把自己支撑起来了。

温馨提示

宝宝的双手已能很放松地张开了，他开始意识到自己的手。用各种触觉的刺激增强他对自己手的意识，最好是使用质地不同的物体。在往宝宝的手掌里放东西的时候，要顺着他的掌纹横放。尽管他在最初阶段握东西时用的是手掌，手指直而不弯，但要记住，他手上最敏感的部分是指尖。

育儿小贴士

有的父母在给宝宝喂食牛奶后，常常会再给宝宝喝点橘子汁，认为这样做能减少排便困难并增加营养。其实，这样做是不正确的。因为酸性饮料容易把牛奶中的蛋白质变成凝块状，极不利于牛奶的消化和吸收。橘子汁的饮用要注意与喝牛奶间隔一段时间，一般应在喝牛奶后1小时饮用为宜。

育儿随笔

一 妈妈小常识 一

宝宝的小床也是有很多讲究的。婴儿床不得使用含铅油漆粉刷，床的任何部位都不能用塑料装饰品。床上不能用易碎的材料。小床两边应装置横杆，床边需高过床垫。床垫应该与小床一般大，不得有缝隙，以免夹住宝宝的手脚。

宝宝的尿为什么是白色的

在冬季，有些爸爸妈妈发现宝宝排出了白色的尿，在地上干了以后，也成白色。这是正常的生理现象，是因为冬天气候寒冷，宝宝喝水较少，尿中的无机盐浓度偏高，不易溶解，当随尿排出体外时，尿就变成白色；另外，无机盐结晶的形成，也与宝宝的饮食有关，当宝宝吃了某一类能使尿中无机盐结晶含量增多的粮食、水果、蔬菜时也会出现白色尿。经尿液化验，会发现尿中有很多无机盐结晶，包括磷酸盐、碳酸盐，都呈碱性，所以这种白色尿又称为无机盐结晶尿。

宝宝的这种白色尿，无须特殊治疗，只要在严冬季节注意保暖，多吃新鲜蔬菜和水果，多喝水，尿中的无机盐结晶就会溶解，尿色就会转清了。

育儿小贴士

初生的宝宝具有极强的主动性，但他也正处在最大程度地依赖爸爸妈妈的阶段，表现出主动－被动、创造－模仿、独立－依赖相互依存发展的特点，宝宝会成为哪一种类型的人取决于爸爸妈妈在教养过程中向哪一边的倾斜。很多爸爸妈妈在实际教养的过程中，往往只看到宝宝被动、依赖、模仿的一面，而看不到其主动、创造、独立的一面，导致最后培养出一批"听话"但缺乏主动性的宝宝。

育儿随笔

宝宝应该什么时候用枕头

当宝宝长到3～4个月，颈部脊柱开始向前弯曲，这时睡觉可枕1厘米高的枕头。长到7～8个月开始学坐时，宝宝胸部脊柱开始向后弯曲，肩也发育增宽，这时宝宝睡觉应枕高3厘米左右的枕头。枕头过高、过低均不利于宝宝的睡眠和身体正常发育，并且常枕高枕头容易形成驼背。

温馨提示

"照镜子"的游戏玩多了，宝宝逐渐开始了解镜子里的人是自己，爸爸妈妈可以拉着宝宝的手摸镜子，并跟他说："咦，镜子里的宝宝是谁？怎么和宝宝长得一个样？"爸爸妈妈可以跟宝宝玩藏猫猫，或拉着他的手脚摇晃，这样可以增强他的自我意识。

3个月的宝宝很喜欢让妈妈抱着，在镜子前看妈妈和自己的动作。他还不知道镜子里的小人就是他自己呢，但是宝宝会高兴地同他笑，用手摸他的脸，亲他，如同见到熟人那样同他玩。妈妈可以指着镜子告诉宝宝："这个是妈妈，这个小朋友就是宝宝呀。"宝宝往往会发生怀疑，总是伸手摸那个镜子里的小人。妈妈平时可以让宝宝玩一个不易碎的小镜子，让宝宝渐渐熟悉自己的形象。

育儿小贴士

爸爸妈妈不要为了给宝宝保暖而使用电热毯。电热毯加热速度较快，温度也较高，会增加宝宝不显性的失水量，引起轻度脱水而影响健康。若要用须正确掌握方法，即睡前通电预热，待宝宝上床后及时切断电源，切忌通宵不断电。使用过程中，如果宝宝出现了哭声嘶哑、烦躁不安等表现，说明身体可能脱水，马上给宝宝多喝些白开水。

可以用热水袋来代替电热毯。妈妈要学会正确给宝宝使用热水袋。首先是不用已经老化的热水袋。每次装水时，装70%左右热水即可，并应放出袋内的空气。装水后要检查盖子是否拧紧。最好不要把热水袋或电热饼整夜置于被窝内，而应在睡前将被窝捂热，睡时取出。如果放在被窝内，则应在热水袋或电热饼外面裹一层厚毛巾。

育儿随笔

职业妈妈怎样母乳喂养宝宝

在产假休了3个月左右的时候，很多职业妈妈已经开始上班了。职业妈妈只要方法得当，一样可以靠挤奶将母乳喂养坚持到宝宝1岁。挤出的母乳不仅可以保证宝宝的口粮，还可保持奶水不断，且避免胀奶之苦。挤奶的次数要看妈妈离开宝宝的时间来定，通常最好不要超过3个小时。如果宝宝刚出生不久且喂的次数较频繁，那么挤奶的次数就要更多才不会有胀奶的痛苦或者溢奶的现象。

如果奶水在不适当的时候滴出来时，可用手臂稍微施力压住乳头1～2分钟，但这种方法不能常用，最好是挤点奶水出来。以后胸部会自然调节乳量，不会再有溢奶现象。

一 妈妈小常识 一

过早喂米糊易造成宝宝营养不足，尤其是蛋白质供给不足，而且宝宝对淀粉类食物的消化能力差，会导致因蛋白质营养不足而出现虚胖，或发生消化不良性腹泻。所以，最好还是等宝宝4个月以后再开始添加米糊等淀粉类食物，并慢慢加量。

要注射疫苗啦！

育儿随笔

....

....

....

....

育儿小贴士

3个月的宝宝能用眼睛看到自己的双手，你会发现在宝宝清醒时经常在玩自己的双手，两手在眼前握着，手指乱动。爸爸妈妈可在他手能够着处吊一个小球，大人拿着宝宝的手去拍打吊着的球，使球前后晃动，引诱宝宝再去拍它。有时宝宝伸出手时会因位置不对而经常拍不到吊球，但多次练习后他就会调整手的位置和伸出的长度，逐渐击到小球，击中小球，训练宝宝的手眼协调能力。

3个月的宝宝体格发育有哪些标准

宝宝到了3个月时，体格发育应达到以下标准：如果是男宝宝，3个月时标准体重为4.4～7.7千克，身高标准为55.8～66.4厘米。如果是女宝宝，3个月时标准体重为4.1～7.0千克，身高标准为54.6～64.5厘米。

温馨提示

很多妈妈一听到宝宝哭就会六神无主，疑惑宝宝怎么那么爱哭，其实，宝宝是在做运动呢！他只是想要爸爸妈妈抱抱自己而已，大人逗宝宝玩的时候，宝宝会很兴奋地舞动小手，不时踢踢小腿，小嘴里还会发出"咯咯"的叫声。如果爸爸妈妈不小心惹宝宝生气的话，宝宝就会大哭特哭，一直到哭累为止。

育儿小贴士

随着宝宝生长发育，特别是哭与笑的分离及随意运动的发展，啼哭的内涵发生了变化，其运动成分会越来越少，社会交往成分则相对越来越多。这时候宝宝的啼哭，就更多地具有了社会和情感的成分。

疫苗

脊髓灰质炎糖丸（第二丸）
百白破疫苗（第一针）

妈妈小常识

从3个月开始，宝宝的头能够挺直了，让他俯卧时，他能用双手支撑着抬起头和胸部达到45度左右，多让宝宝做这样的练习，有助于运动功能的发育。到了这个时期，宝宝双腿的活动也开始活跃起来。可给宝宝穿开裆裤，以便行动。此外，妈妈要注意用手轻轻按摩宝宝的腿部，让宝宝的腿部得到运动，这样有助于运动功能的发育。

育儿随笔

爸爸妈妈应该怎样和宝宝说话

爸爸妈妈要有意识地跟宝宝说话，同时在说话时仔细观察宝宝的目光和面部表情，看看他究竟对什么"话题"最感兴趣。跟宝宝说话时不仅要面带笑容并辅以手势或身体动作，而且语调需注意抑扬顿挫。父母在跟宝宝说话时如果有玩具、动物、图片、鲜花等实物做"道具"，效果会更好。

— 妈妈小常识 —

人工喂养的宝宝，很容易在吃奶的时候吃着吃着就睡着了，睡了一会儿之后又接着吃。出现这种情况可能是因为宝宝吸入了奶瓶中的空气产生饱腹感，所以会睡着，结果没有多久就又饿了，便会从睡眠中醒来，这样非常影响宝宝的睡眠质量。妈妈如果发现奶瓶中的奶剩余不多，可以放心地让宝宝睡；但如果剩余奶量很多，就要把宝宝叫醒，吃饱了再睡，而不要让他把一餐分成两次来吃。

育儿小贴士

很多人认为女宝宝会比男宝宝早开口说话，其实，影响宝宝学习语言方式的因素是多种多样的，在语言学习的进度和方式上最重要的两大因素是宝宝与生俱来的学习和使用语言的潜力。另外，如果一个环境充满了说话声，这种语言环境就能刺激宝宝在早期便开始学习语言，并能伴随宝宝成长的整个过程，不断提高其语言学习的能力。

所以从宝宝出生起，爸爸妈妈就要多与宝宝说话，尽管他还听不懂，但这是有利于增进宝宝与父母之间感情交流的。

温馨提示

与宝宝说话的时候，最好在安静没有任何噪声的环境中，以便宝宝集中注意力，并保证他能清楚地听清你的发音。宝宝的注意力难以在较长时间里持续保持集中，每次"谈话"最好不要超过5分钟。在宝宝长到9个月以后，每天累计的"谈话"时间就可以延长到半个小时左右了。

育儿随笔

怎样帮助宝宝练习翻身

让宝宝仰面躺在床上，妈妈轻轻握着他的两条小腿，把右腿放在左腿上面，使宝宝的腰自然扭过去，肩也会转一周，多次练习后宝宝即会翻身。

当宝宝扭肩的动作练熟后，再把宝宝喜爱的玩具放在身边，妈妈不断逗引宝宝抓碰。这样，宝宝可能会在抓玩具时顺势又翻回侧卧姿势。如果宝宝做得有点费力，妈妈可轻轻帮一下。待练熟从仰卧变成侧卧后，妈妈可在宝宝从仰卧翻成侧卧抓玩具时，故意把玩具放得离他稍远一点儿，使宝宝有可能顺势翻成俯卧。

育儿小贴士

帮助宝宝练习翻身时的动作一定要轻柔，以免扭伤他的小胳膊、小腿。一开始练习时间和次数不要太长，要逐渐增加。不要在宝宝刚吃完奶后或身体不舒服时练习。宝宝大约 3 个月时才开始翻身，6 个月时才能较熟练地从仰卧翻成俯卧。因此妈妈要有耐心，让宝宝在愉快中进行训练。宝宝学会独立翻身后妈妈仍要继续让他练习，为日后学爬打下基础。

育儿随笔

....

....

....

....

....

....

....

温馨提示

众所周知，胡萝卜中含有丰富的胡萝卜素，能帮助宝宝健胃消食，并防治因缺乏维生素 A 所引起的疾病，宝宝在产生消化不良或上火时，可以将胡萝卜熬制成水来冲奶粉或米糊喂给宝宝喝，功效十分显著。

摇晃宝宝会造成损伤吗

很多时候婴儿脑震荡并非由于碰到了头部才引起，而是由于大人的惯性动作，在无意识的情况下造成的。比如有的父母想让宝宝快些入睡，便用力摇晃宝宝或者推拉婴儿车；或是爸爸为了逗宝宝开心，将宝宝高高抛起；也有可能是带宝宝外出时坐的车太过颠簸等原因造成的。也许大人觉得这些动作没什么，事实上却会对宝宝尚未发育成熟的大脑造成冲击，引发脑震荡。

— 妈妈小常识 —

宝宝的尿布脏了，妈妈应该一边说话，一边为他换尿布。如果这时候，妈妈露出嫌恶的表情并加以责备，宝宝会显得情绪不稳。所以，宝宝弄得再脏，妈妈也要心平气和地去做。用"感觉干干爽爽""好舒服呵！"等话语，让宝宝体会换下脏尿布、小屁股被擦干净的舒适感觉。

育儿随笔

育儿小贴士

3个月大的宝宝头围与胸围大致相等。男婴平均头围约41.25厘米，女婴头围平均约39.90厘米。头围的增长是有规律的，头围过小或过大，都要请医生检查。如小头畸形、大脑发育不全、脑萎缩等通常为头围过小；脑积水、脑瘤、巨脑症等为头围过大。

宝宝的鼻子能捏挺吗

传统观念中，宝宝鼻子扁，经常捏捏，鼻子就会长得挺。同许多旧观念一样，这样做非但起不了作用，还会损害宝宝的健康。宝宝的鼻腔黏膜娇嫩、血管丰富，常捏宝宝的鼻子，会损伤黏膜和血管，降低鼻腔防御功能，从而容易被细菌、病毒侵犯，导致疾病的发生。另外，宝宝的耳咽管较粗、短、直，位置也比成人低，乱捏鼻子还会使鼻腔中的分泌物通过耳咽管进入中耳，引发中耳炎。

温馨提示

宝宝如果鼻子里不是有很多分泌物，不用掏洗。有的爸爸妈妈天天用棉签给宝宝掏鼻孔，棉签看起来很柔软，但由于在清洗鼻子、耳朵时，宝宝有可能突然转动，这样可能会使棉签深深地插进去。因此，用毛巾清洗宝宝鼻子要安全得多。

— 妈妈小常识 —

每当宝宝抓到玩具，他都会很高兴，妈妈要用语言、微笑、爱抚鼓励他。这一小小的成功，对大人来说真算不了什么，但对宝宝来说，是件了不起的大事，是长了一个很大的本领。他自己也会很高兴，还可训练宝宝手眼协调能力。他去抓东西，是他会使用手去探索周围事物的第一步。

育儿小贴士

训练宝宝抓东西，要注意让宝宝抓的东西一定要清洁卫生，因为宝宝抓到手后，常常会放在手里玩一会儿，或是放在嘴里啃。玩具或物品要安全，避免小颗粒、小球，以防被宝宝吞下去。另外宝宝抓的东西要常变换，多种多样，使他提高感知能力，如硬、软、光滑可增加触觉；颜色、形状、大小可训练视觉；水果、点心可增加他的嗅觉；有声音、有音乐的玩具可训练听觉等。

育儿随笔

....

....

....

....

怎样预防宝宝生痱子

夏季炎热，宝宝的皮肤褶皱又多，很容易生痱子。要预防痱子就要保持宝宝皮肤的清洁和干燥。

勤给宝宝洗澡。天气炎热时每天可洗2～3次，用婴儿专用沐浴露。洗完后可擦少量爽身粉。

夏季早晚比较凉爽，可以带宝宝出去多玩一会儿。

宝宝度夏的衣服一定要合身、舒适，选择纯棉织品。宝宝的枕巾、床单要保持清洁、干燥。

如果宝宝已经生了痱子，可以在洗澡后在局部涂抗生素软膏，切忌用手挤压痱子。如果痱毒较重或出现发热、全身不适，要马上带宝宝去医院看医生。

— 妈妈小常识 —

宝宝的体温调节中枢发育不完全，经常吹电扇会导致体温下降、感冒或腹泻。所以爸爸妈妈在了为了给宝宝解暑而使用电风扇时要注意：

电风扇尽量远离宝宝，更不能直接对着宝宝吹，尽量让风扇转头吹，可以使室内空气流通，室温降低。

吹电扇的时间不能过长，风速更不能过大。

在宝宝吃饭、睡觉、大小便、换衣服时，注意不要直接吹电风扇。

育儿小贴士

樟脑丸是用来防蛀虫的，其主要成分是萘酚，具有强烈的挥发性。当宝宝穿上放置过樟脑丸的衣服后，萘酚会通过皮肤进入血液。如果宝宝的血液中红细胞内缺乏葡萄糖-6-磷酸脱氢酶或者此酶活性不足，均会使红细胞膜发生改变，使其完整性受影响，红细胞的破坏会导致急性溶血。

温馨提示

玩具购买后应首先消毒。就像新买的内衣一样。玩具使用后，更应及时消毒。若用化学方法消毒玩具容易对环境产生污染，而物理方法如定期清洗玩具，虽简单易行但对电动玩具等并不适用，可以采取阳光下暴晒的方法，时间为6小时。

宝宝睡觉时爱出汗是缺钙吗

宝宝入睡后出汗大多属于正常生理现象。宝宝身体正处于生长发育阶段，新陈代谢旺盛，产热量大，而且宝宝体内含水量多，皮肤薄，皮肤内血管分布丰富，出汗有助于体内热量的散发，维持体温的恒定。同时出汗可以排出体内尿素、脂肪酸等代谢废物，汗液还可滋润皮肤，保持皮肤湿润。人出汗是受中枢神经系统控制的，宝宝的神经系统发育尚不完善。当宝宝入睡后时，交感神经会出现一时的兴奋状态，就容易出汗。因此，宝宝仅仅出汗较多，而一般情况较好，缺钙的可能性较小。

育儿小贴士

据研究显示，家中使用喷雾器及空气清新剂会损害宝宝及妈妈的健康，长期使用会使宝宝的耳痛及腹泻频率增加，而妈妈更会有头痛及抑郁的情况发生。因此，为安全起见，请爸爸妈妈限制在家里使用喷雾器及空气清新剂。

温馨提示

冬天年轻的父母都怕宝宝受冻，便给宝宝穿很多的衣服，盖很厚的棉被。其实这样做是不合适的，宝宝会因为太热而导致体内的水分丧失过多，严重的时候还会发生脱水热，出现高热、精神萎靡不振、哭闹不止、厌食等情况。为了防止这种"冬季婴儿闷热综合征"的发生，父母要学会看情况给宝宝加减衣物。

妈妈小常识

在宝宝学会走路和说话之前，培养他的独立性就是让他学会用眼、耳、手、脚、身体与周围环境接触，得到乐趣。妈妈可在宝宝两三个月的时候，在摇篮上空挂一些会发出声响的玩具，这样可以促进宝宝眼看、耳听、手脚和全身的活动，促进感知和运动能力的发展，同时也可以培养宝宝"自己玩"，不靠爸爸妈妈逗引的兴趣。

育儿随笔

如何正确为宝宝洗澡

宝宝更喜欢在小澡盆中洗澡，因为他觉得在大澡盆中洗澡会沉下去。你可以把毛巾铺在澡盆边上，用一只手扶住宝宝，使他面对着你，用另一只手为宝宝洗澡。要注意洗澡水和房间的温度。用无刺激性的婴儿香皂和柔软的毛巾为宝宝洗澡。把水龙头的安全阀关上以防宝宝把水龙头拧开。把宝宝抱出澡盆后，要用一块大的干毛巾把他裹好。

— 妈妈小常识 —

妈妈在给宝宝洗澡时，要和他玩耍、说笑，喊他的名字，千万别像洗一个脏瓶子那样默不作声。可以在洗澡时给宝宝唱歌、做游戏，同时告诉宝宝怎样自己洗澡。当宝宝长大一些时，可以让他自己抓香皂。洗澡时，还可以把水撩在宝宝脸上逗他玩，这也是为他以后学习游戏做准备。

育儿小贴士

如果家和学校都被车水马龙的环境所包围，那么时间长了，宝宝的听力就会受到影响。因此，爸爸妈妈就应该在房间的布置和安排上做一下小小的调整：可以更换密封性更好的窗户或者门；选择静音的加热和通风设备；让宝宝待在受外界影响最小的房间里。这些细微的调整都可以给宝宝创造一个更有益于保护听觉能力的环境。

温馨提示

妈妈给宝宝洗澡时的室温以 26℃～28℃ 为佳，不要低于 22℃。室内不要有对流风。洗澡水的温度应维持在 40℃～45℃。可用成人的肘部试水温，以不烫为好。每次洗澡的时间不要超过 5～10 分钟。应使用柔软洁净的小毛巾为宝宝擦洗，手法要轻柔。

育儿随笔

给宝宝热食物可以用微波炉吗

微波炉可以快速加热食物，但不能用它来加热婴儿奶瓶。婴儿奶瓶可能摸起来是凉的，但是其中的液体已经非常烫，会烫伤宝宝的口腔和喉咙。对于挤出的母乳来说，一些保护因子可能被破坏。一般要用热水焐热瓶子，然后用手腕来试一试奶的温度，虽然会花费更多的时间，但是对宝宝来说会安全得多。

育儿小贴士

人体内的脏器或者组织本来都有固定的位置，如果它离开了原来的位置，通过人体正常或不正常的薄弱点或缺损、间隙进入另一部位即形成疝。常见的有腹股沟斜疝、股疝、脐疝等。宝宝脐疝，特别是婴儿脐疝，当挤压"疝"时可发出"咯叽"的响声。当爸爸妈妈听到宝宝的体内发出类似声响时，应带他及时去医院治疗。

一 妈妈小常识 一

在宝宝感官发展敏锐的阶段，需要各种感官刺激帮助其概念的发展。妈妈可以提供宝宝各种运用感官探索环境的机会，如引起视觉探索的图形，能够动手操作的各种玩具、教具及日常用具，听得到各种不同的声音刺激——丰富的感官刺激经验，是宝宝发展抽象化概念重要且不可或缺的依据。

育儿随笔

....
....
....
....
....
....

温馨提示

对于4～5个月以上的宝宝，可适当增加辅食，最好将菠菜、卷心菜、青菜、荠菜等切碎，放入米粥内同煮，做成各种美味的菜粥给宝宝吃。蔬菜中所含的大量纤维素等食物残渣，可以促进肠蠕动，达到通便的目的。

宝宝大哭对声带有影响吗

婴幼儿时期，宝宝的发声器官正处在生长发育阶段，还比较娇嫩，对外界抵抗力较弱，对各种运动负荷耐受力较差，容易疲劳。在这段时间里，如不注意发声器官的保护，最容易产生声音失调，甚至导致声带疾病。因此爸爸妈妈要注意，不要让宝宝长时间大声哭喊。否则，久而久之，会影响宝宝声带的发育。

— 妈妈小常识 —

随着神经、骨骼、肌肉的不断发育，宝宝的运动能力发展迅速。有时你会感到宝宝像个小运动员，醒来以后他总是在不停地动，几乎不歇一会儿。现在宝宝的手已经可以拿东西了，他的4个手指合起来，可以与拇指配合在一起捡东西，就好像戴着一副只有两指的手套似的。而且在伸手去抓之前，宝宝还会有意识地观察手与被抓物体，然后用手准确地抓住目标，现在他已经会用双手握住一个瓶子了。

育儿小贴士

宝宝身体的协调能力进步了，动手能力也提高了，现在家长面临的问题就是宝宝的安全。因为宝宝学会翻身以后，随时都有掉下床的危险，因此，要在宝宝的活动范围内加设隔挡的物品。宝宝小床的栏杆上最好也包上海绵或质地柔软的毛巾、布等，以防止宝宝乱动时撞伤脑袋。

温馨提示

妈妈偶尔喝杯咖啡对宝宝无妨，但要在给宝宝喂完奶后饮用，这样到下次再喂哺宝宝时，咖啡因就已经被吸收了。至于酒精类饮料，专家建议啤酒和果酒的饮用量应适度，而且应该在刚刚哺乳之后喝，在给宝宝喂奶期间，不得喝烈性酒。

育儿随笔

宝宝关节会响，是得了关节炎吗

虽然在正常情况下宝宝关节活动时不会发出声响，但发出声响也不一定就是病理现象。有时宝宝会因关节软骨、关节囊、滑膜、韧带及肌腱等还未发育完善，在活动时发出声响。如果是这种情况引起的，随着关节及周围组织逐渐发育完善，声响会逐渐消失。如果是疾病引起的，如关节内出现不正常组织，关节会在活动时发出清脆声响，但一般都伴有疼痛。需要家长注意的是，如果宝宝已经到了1周岁左右，在换尿布或穿衣时髋关节还会发出声响，不排除先天性髋关节脱位的可能。建议带宝宝去医院确诊，以采取相关治疗。

育儿小贴士

患有脑瘫的宝宝，在3～4个月时踢蹬动作明显少于正常宝宝，双腿很少出现交替踢蹬的动作。患儿学会坐、爬、走的时间也往往落后于同龄的宝宝。而且，在爬行时姿势很怪异，表现为四肢屈曲，臀部高于头部，抬头困难，双上肢不能支撑身体。另外，患有先天性髋关节脱位或存在肌肉、神经麻痹的宝宝，由于肌肉张力下降，也会使爬行受到很大影响。

温馨提示

人造板材的柜子使用的黏合剂含有大量甲醛，容易被纯棉衣服吸附，导致宝宝过敏或其他不适。所以，宝宝的衣柜最好是实木的，甲醛含量会相对较低；木制衣柜的透气性也好，能保持衣物通风、干燥。

— 妈妈小常识 —

即使只穿了1次，宝宝的衣服也要经过洗涤、干透这一程序才能放回衣橱，不能把穿过的衣服和干净的衣服混在一起。在衣橱内还应划分内衣区和外衣区，最好用干净的袋子收纳内衣以保持卫生。

育儿随笔

....

....

....

宝宝是"螳螂嘴"怎么办

在宝宝口腔的两侧，有时会因脂肪多而形成厚厚的脂肪垫，俗称"螳螂嘴"。这种脂肪垫对宝宝的身体无害，而且还有利于宝宝的吸奶。随着宝宝的生长发育，"螳螂嘴"会逐渐消失。有的老人会主张把宝宝的脂肪垫割去，结果不少新生宝宝因为割"螳螂嘴"而发生出血、感染，甚至引起败血症，后果非常严重。

— 妈妈小常识 —

天气晴朗的时候，妈妈可以让宝宝的小脚心晒个日光浴。妈妈可以脱掉宝宝的鞋和袜子，专门把宝宝的脚对着太阳，通过阳光中的紫外线对脚心上的穴位进行刺激。这种日光浴可以促进宝宝的新陈代谢，如果持之以恒还对婴儿常见的化脓性感染、贫血、怕冷、低血压等病症有很好的防治效果。

温馨提示

给宝宝买衣服的时候，妈妈一定别忘了让鼻子发挥作用，它可是识别衣物添加剂的标尺，因为过量的甲醛会释放出一股刺鼻的怪味儿；类似机油的味道告诉你衣服正在被污染；而香味则是化学药剂或有害成分的"余毒"，一样也不能忽视。

育儿小贴士

爸爸妈妈要经常通过各种方式，逗引宝宝发笑，如可以经常抱着宝宝，亲吻、抚摸宝宝，和宝宝说话，给宝宝唱歌等。在条件适合时，可以带宝宝多做"三浴锻炼"，即定时带宝宝进行日光浴、水浴、空气浴，让宝宝有更多的机会感知周围环境，同时也提高宝宝适应环境、抵御疾病的能力。

育儿随笔

怎样给宝宝拍痰

宝宝感冒的时候，呼吸道感染，分泌物自然增多。成年人肺脏气管、支气管里的纤毛系统有很好的清除功能，可以将异物和过多的分泌物以痰的形式运送到主支气管里，并刺激人体产生咳嗽反射，将痰咳出。而宝宝这种能力很差，这时就需要大人帮他拍背，通过振动肺脏，帮助痰液排出，这就是所谓的物理疗法。

拍背时应将宝宝直立抱起。拍背的手应微微弓起，形成中空状，这样宝宝就不会感觉很疼，并且震动的效果比较好。拍背时应两侧肺都拍到，肺脏的上下、左右、前后都拍到。每次拍痰时两边肺脏应各拍 100 下。1 天应拍 3～5 次。同时，由于体位的关系，宝宝的背部和肺下部更容易发生液体积聚，所以应着重拍这些部位。如果已经患有肺炎，还应着重拍有病的那一侧。

育儿小贴士

被拍出的痰有的会被宝宝咽下去，但并不是白拍。拍过之后，痰由呼吸道到了消化道，肺脏内的异物和过多的液体被清除了，有利于呼吸系统感染的消除。而消化道内有许多消化酶，可以消化清除这些异物和过多的液体，其对宝宝的危害也就随之消失了。

温馨提示

拍背时应发出"啪、啪"的响声，这样的拍背才能有效。有的父母怕宝宝疼，不敢使劲，拍的时候小心翼翼，力度不够，这样的拍背很难有效，其实当拍背姿势正确时，并不会把宝宝拍疼。相反，宝宝很喜欢父母以这种方式与他进行身体上的交流。即便在日常温馨时也可给宝宝拍背，小宝宝很欢迎这种良性刺激，只是这时不用像拍痰时那样使劲就行了。

妈妈小常识

宝宝已经快 4 个月了，他开始对色彩发生浓厚的兴趣了。正因为这一点，妈妈在给宝宝选择衣服时不要选那些很复杂的图案，否则会分散宝宝的注意力，从小就养成注意力不集中的不良习惯。宝宝的衣服应以纯色、浅色、素色为主，图案更要少而精。

宝宝生病了能继续母乳喂养吗

宝宝生病时不仅能喂母乳，而且母乳对疾病的治愈和预防营养不良的发生有着极为重要的意义。宝宝生病后，往往食欲减退，消化功能低下，加之因发热、腹泻、呕吐而增加机体的消耗，若营养补充不足，容易造成营养不良。母乳则最易于宝宝消化吸收，能提供宝宝所需的营养和水分，同时母乳含多种抗体，可增加宝宝机体抵抗力，有助疾病的痊愈。

在宝宝生病过程中如能坚持母乳喂养，还可使宝宝心理上得到安慰。在哺乳过程中，宝宝除获得营养外，妈妈的目光、微笑和抚摸，给予他以安全感和精神支持，从而使他心情愉快，减轻病痛，得以尽快康复。

－ 妈妈小常识 －

大多数宝宝出生后，都会出现红细胞数减少和血红蛋白下降的情况，这一现象被称为新生儿的生理性贫血。这是很正常的，这种现象决不会导致严重的贫血。虽然发生这种现象的原因很多，但最主要的原因是制造红细胞的功能下降。妈妈不要担心，宝宝的骨髓造红细胞的功能在出生后2～3个月开始活跃。

温馨提示

要哄宝宝睡觉时，妈妈不妨选择一些轻柔而节奏舒缓的音乐，如古典音乐、华尔兹等作为背景音乐。在与宝宝玩耍时，妈妈还可以抱着宝宝翩翩起舞，合着音乐的节拍转身或旋转。这种运动会刺激宝宝耳朵的感官和小脑，发展他的听觉、位置觉和平衡觉，这些感觉能力是他学会坐、站和开步走时所必需的，也是日后从事学习所必需的。

育儿小贴士

在为宝宝制定食谱时，应根据宝宝的需要量供给。供给脂肪过多，会增加肠道的负担，容易引起消化不良、腹泻、厌食；供给脂肪过少，宝宝体重不增，易患脂溶性维生素缺乏症，如维生素 A 缺乏后的夜盲症、维生素 D 缺乏后的佝偻病等。

预防接种后宝宝会出现哪些不适反应

一般在宝宝接种后 24 小时左右，接种局部可出现红、肿、热、痛的现象。这种现象大多在 2～3 天后随全身症状消失而渐渐消退，不必进行处理。有的宝宝接种后会出现局部淋巴结肿大，此时可用毛巾热敷局部，减轻症状。接种卡介苗苗后，有的宝宝接种部位会出现脓肿，甚至破溃流脓，这时应请医生予以处理。有些宝宝接种后会出现发热、呕吐等全身反应，如症状不重，可用退热药等对症处理，严重时应及时去医院。

另外，有的宝宝在预防接种后会出现全身出疹的现象，但精神状态都还不错。这时候父母不要着急，让宝宝多喝点水，24 小时后如果疹子还没有下去，再请医生诊治。

育儿小贴士

有少数宝宝由于空腹、恐惧或本身为过敏体质，接种后会出现异常反应。若在接种后几分钟出现面色苍白、手脚冰凉、心率加快、突然晕倒，可能为晕针。若出现昏迷、抽搐、呼吸困难，可能为过敏性休克。这些反应发生会很突然，症状较重，需及时处理，以免造成严重后果。

温馨提示

脂肪的来源可分为动物性脂肪与植物性脂肪两种。动物性脂肪包括猪、牛、羊油及肥肉、奶油等，虽是脂肪来源的重要途径，但其不饱和脂肪酸的含量较少，不易消化。植物性脂肪的不饱和脂肪酸含量较多，是必需脂肪酸的最好来源，容易消化吸收。因此，在调配婴儿膳食时，应该采用含不饱和脂肪酸较多的植物性脂肪。

妈妈小常识

3 个月大的宝宝面朝下放在硬平面上时，如果宝宝抬头，保持在中线位置，看看他的头能不能持久地抬起至 45 度，下颏离开桌面 5 厘米左右。一般来说快到 3 个月的宝宝抬头后能控制他的头，使头低下，而不是无力地下垂。宝宝俯卧时，能自动地将双肘屈曲，让重量落在肘和前臂上，前臂撑起，胸部能抬起来。

妈妈该怎样给宝宝喂药

在喂药前首先应查看药物，核对剂量，以免误服而发生危险。如为片剂药物，应把药片研成细粉，然后溶化在少许温开水中，注意溶药的水不要太多，稀释即可。妈妈可以使用家庭中喂鱼肝油的滴管，将药液吸满后，把管口放在宝宝口腔颊黏膜和牙床间慢慢地一点一点滴入，要随着宝宝吞咽的速度缓慢进行。使用奶瓶喂药的时候，先将药液倒入奶瓶，让宝宝自己将药液吸吮进去。但奶瓶容积较大，药液不免会沾在瓶内，为保证喂进足够的药量，最后应用少许的温开水洗净瓶内，再喂宝宝。

— 妈妈小常识 —

有的时候妈妈会使用小勺来给宝宝喂药，这要非常注意。喂药的时候将宝宝的头偏向一侧，把装有药液的小勺紧贴其嘴角，直接慢慢倾入，要等宝宝把口内药物全部咽下后再喂第二口。喂药时速度要慢，注意不要呛着宝宝，喂药之后要立刻喂几口清水或糖水。

温馨提示

宝宝目前对外界病菌的抵抗能力很弱，因而要特别注意室内环境的清洁。爸爸妈妈每天要坚持用湿润的扫帚、拖布清扫地面，用干净的湿布擦拭桌椅、台面，以减少室内的尘土，防止病菌侵入宝宝体内，给宝宝的身体健康带来威胁。

育儿小贴士

在喂药时还应注意，如果宝宝发生呛咳，应立即停止喂药，迅速将宝宝抱直轻拍后背，防止药液呛入气管而出现意外窒息。此外，喂药时不要将药物和乳汁混在一起喂，因为乳汁和药物的混合可能会出现凝结现象或降低药物的治疗作用，加之喂奶与喂药同时进行也影响宝宝的食欲，最好还是单独喂服药物。

育儿随笔

宝宝的颅囟什么时候会闭合

颅囟是几块颅骨相交接而形成的间隙。宝宝主要有两个颅囟,即前囟和后囟。前囟位于颅顶部,它是额骨和顶骨形成的菱形间隙。出生时前囟对边中点连线1.5～2厘米,在出生后数月它随着头围的增长而变大,6个月以后逐渐骨化而变小。正常健康宝宝一般在1～1.5岁时就闭合了。后囟位于脑后枕部,是两块顶骨和枕骨形成的三角形间隙,出生时就很小或接近闭合,出生后1个半月就应完全闭合,最晚2～4个月也就闭合了。

育儿小贴士

颅囟随着年龄的增长、脑发育和颅骨发育而闭合。颅囟闭合的变化主要反映颅骨的骨化过程。如果过早闭合,可造成宝宝头部畸形,从而影响大脑发育,这样的宝宝往往智力发育较差。如晚闭,常见于佝偻病,是由于宝宝缺乏维生素D,导致骨骼钙化的异常而出现颅囟晚闭。

温馨提示

宝宝吃奶的时候是很好的和妈妈沟通感情的机会,但是妈妈要注意,千万不要在宝宝吃得正高兴的时候去逗他发笑,因为宝宝吃奶的时候喉部声门打开,吸入的乳汁可能会进入宝宝气管,引起宝宝呛咳,情况严重时还会导致吸入性肺炎。

育儿随笔

—妈妈小常识—

宝宝从出生以后,肠胃就在不停地蠕动。当他的腹部受到寒冷的刺激,肠蠕动就会加快,内脏肌肉呈阵发性强烈收缩,因而会发生阵发性腹痛。肚子疼的时候宝宝会间歇性哭啼,吃得很少,同时腹泻稀便。受到寒冷的刺激后,男宝宝还易发生提睾肌痉挛,睾丸缩到腹股沟或腹腔内,也就是人们常说的"走肾",这时宝宝腹部疼痛转剧,表现为烦躁,啼哭不止。因为宝宝还没有语言表达能力,因此妈妈要对宝宝的哭声留意呀。

宝宝什么时候才能学会坐

能够自由地抬头是宝宝独坐的先决条件。满月的宝宝当被扶至坐位时，常常头向前垂，背始终是弯弯的，直不起来。3个月的宝宝被扶坐时，头能抬起一会儿。5个月的宝宝被扶坐时，头就稳多了。到了6个月，宝宝能在较硬的木板床上独坐一会儿，但有时两手还要在前面支撑着，否则就会左右摇晃。7～8个月时，宝宝不用手支撑也可坐得稳稳当当了。9个月时，能独坐10分钟，两只手可以自由玩耍，拿取玩具，身体前倾时也不会跌倒。

— 妈妈小常识 —

宝宝吮手指、脚趾体现了宝宝用嘴对手指、脚趾的一种探索行为；这一现象还说明宝宝支配自己行动的能力显著提高，达到了能使手、脚、口动作相互协调的智力水平；此外，心理学家认为这一行为对稳定宝宝自身的情绪有很大作用，即所谓的自慰行为，如宝宝饿了、寂寞时，通过吸吮手指、脚趾，很快就能安稳下来。

温馨提示

当妈妈忙于家务活，暂时没时间陪宝宝玩时，可将对他说的话、歌谣及唱的歌用录音机录下来，当你走开时，把录音机打开放在他身边，也可以起一定的作用。但最好还是妈妈面对面地与宝宝说话、交流。

育儿小贴士

宝宝躺在小床上眼能看到的、手能抓摸到的只是一个很小范围。坐起来却不同了，他的视野扩大了，手能接触的东西也多了。爸爸妈妈可以根据不同月龄的宝宝动作发育特点，帮助宝宝练习坐。但在他还不能坐稳时，不要让他长时间处于坐位，防止脊柱变形。

育儿随笔

宝宝不爱发音是什么原因

发现宝宝不爱发音，就要注意观察其他方面的发育是否与同龄儿一致，最好请保健医生做一次全面的发育检查。如果宝宝的听力、运动能力、语言的理解能力、模仿能力及其他方面的发育均正常，那么强化语言环境的任务就在于父母了。多跟宝宝说话，无论是喂饭、换衣服、洗澡，还是做其他任何事情，都要简单、生动地描述你在干什么。可以从元音开始，逐渐过渡到辅音，最后拼出音节。

温馨提示

由于宝宝好动，处在不停地活动中，即使对那些只能躺在床上看天花板的小宝宝，哭也是他重要的运动方式，而宝宝哭闹或活动时多易出大汗，若穿着过多，汗水浸湿内衣，湿衣服冰凉地贴在宝宝身上，非常容易感冒着凉，以至于引发气管炎、肺炎。这时，好心的父母给宝宝多穿衣服本意是为防寒保暖，其效果却适得其反。

育儿随笔

— 妈妈小常识 —

宝宝前6个月生长得最快。大多数宝宝在大约4个月的时候体重就能增长1倍。到1岁左右的时候能增长3倍。身体的所有部位都生长得很快，1年内，宝宝会从50厘米长到80厘米。

育儿小贴士

如果宝宝不爱发音，甚至很少发音，是不利的。因为发音是宝宝语言发育的最初阶段，2～3个月的宝宝已能发出喉音"啊……""依……""呜……"等；6个月开始出现辅音，如"b、p、m"；逐渐唇音与元音结合，形成"pa……pa"、"ma……ma"的音节。8～9个月以后，在宝宝无意识发音的基础上，可逐渐教他将发的音与具体的人或物联系起来，最后发展到有意识的表达。

什么情况下宝宝不能接受预防接种

一般来说，宝宝患严重疾病时应暂时不进行预防接种，待病愈后再补种。有过敏史的宝宝除可以口服小儿麻痹糖丸外，不要进行预防接种。患有免疫缺陷病的宝宝不要接种活疫苗，如果接种了活疫苗，不仅达不到预防疾病的目的，反而可能会引起与疫苗有关的疾病。

此外，由于各种免疫制剂的类型、接种途径不同，对接种对象的要求也有所区别。颅脑受过损伤或有抽搐史的宝宝不能接种百白破三联制剂。假如注射第一针百白破时出现惊厥、高热等强烈反应时，切不可再打第二针。患有严重皮肤病、湿疹或正在发热、腹泻的宝宝，暂时不要接种卡介苗。

— 妈妈小常识 —

给宝宝买衣服的时候一定要注意裤腿、领口和袖口的大小，如果你说不准该买什么尺寸的衣服，最好告诉售货员宝宝的身高和体重。记住要按宝宝的身高与体重标准买衣服，而不要按宝宝的年龄买衣服。

温馨提示

由于产后的妈妈形体改变较大，如腰、臀、大腿等部位，所以每个人都应根据自身的条件，选择收腰提臀的高腰束裤、高腰收腰束裤、提臀修腿束裤、平角内裤等。注意内裤切不要束得过紧。内裤的质地应是有弹性的、质地精密的纯棉针织面料。另外，棉加莱卡面料有较强的支撑力与衬托力。

育儿小贴士

许多家长带宝宝看完病后，还要求大夫加开一点药在家中常备，以防宝宝突然生病。这种做法是很不科学的。宝宝的身体处在成长发育过程，许多脏器功能尚未成熟，肝脏解毒功能差，肾脏排泄的功能不完全，应尽量少用药，更不能随便滥用药。生病了，去医院看医生才是最好的办法。

育儿随笔

宝宝总是醒得很早怎么办

如果宝宝醒得早，要让宝宝养成高高兴兴独自卧床的习惯。妈妈可以在小床边上装一个边缘光滑的镜子，宝宝在醒来的时候，可以看到自己的样子，就不会感到孤独了。在宝宝能够抓东西以后，在婴儿床上方挂一根绳，上面穿上各种东西，给宝宝拨动和玩耍用。也可以把宝宝最喜欢的玩具拴在小床边，供宝宝玩耍，吸引宝宝的注意力，以防宝宝啼哭。早晨，室内不要太暗，保证宝宝能够看清自己玩的东西。如果室内光线很暗，可以在小床旁边开一盏小灯，或者换一个浅色的窗帘。

温馨提示

如果把宝宝放在室外睡觉，注意不要让宝宝直接接受阳光照射，可以把宝宝放在树荫下面，或用阳伞遮阳。有风时一定要背着风，把车篷拉起来，并让宝宝车头迎着风。虽然周围可能没有小动物，也要在宝宝的推车前放一块猫网。

育儿小贴士

要训练宝宝独自卧床的习惯，首先得训练好自己不要躺在床上等着听宝宝醒来的声音，听到后马上冲到宝宝身边，再看看宝宝有没有情况。你应该让宝宝自己叽里咕噜自由地说一会儿，时间越长越好。但是如果宝宝表现出不安，一定要立即来到宝宝身边，给宝宝以爱抚。

一妈妈小常识一

对于宝宝来说，膀胱排空是一个主动的过程。宝宝每日频繁排尿，这是因为宝宝不能在膀胱内长期贮存尿液，一旦膀胱内有尿液，膀胱壁受牵拉，就会刺激膀胱产生排空反射，这都是正常现象。在膀胱还没有发育到能容纳尿液之前，不要对宝宝有过高的期望。要知道，宝宝要在15个月后才能达到自我控制的程度。

育儿随笔

....

....

....

....

....

哺乳期的妈妈能代替宝宝吃药吗

有的妈妈听说人体用药后，部分药物可随乳汁分泌排出，于是当宝宝有病时，自己就代替宝宝服药，这种做法是十分不可取的。药物虽然能在乳汁中分泌排出，但大多数药物在乳汁中含量极少，宝宝吸吮含药的乳汁后，在血液中却不能达到有效浓度，反而会使病菌演变成抗药菌株产生抗药性或产生不良后果。例如服用溴剂后，可引起婴儿皮疹和倦睡，而用碘剂可影响宝宝甲状腺的发育和功能。

— 妈妈小常识 —

有些妈妈也许会发现因为乳汁释放反射特别强，奶水喷涌而出，宝宝一吃就会被呛着。这时，妈妈可以先挤出一点奶水，从而使奶水喷出的速度减慢。如果奶水特别多，那么妈妈可以用力压乳晕的上方和下方，使奶水减少。如果奶水从乳房里喷涌而出，用手掌接近手腕的部位或者手掌挤压乳晕，这样就能阻止奶水溢出。

温馨提示

有些宝宝很爱哭，饿了哭、尿湿了哭、睡醒了也要哭，让父母头疼不已。其实在面对哇哇大哭的宝宝，爸爸妈妈完全可以用另一种方式让他安静下来，那就是按摩。对于宝宝来说，按摩是件很舒服的事情，能够有效缓解宝宝紧张的情绪，而且在按摩的时候也会为父母和宝宝之间的互相交流、影响提供有效的帮助。

育儿小贴士

爸爸妈妈在放宝宝睡觉时，最好把宝宝的脚挨到床垫或摇篮底，这会给宝宝一种安全感，与包紧宝宝的效果相同，另外还不易碰伤宝宝的头。用被子把床边垫好，防止宝宝碰到床边。一旦宝宝入睡后，不要改变宝宝的姿势，否则会把他弄醒；同样，也不要总是到宝宝的房间检查宝宝是否正常。

育儿随笔

果汁能治宝宝便秘吗

食用牛奶的宝宝往往比食用母乳的宝宝更容易便秘，但如果在牛奶中加入果汁就可以缓解宝宝便秘的问题了。但是请不要用市面上出售的果汁，虽然这样的果汁简单、方便，但它们的主要成分是砂糖，缺少维生素，更缺乏水果中原来所含的纤维，所以，应该买新鲜水果来自己榨汁喂给宝宝。

育儿小贴士

当宝宝便秘明显时，一天可饮果汁两次，每次20毫升。果汁不加水，不凉即可。在便秘好转，大便只是稍稍有些干时，就不必饮纯果汁，可加水。先预备好凉开水，榨好果汁40毫升后，加入40毫升凉开水，摇匀备用。当宝宝要喝时，用热水烫一烫，就可以饮用了。

温馨提示

妈妈一定要记住，不要把宝宝从乳房旁扯开，否则会弄伤乳头，要让宝宝离开乳房，可以轻轻地挤压宝宝的面颊，让他松口。也可以将手指沿着乳晕和宝宝的面颊之间插进去，将小指伸到宝宝的嘴角处，这两种方法都能让他把嘴张开，打断他的吸吮，乳房也就很容易松脱出来，用不着拉了。尤其是在做妈妈的最初几天里，这样做很重要，因为乳头非常柔软，需要一些时间才能变硬。

— 妈妈小常识 —

爸爸妈妈不要强迫宝宝每次都把奶瓶中的奶喝光。宝宝和成年人一样，食欲也是在不断地变化的。所以当宝宝表示出吃饱喝足后，瓶中可能还会剩一些牛奶，不要强迫宝宝吃光。否则只能撑坏宝宝，或者宝宝会把多喝的牛奶溢出来。更重要的是，宝宝吃得太多，会变成肥胖宝宝。

育儿随笔

什么是宝宝晚发型维生素 K 缺乏出血症

宝宝晚发型维生素 K 缺乏出血症一般是于出生后 3 个月内出现。维生素 K 缺乏性出血可缓可急。可因轻微伤引起，也可自然发生。一般多为渗血，即皮肤黏膜形成瘀点、瘀斑或血肿，但如果有外伤则出血不易止住。严重者可引起胃肠道出血，可吐出咖啡样物，便血也较常见。

— 妈妈小常识 —

宝宝已经 3 个多月了，从现在开始，爸爸妈妈不需再给宝宝穿上长长的婴儿服，可以给他穿轻便的服装。晚上睡觉可给宝宝穿连身睡衣，以便宝宝身体活动。

育儿小贴士

许多宝宝因脂肪酸摄入不足，而影响视力发育。早产宝宝的饮食中需要一种特殊的 ω-3 脂肪酸，以保证视力正常发育。这种脂肪酸通常在胎儿期的最后 1 个月从母体中获得。ω-3 脂肪酸中含有的 DHA 是一种构成大脑和视网膜上的神经细胞膜的物质，这些神经细胞膜在孕期的最后 3 个月至宝宝出生后的 6 个月中发育极快，并基本定型。如果宝宝在这一关键期不能获得足够的 DHA，就会使神经信号传导受到影响。

温馨提示

如果宝宝患了维生素 K 缺乏出血症，妈妈需要增加新鲜蔬菜和水果的摄入，特别是富含维生素 K 的蔬菜和水果，如胡萝卜、青椒、番茄、菠菜、油菜，以及苹果、桃、橘子等。妈妈每日饮食中要有一定品种数量的蔬菜，饭后吃一两个水果，可以大大提高维生素 K 及其他维生素的体内水平，使母血和乳汁中有丰富维生素来满足宝宝的需要。

育儿随笔

宝宝扭伤了怎么办

在宝宝扭伤后48小时内，首先要减少关节活动，用冷毛巾敷在受伤的关节部位，并用小枕头或海绵将肢体抬高。到了48小时后，急性炎症逐渐消退，但仍有肿胀和瘀血。可进行热敷和按摩，以使受损关节组织新陈代谢加快，瘀血和渗出液尽快吸收，促进组织的修复和再生加快。后期活动时仍会酸痛、无力，因为功能未完全恢复，可进行推拿及功能训练。

育儿小贴士

非母乳喂养的宝宝大便较干硬且臭味重，因为配方奶中所含的蛋白质要比母乳高出1倍左右。如果每日补充饮水量少，宝宝大便会更干结，所以一些宝宝会每日只解1次大便或者2日解1次。

温馨提示

很多哺乳的妈妈都有漏奶的苦恼，其实妈妈可以在乳罩里衬上乳罩垫或干净的手帕，吸干漏出来的乳汁。要经常更换乳罩垫，以保证乳房的清洁。每次洗完或喂完宝宝，一定要轻轻擦干。如果有条件的话，可以使用一些专用的喷剂或润肤霜来呵护乳房。

一妈妈小常识一

快到5个月的宝宝不仅能看清物体的轮廓，已经开始注意到物体的移动了。妈妈可以伸出手指放在宝宝面前20～25厘米的地方，左右慢慢晃动，宝宝可以完全能够跟着你的手指看，眼睛转动的幅度可以达到180度。如果满4个月的宝宝还没无法达到这个幅度范围，妈妈就应带宝宝去看医生了。

育儿随笔

宝宝被烫伤该怎么处理

粗心的爸爸妈妈将热水杯或水壶倒翻烫伤宝宝是常见的事。此时爸爸妈妈要立即脱去宝宝浸湿的衣服，然后用冷水或冰水浸泡、冲洗烫伤的部位。如果皮肤已出现水疱，可用消毒针刺破水疱，挤出液体，用消毒的凡士林纱布暂时包扎。宝宝不懂保护自己创面，大小便又不能自理，为了保护创面，避免受压，应根据不同烫伤部位，采用束带等以保持宝宝一定的体位。如果烫伤的程度较深或部位重要，就应在紧急处理后立即送去医院。

— 妈妈小常识 —

在接诊的烫伤患儿中有相当一部分是由于家长疏忽大意，在给宝宝洗澡时操作不当，宝宝自己跑到热水盆里，造成会阴部和臀部的烫伤。由于部位特殊，不仅伤口愈合时间长，大小便处理不当还容易造成细菌感染。所以家长倒热水、热汤，给孩子洗澡的时候应高度警惕，避免一时疏忽大意，给宝宝带来巨大伤害。

育儿小贴士

正常情况下，宝宝的大便也可呈绿色。母乳喂养的宝宝大便偏酸，胆汁中胆红素转变为胆绿素多一些，大便就会呈绿色。牛奶喂养的宝宝大便呈碱性，胆汁中胆红素就转变为无色的粪胆原，大便就呈现浅黄色。所以，宝宝的绿色大便是正常生理现象，爸爸妈妈完全不必担心。

温馨提示

我们的家长给宝宝洗澡很少使用温度计去测试温度，通常就用手试一下，建议家长用手背去试水温，因为手背的皮肤比较敏感，水温在37℃～40℃这个范围手背皮肤不会感觉太烫，而这个温度对宝宝是最安全的。

育儿随笔

宝宝肠绞痛怎么办

当宝宝因肠绞痛发作而哭闹不安时，可将宝宝抱直，或让他俯卧在热水袋上，以缓解疼痛的症状。在肚子上涂抹薄荷等挥发物可促进肠排气，或给予通便灌肠，有时也会有效。若是仍无法改善，或连续几个晚上都会发作，就必须找医生做详细检查。妈妈要尝试改善喂食技巧，每次喂奶后要轻拍排气，给宝宝稳定的情绪环境。如果尝试了各种方法均无效的话，可以改喂低过敏的婴儿奶粉，有时也可以得到良好的效果。

育儿小贴士

宝宝肠绞痛的特点为间歇性的哭闹，这种情形与肠套叠很类似。不同的是，肠绞痛的宝宝不会呕吐也不会解出含有血丝的黏液便，常见的症状是突发性尖叫，有时会呈现声嘶力竭的大哭，甚至哭到脸红脖子粗。有些宝宝还会有头部摇晃、全身拱直、呼吸略显急促的现象；同时腹部往往会有些膨胀，两手会握拳，两脚会伸直或弯曲。

温馨提示

妈妈摄取的许多维生素对保持乳汁营养成分稳定，维持妈妈健康和促进乳汁分泌有重要作用，如维生素 B_1 有促进乳腺分泌乳汁的功能。其他如维生素 B_2、维生素 A、维生素 D、维生素 C 也都有十分重要的作用。

妈妈小常识

肠绞痛发生原因可能与便秘、胀气、腹泻或牛奶过敏等有关。宝宝肚子太饿或太饱，也常会引起宝宝哭闹，此时，因为吸入较多的空气，更容易造成腹胀。有些牛奶过敏的宝宝，不一定会拉肚子，但却表现为肠绞痛。宝宝的心理因素如焦虑、紧张或愤怒时也会引起腹痛或呕吐，因此情绪不稳的宝宝较容易得此症。

育儿随笔

宝宝为什么很少笑

宝宝的笑是一种"器官体操"，能够通过胸部和腹部的共振对内脏起到按摩与锻炼的作用，有助于肝脏的发育，同时也能增强胃肠蠕动，帮助消化。爸爸妈妈应多与宝宝接触，并用欢乐的表情、语言及玩具刺激宝宝，让宝宝吃饱睡足，并尽量多笑、早笑。如果婴儿笑得少，则可能是体内缺铁。

— 妈妈小常识 —

宝宝在出生的头几个月里，眼睛偶尔会有内斜和外斜，这种情况十分普遍。大部分宝宝随着年龄的增长，视线便会日趋稳定、正直。但如果妈妈发现宝宝总是斜着眼睛看东西，或者到了3个月还是目光离散，就要尽快去医院进行检查了。

育儿小贴士

如果宝宝因为感冒，鼻子堵住了，爸爸妈妈可以在宝宝的褥子底下垫上一两个毛巾，将头部稍稍抬高就能缓解鼻塞。千万不要让宝宝直接睡在枕头上或将枕头垫在床垫下，这样很容易引起窒息或损伤颈椎。

温馨提示

宝宝出生后即有味觉和嗅觉。他能感受到什么是甜、酸和咸，对他不喜欢的味道会表现出不愉快的表情，多数宝宝喜欢甜的味道。宝宝还能区别不同的味道，他喜欢妈妈身上的那种奶味，妈妈也能通过气味确定自己的宝宝，嗅觉成了母子之间相互了解的一种方式。

育儿随笔

为什么宝宝总是流口水

宝宝到了4个月左右，已经开始在酝酿长牙了。宝宝长牙会给口腔内的神经带来很大的刺激，因此唾液会分泌得很多。但因为宝宝的口腔小，吞咽功能不够完善，分泌出的唾液不能被完全容纳也无法全部咽下去，所以口水就会不断地流出来。父母要放心，这是正常的生理现象，并不是宝宝生病了。

育儿小贴士

呼吸系统的疾病，如感冒、咽炎、喉炎等会影响宝宝的嗓音，为防止这类疾病发生，平时爸爸妈妈应多给宝宝饮白开水，吃水果、蔬菜。在传染病流行季节，不要到公共场所，必要时服用菊花水等，这些有利于上述疾病的预防。

温馨提示

妈妈可以尝试骑车式仰卧起坐。仰卧在垫子上，双手放在脑后。一条腿伸展，另一条腿弯曲向胸部抬起，同时用相反的肘部来碰触弯曲的膝盖。再用另一侧胳膊和腿重复同样的动作，反复10次。这个动作有助于妈妈恢复平坦小腹。

一妈妈小常识一

有的宝宝在吃奶的时候会咬住妈妈的乳头，这种行为是一种自然反射。宝宝咬乳头时，妈妈可能会不自觉地向后抽动身体，或者叫出来，这些行为可能会吓到宝宝。妈妈最好的做法是坚决地说一声"不"，但要轻声一些，这样就可以止住咬住乳头不放的宝宝了。

育儿随笔

怎样预防宝宝缺铁性贫血

缺铁性贫血是由于膳食中铁摄入量不足引起的。贫血的宝宝有面色苍白、注意力不集中、易疲乏、生长迟缓等表现。近年的研究还发现，缺铁性贫血对宝宝的智力发育也有不良的影响。出生时宝宝的体内储存有丰富的铁，加之从母乳中得到的铁可以满足宝宝头 4 个月的铁需要。但 4 个月以后，必须有规律地给宝宝添加一些含铁丰富的食物，如每日给宝宝添加 1～2 个蛋黄；在宝宝辅食中加入肝泥，每周 2 次，可以大大减少贫血的发生。若同时摄入含维生素 C 较多的菜汤或果汁，可促进铁的吸收。

— 妈妈小常识 —

如果无法缓解宝宝因感冒引起的鼻塞，妈妈可以带上宝宝一起去浴室，打开热水或淋浴，关上门，让宝宝在充满蒸汽的房子里待上 15 分钟，宝宝的鼻塞定会大大好转。浴后别忘了立即为宝宝换上干爽的衣服。如果让宝宝在稍热的水中玩上一会儿，也能减轻鼻塞的症状和降低体温。

温馨提示

奶癣的食疗：取新鲜丝瓜 30 克左右，切成小块儿放在装有水的锅里熬汤，待熟后加盐调味，让宝宝喝汤，并将丝瓜也吃下去，对于奶癣有渗出的宝宝较为适用。

育儿小贴士

如果宝宝除了鼻塞之外，没有任何症状，爸爸妈妈一定要带宝宝去耳鼻喉科进行鼻腔检查。排除在爸爸妈妈不知道的情况下，宝宝将异物塞进鼻子。

育儿随笔

....

....

....

要注射疫苗啦！

4个月的宝宝体格发育有哪些标准

宝宝4个月时，体格发育应达到以下标准：如果是男宝宝，4个月时标准体重为5.7～7.6千克，身高标准为61～66.4厘米。如果是女宝宝，4个月时标准体重为5.3～6.9千克，身高标准为59.4～64.5厘米。

育儿小贴士

从现在开始，妈妈应该有意识地让宝宝养成吃东西的习惯，为断奶打下基础。宝宝满周岁时应断奶，如果断奶过迟，乳汁稀薄，便不能满足宝宝发育的需要，容易发生营养不良或贫血。宝宝对某些食物过敏是比较普遍的，尤其是在尝试新食物时更容易发生。一般食物过敏的反应是出疹或腹泻，因此，给宝宝添加新的食物时，应先添加单一的食品，待宝宝适应单一的食物后，再添加混合种类的辅食。

－ 妈妈小常识 －

在实际喂养中，到这个月的时候，宝宝可能突然某一天不爱吃奶了。由于宝宝吸收能力加强，吸收过多的奶后加重了肾脏、肝脏的负担，表现出厌食的现象，这是宝宝的自我调节、自我防卫功能的体现。妈妈可以另换一个奶嘴试试。如果不成功可以在夜里临睡前偷偷把奶嘴放入宝宝嘴里，趁宝宝似睡非睡时喂，但要注意宝宝不要呛奶。

温馨提示

妈妈在给宝宝枕枕头时要注意，为避免颈部更加向前弯曲而压迫前面的呼吸道，切不可把枕头垫在宝宝的后脑勺下。正确方法应是毛巾卷成约5厘米高的圆筒状，横垫于宝宝下颈的上肩部。如此可使头部自然下垂而触及床面，此时颈部及下巴能完全自然伸张，而呼吸道亦可不受压迫。

疫苗

脊髓灰质炎糖丸（第三丸）
百白破疫苗（第二针）

育儿随笔

为宝宝添加辅食要依照什么顺序

　　第一次为宝宝添加辅食，要以易消化吸收的菜汤、面食、米糊为主，以后逐步增加辅食的浓度和品种，适应营养和咀嚼能力发展的需要。4个月宝宝的辅食中可以增加一些肉类，如鱼泥、肉泥等以补充维生素A、维生素C、B族维生素、维生素D及无机盐，并开始用匙喂食。鱼类含有丰富的蛋白质、钙、磷、铁，并且易消化。而瘦肉中动物蛋白质多，脂肪少，易被宝宝吸收。

　　具体按照这样的添加原则：由少到多，由稀到稠，由细到粗。新的食物必须由单一的一种逐渐过渡到多种，先习惯一种后，再添加另一种。每一种食物需适应5～7天，这样如果宝宝对食物过敏，便能及时发现并确认出引起过敏的食物种类。

－ 妈妈小常识 －

　　妈妈不要小看宝宝流口水的重要性，其实它的功能很多，如可促进吞咽、刺激味蕾；保持口腔潮湿，维持口腔和牙齿的清洁；促进嘴唇和舌头的运动，有助于说话。此外，还有少许的抗菌作用。但是，由于宝宝的皮肤较薄，而口水中又含有一些具有腐蚀性的消化酵酸，所以当口水流到嘴角、脸庞、脖子甚至是胸部皮肤时，很容易使皮肤的角质层被腐蚀，或是因为潮湿而导致真菌感染，产生发红或湿疹、感染等症状。所以，妈妈要及时为宝宝擦口水。

育儿小贴士

　　刚开始给宝宝添加辅食时，量比较小、有时做一点儿，宝宝吃不完，爸爸妈妈觉得每次做挺费事，不如一次多做些，存到冰箱里，下次拿出来稍加热就给他吃。其实，冰箱里并不是安全的，细菌的污染在冰箱里仍然可以进行。可以把生食切成小块分别用保鲜袋装起来，冻在冰箱里，在吃时，只取出一小块给宝宝做，宝宝的辅食要尽量现做现吃。

温馨提示

　　添加鸡蛋作为辅食时，开始最好加蛋黄，可将1/8个蛋黄加少许牛奶调为糊状，然后将1天的奶量倒入调好的糊中，搅拌均匀。煮沸后，再用小火煮5～10分钟，分次给宝宝食用。如宝宝无不良反应，可逐渐增加蛋黄的量，直至加到1个蛋黄为止。应当注意的是，奶煮熟后放凉，要存入冰箱中，每次食用时都要煮开，以免宝宝食入变质的牛奶，引起不良的后果，另外要注意蛋黄的食用量。

宝宝的缠绕指如何处理

宝宝的小手在手套、被子、睡袋等物品内，常常会勾起线头、线丝易缠绕在手指上。宝宝手指的活动会使缠绕的线丝越来越紧，甚至勒进手指的皮肤之中，结果就形成了缠绕指。缠绕指最初会引起被缠绕的手指尖红肿，宝宝因疼痛而哭闹，爸爸妈妈往往想不到是手指上的问题。几小时后，缠绕指指尖部分血液受阻而缺血坏死，宝宝的手指就会变黑。

此时，爸爸妈妈应尽快拆除缠绕在宝宝手指上的线，拆得越早，手指恢复的可能性就越大。在拆除线丝的时候先用小镊子或针，找出线头，认准缠绕方向，一圈一圈地松开，千万不要乱拆。在拆除过程中，宝宝可能会哭闹乱动，妈妈一定要扶紧宝宝的伤手，以便操作。缠绕的线丝被拆除后，如果宝宝受伤的指尖肿胀，发红或暗红，但皮肤没有勒破，可以抬高伤肢或用热水袋热敷伤处 10 ～ 30 分钟。经过这样的处理，大多数受伤宝宝都能够恢复。但是，如果宝宝的情形严重时，一定要争取时间送到医院救治。

育儿小贴士

缠绕指发生后，轻者手指变得瘦小，形成尖指；严重时，宝宝的整个指节发黑、坏死，从而造成人为的截指，变成半截残指。有时宝宝的脚趾也会因为穿袜子或连脚裤而形成缠绕趾。所以，每天都要检查宝宝的手指、脚趾是否被袜子、手套或被子上的线丝缠绕，以免血流不通、组织坏死。爸爸妈妈一定要注意！

温馨提示

妈妈可以为宝宝制作胡萝卜汁。取新鲜胡萝卜 150 ～ 200 克，洗净，切成大块，放入锅中煮烂后，用漏勺捞出，挤压成糊状，再放回原汤中煮沸，用白糖调味，每隔数天喂 1 次。胡萝卜含有多种氨基酸及丰富的维生素 A，对人体骨骼、神经细胞、血红细胞有重要作用。

— 妈妈小常识 —

宝宝挥动小手，其实是对周边世界的学习和探索，有助于智力发育。为防宝宝抓伤自己，爸爸妈妈可及时为宝宝修剪指甲，而不应限制他的活动。

宝宝的疫苗必不可少

宝宝从出生后至 12 岁，要注射各种各样的疫苗，在出生 24 小时以内，需要接种乙肝疫苗、卡介苗；在 2～4 个月，每个月要服用脊髓灰质炎糖丸，定时注射百白破疫苗等。1～6 岁，要分别注射乙脑疫苗、甲肝疫苗、麻疹疫苗等。

现在宝宝 4 个月了，这时妈妈应该带宝宝去医院继续免疫接种，例如：打第二剂的白喉、百日咳、破伤风混合疫苗和小儿麻痹口服疫苗。除此之外，一些儿童生长情况的检查也必不可少，如头围、身高、体重、追视、脊椎、心跳等。

育儿小贴士

宝宝用的睡袋一定要宽松，睡袋的长度和宽度都要足够，不要妨碍宝宝的肢体发育。同时，最好选用棉质睡袋，这样透气性比较好。爸爸妈妈要注意睡袋缝线，避免线头缠绕宝宝的手指、脚趾，如有开线，宝宝小手小脚插进去出不来也是不安全的。此外，宝宝睡在睡袋里面更要注意安全，千万不要让宝宝的头蒙在睡袋里面。

温馨提示

宝宝在嘈杂的环境中很容易受到干扰，但苦于口不能言，只好用尖叫、大哭大闹来表达自己的烦恼。大人可以带宝宝去安静的地方散步，或是给点好吃好玩的东西让宝宝安静下来。同时，大人也要做个好榜样，再怎么烦恼和生气也不要在家里大声说话或是喧哗吵闹，要知道宝宝的模仿能力可是非常惊人的。

育儿随笔

如何训练宝宝的听觉

为了宝宝的智力发展，尽早训练他的感觉、知觉非常重要。听力是其中一个方面，训练宝宝的听力，首先要给他一个有声的环境。家人的正常活动会产生各种声音，如走路声、关开门声、水声、刷洗声、扫地声、说话声等，室外也能传来许多声音，如车声、人声，这些声音会给他听觉的刺激，促进听觉的发育。

4个月的宝宝听见自己的名字要比听见其他字句敏感。所以爸爸妈妈应该经常在宝宝身边叫他的名字。除了在他身边叫他的名字外，也应在远一点的地方，训练他对自己的名字有反应。另外，让他听闹钟、门铃、电话、果汁机等声音，并且让他寻找声音的来源。

— 妈妈小常识 —

除自然存在的声音外，还可人为地给婴儿创造一个有声的世界。例如：给婴儿买些有声响的玩具——拨浪鼓、八音盒、会叫的鸭子等。此外，可让宝宝听音乐，有节奏的优美乐曲会给宝宝安全感。他会听得很高兴。当然，放音乐的时间要有节制，不能从早放到晚。另外，也不宜选择过于吵闹的爵士乐等。最好能和宝宝说话，虽然这时他还不能应答，但是家人，特别是妈妈的亲热话语，会使宝宝感受到初步的感情交流，当母亲面对宝宝亲切地说着、笑着、与宝宝交谈时，宝宝会紧盯着妈妈的脸，似乎已懂得妈妈发出的身体语言。

育儿小贴士

当宝宝玩着玩着，眼光慢慢变得发散，不像刚开始那么目光灵活而有神，对于外界的反应也不再专注，还时不时地打哈欠，头转到一边不太理睬妈妈，这就表示他困了。这时，就不要再逗宝宝玩耍了。此时，只要给他创造一个安静而舒适的睡眠环境就可以了。

温馨提示

宝宝需要有一个相对适宜的进餐环境。所以妈妈在给宝宝哺乳时应尽量选择光线柔和、温度适宜、相对安静的环境。光线太强，对宝宝的视力将产生强烈的刺激；而光线太暗，又给宝宝以压抑感，另外过于嘈杂、喧闹的环境，不仅不利于宝宝进食，更有碍食物营养的消化和吸收。

宝宝生了痱子怎么办

痱子，又名"汗疹"，是大量且持久地出汗，造成汗孔阻塞而引起的，多发于高温多湿的夏季。由于宝宝皮肤细嫩，且汗腺功能尚未发育完全，所以发生汗疹的机会较多。如果宝宝太热，衣物穿得过多或被子盖得过厚，可能会出现一片小红疹，上面并有一些小水泡，这时候应该减少宝宝的衣物，并使用微温的水让宝宝泡澡后再小心擦干。症状轻微的痱子只要保持凉快、减少出汗、穿吸汗的衣物、局部扑些爽身粉保持干爽就会好，严重一点的则需医生用药品进行处理。

— 妈妈小常识 —

长了痱子后，由于痒、刺痛、灼热常使宝宝烦躁不安，影响睡眠。以下几种小方法，可以缓解这些症状。

★宝宝初生痱子，可取鲜马齿苋1 500克，洗净加水煮10～15分钟，放温后用水洗患处，然后扑些痱子粉，忌冷洗或热烫。

★把鲜黄瓜切成片，轻轻涂患处，一日3～4次，几日便可见效；也可适当涂擦肤轻松软膏，但如形成痱毒则不可再用。

★将西瓜皮洗净，削去内层残留瓜瓤，用来擦患处，浴后擦效果更佳，2分钟左右，就有凉爽舒适的感觉。每天3次，一般2天后即可见效。

★可将苦瓜切碎，用带汁的苦瓜肉（或将苦瓜捣汁）遍擦痱子处，1～3天后，痱子即可消退。

★用温水洗净长痱子处，用牙膏轻轻涂擦，有明显效果。用一小块冰块，在生痱子处来回涂擦，痱子即可消失。

温馨提示

宝宝的皮肤较脆弱敏感，易受到刺激，如果发生了较持续的疹子，最重要的是找出原因。预防重于治疗，在清洗宝宝的皮肤时，最好选择温和的肥皂或沐浴乳。如果宝宝属于异位性皮肤炎体质，更要选择中性或微酸性的清洁用品，并适度地涂抹一些低过敏、不含香精的乳液，以保护宝宝的皮肤。

妈妈什么时候可以竖着抱宝宝

宝宝4个月时，会向左右转头，小脖子也硬实了，所以现在你完全可以竖着抱宝宝了。宝宝会喜欢被竖着抱，因为这样他的视野会更开阔，可以看到许多东西了。经常竖着抱宝宝有利于宝宝视力和智力的发育。宝宝的头能否竖起来与是否缺钙关系不大，缺钙主要是对骨骼的影响，而竖头主要靠肌肉的发育。

育儿小贴士

记住给宝宝穿衣服的原则，比成人多一件就可以了。不要为了怕宝宝着凉而把他包得密不透风，反而捂出了痱子。不要在气温高的时候带宝宝去室外，要给宝宝穿宽松的全棉质地的衣服。

防痱首先要保持宝宝皮肤清洁干燥，所以一定要给宝宝勤洗澡。在洗澡水中滴几滴花露水、藿香正气水、十滴水等，一定要适量，否则会刺激宝宝皮肤。洗完澡后，为保持皮肤干燥，可以给宝宝搽痱子粉等，但不宜过多，因为过多的粉质容易堵塞毛孔，反而有害。另外，还要注意不要让宝宝吸入太多粉末。过敏体质的宝宝慎用痱子粉；已经长出痱子的部位，可以搽点花露水，或请医生配点药水搽。

温馨提示

宝宝因患呼吸道疾病咳嗽的时候，常有不同程度的脱水，可加重呼吸道感染和分泌物稠度，使之不易咳出，这时给他饮用足够量的水，能使黏稠的分泌物得以稀释，容易被咳出。同时，喝水还能改善血液循环，使机体代谢所产生的废物或毒素迅速从尿中排出，从而减轻其对呼吸道的刺激。

一 妈妈小常识 一

竖抱时，可用两只手分别托住宝宝的背部和小屁股，把宝宝竖抱起来，让宝宝看看室内或室外的事物。这种锻炼不仅可以帮助宝宝练习抬头的动作和颈部的支撑力，而且可以引起宝宝对各种事物的关注和兴趣。妈妈可以经常拿一些有声音、色彩鲜艳的玩具吸引宝宝的注意，左右、上下移动，让他的目光跟随物体移动，这样可以锻炼他的注意力。

宝宝腹泻可以采取禁食治疗吗

婴儿消化功能不成熟，发育又快，所需的热量和营养物质多，一旦喂养不当，就容易发生腹泻。民间主张对急性腹泻采用禁食8～12小时，甚至24小时的饥饿疗法，实际上这是错误的。即使急性腹泻，宝宝胃肠道的消化吸收功能也不会完全消失，对营养物质的吸收仍可达到正常的60%～90%。较长时间的饥饿不仅不利于生病宝宝营养的维持，还会影响肠黏膜的修复、更新，降低小肠的吸收能力，使免疫力下降，发生反复感染。

— 妈妈小常识 —

对急性腹泻的宝宝应继续喂食。半岁以上的宝宝可选用米汤、稀饭或烂面条等，并给些新鲜水果汁或水果以补充钾，再加些熟植物油、蔬菜、肉末或鱼末等。但均需由少到多逐渐过渡到已经习惯的平常饮食。要根据宝宝口渴情况，保证喂水。

育儿小贴士

宝宝腹泻时，应仔细观察宝宝大便的性质、颜色、次数和大便量的多少，将大便异常部分留做标本以备化验，查找腹泻的原因；要注意腹部保暖，以减少肠蠕动，可以用毛巾裹腹部或热水袋敷腹部；注意让宝宝多休息，排便后用温水清洗臀部，防止红臀发生；尿布要清洗干净，煮沸消毒，晒干再用。

温馨提示

有时妈妈会因为某些精神刺激，乳汁骤然减少，乳房胀硬而痛，甚至会有微热感。这样的妈妈大多有精神抑郁、胸胁胀痛、食欲减退的现象。必须用疏肝、理气、解郁的方式，必要时结合外治，以防乳汁淤积腐化成乳痈。如果乳房肿胀，局部有发热或微红，可加服蒲公英，因为蒲公英有消炎作用，对乳腺发育不良者有催乳作用。同时可用热毛巾外敷，用手轻轻按揉，也可以帮助散结通乳。

育儿随笔

宝宝可以裸睡吗

裸睡并不是一个新鲜的话题，它可以改善睡眠质量，促进血液循环，对某一些疾病还具有缓解症状的作用。裸睡在成年人中较为常见，对于正在成长中的宝宝，尤其是几个月的宝宝，由于考虑到他皮下脂肪少，保暖能力较弱，对疾病的抵抗能力差，所以很少有家长会让宝宝尝试裸睡。但事实上，在恰当的条件下，用正确的方法让宝宝裸睡，对宝宝的生长发育有意想不到的好处。

育儿小贴士

皮肤是人体和外界的屏障，同时也是最重要的感觉器官。通过裸睡，宝宝的皮肤直接和睡袋接触，可以感受到温暖、柔软的棉布。空气流动时，可以感受到轻柔的风。睡觉前，妈妈为宝宝清洗，用手掌怀抱宝宝的小身体，水的流动、微凉的水温等种种不同的感觉，时时刺激着宝宝，对宝宝的大脑发育有着积极的作用。

温馨提示

上班的妈妈多半没有足够的时间与宝宝亲密接触，那么裸睡至少提供了一次这样的机会：帮助宝宝脱衣服，用掌心抚摩他的身体，为他涂润肤油，把他抱在自己的怀里，放进睡袋。所有的动作都为妈妈和宝宝的亲密接触提供了绝佳的机会。

育儿随笔

— 妈妈小常识 —

每天睡觉前，妈妈为宝宝脱衣服，做各项睡前准备工作时，宝宝的身体都不可避免地要与空气直接接触。气温和皮肤表面存在着温度差异，温差会对宝宝的身体功能形成刺激。温差越大，刺激强度就越大，这可以有效促进身体的新陈代谢，帮助宝宝改善体温调节的能力，提高宝宝对疾病的抵抗能力。

宝宝头型睡偏了如何矫正

矫正宝宝头型走样，最好在 6 个月前进行。将宝宝喜欢的玩具放在缺乏肌肉运动的那一侧（需要由医生来判断），刺激宝宝多多利用缺乏运动的这一侧肌肉。如果较严重，需要进行脖子肌肉的复健与强化及头部转动复健的话，则应由医生指导爸爸妈妈在家里进行，需要 4～6 个月的时间。复健运动疗效不明显时，需要使用透气型头部矫正帽，可同时矫正宝宝的脸型和头型。

— 妈妈小常识 —

宝宝的扁头大多与睡眠姿势不当有关，所以应及时纠正不良的睡眠姿势，并采取相应的治疗措施。具体办法如下：①经常变换体位。这是纠正宝宝扁头既有效又方便的一种方法。要求家长在宝宝入睡前及入睡后有意识放置宝宝的头部位置，选取最合适的睡眠姿势，以利于矫正扁头。如"右扁头"取左侧卧位；"左扁头"取右侧卧位；"枕后扁头"可左右交替侧卧，不可再取仰卧位。但是，这种方法会不同程度的影响宝宝睡眠质量，对父母的精力也是考验。②枕头矫正法。对于习惯于某种睡姿的稍年长的宝宝来说，家长给宝宝纠正后的睡姿常不能保持长久，常在睡眠中又重新翻回到原来早已习惯的睡姿。对不合作的宝宝可采用枕头来矫正，在其中一边放上枕头，使他无法把头转过去。

育儿小贴士

怎样靠目测来判断宝宝的头型和脸型是否走样呢？头型偏了的宝宝后脑勺是扁扁的、前额是突出的。另外，宝宝两只耳朵的大小也不一样，其中一只会比较平、比较大、比较向身体前方突出。宝宝下巴两侧的线条不对称，而且脸部两颊不对称，一边比较扁平，而另一边比较丰满。

温馨提示

对宝宝来说，除母乳外的其他乳汁，如牛乳、羊乳都有不可避免的缺陷，如牛乳蛋白质中的酪蛋白太高，不利于宝宝消化；羊乳中蛋白质、钙、钠、钾等的高含量与宝宝未成熟的肾脏能力不相适应。因此，母乳不足时最好为宝宝选用配方奶粉，少食用鲜奶。

乳汁不足是否要马上放弃母乳喂养

宝宝四五个月大时，妈妈的乳汁相对不足，但是仍然不要马上放弃母乳喂养。当乳汁不足时，很多妈妈可能会因担心宝宝饿着就马上放弃母乳喂养，完全喂配方奶粉。这是不对的，因为母乳对宝宝来说是最佳的营养品，所以不可轻易放弃。这时候，最好采取混合喂养法，混合喂养的规律及喂奶次数与母乳喂养相同。

一 妈妈小常识 一

医护、实验室工作的妈妈穿着工作服喂奶会给宝宝带来麻烦，因为工作服上往往粘有很多肉眼看不见的病毒、细菌和其他有害物质。所以，妈妈无论怎么忙，也要先脱下工作服（最好也脱掉外套），洗净双手后再喂奶。

温馨提示

人们的生活、学习、劳动都离不开手的动作。婴儿的智慧产生于动作，也有人说："手是外部的脑髓。"宝宝有了一定的手眼协调能力后，才能主动去抓握物体，因此一定要注意训练宝宝手部动作。

可让宝宝坐在大人腿上或婴儿车里，在其面前放置几种便于抓握的、带响的玩具，逗引宝宝伸手去抓。为激发宝宝抓握的兴趣，大人还可以模仿玩具的相应声音来逗引宝宝高兴，如拿的是小鸭子可以说"小鸭子，嘎嘎叫，宝宝一把抓住它"等。当宝宝抓住玩具后应夸奖他能干，并把玩具给宝宝玩一会儿作为奖励。注意给宝宝选的物品不应太大或太小，以宝宝易抓握为宜，同时物品应干净、安全。

育儿小贴士

混合喂养时，妈妈每次喂奶，要先给宝宝喂自己的乳汁，有多少吃多少，然后再用配方奶粉补足不够的量。另外，也可以采取代授喂养方法，即喂奶时可采取母乳与配方奶粉交替的方法来喂宝宝，也就是说这一次完全喂母乳，下一次完全喂配方奶粉。

育儿随笔

喂奶姿势不当会影响宝宝出牙吗

爸爸妈妈在给宝宝喂奶时，如果奶瓶的位置过于靠前上方或让宝宝平卧吃奶，会使宝宝下颌向前吸吮，日久使下颌骨及下牙弓受压，形成下排的前牙突出。所以，请爸爸妈妈一定要注意，使用正确的姿势喂养宝宝。

育儿小贴士

爸爸妈妈不要用塑料瓶给宝宝喂奶喂水，另外要经常检查存放食物或饮料的容器是否已经出现磨损，更不要反复使用那些原本应为一次性使用的饮料瓶。科学研究证明，塑料容器在经过磨损后会释放出一种能影响宝宝智力和身体发育的化学物质。

— 妈妈小常识 —

在给宝宝喂奶时，由于抱宝宝的姿势不当，不能使宝宝躺在臂弯里感到很舒服，或喂奶的方法不正确，喂食的速度太快，没能满足宝宝吸吮的欲望。即使宝宝的肚子吃饱了，但是在心理上还没能得到充分的满足，因此便会通过吸吮手指来满足自己的需要。这就需要妈妈在喂奶的时候不要心急，等宝宝主动吐出乳头的时候再离开。边喂奶边观察宝宝的表情，看他是不是有一种满足感。如果宝宝已经能够用奶瓶喝奶了，那么一定要注意奶瓶嘴口的大小一定要适中，若过大易使宝宝在喝奶过程中得不到足够的满足，从而导致宝宝吃手指的不良习惯。

温馨提示

宝宝如果缺乏维生素A，则更易患呼吸道感染疾病。维生素A是通过增强机体免疫力来取得抗感染效果的。所以，妈妈应该为宝宝准备富含维生素A的辅食，如胡萝卜汁、菠菜汤、南瓜泥、红黄色水果汁、动物肝泥等。

育儿随笔

....

....

....

....

....

练习翻身时怎样避免扭伤宝宝的手脚

　　翻身主要是训练宝宝脊柱的肌肉和腰背部肌肉的力量,训练宝宝身体的灵活性。同时,也扩大宝宝的视野,提高宝宝的认知能力。4 的多月的宝宝已经基本上学会翻身了,可有的时候还是翻不过去,在这时妈妈可以对他进行滚动运动的训练。

　　在翻的过程中,家长一定注意动作要轻,不要扭伤宝宝的手脚。如当向左翻时,妈妈可用右手扶住宝宝的左肩,左手扶住他的臀部,轻轻地给他一点儿力量,这样宝宝就翻过来了。当宝宝翻成俯卧姿势后,帮助宝宝把双手放成向前趴的姿势,给宝宝一个玩具,让宝宝趴着玩一会儿,然后家长再把一只手插到宝宝胸部下方,让宝宝由俯卧的姿势慢慢翻成仰卧的姿势。

— 妈妈小常识 —

　　有的妈妈希望宝宝长得快一点,什么东西都让宝宝尝一点,这是喂辅食之初的大忌。比较稳妥的方法是喂辅食初期,1 次喂 1 种食物,连续 1 个星期或 10 天后若没有不良反应,如腹泻、呕吐、出疹子、发热、精神不好等症状,再尝试喂新的食物。一旦发现消化不良,应暂时停止添加辅食,等一切恢复正常后,再由少量加起。

育儿小贴士

　　宝宝的动作与智力有关,家庭要创造良好的练习环境,促进其智力发展。在练习翻身时,妈妈可以用一些愉快的语言来刺激宝宝,如"宝宝真棒,真能干"等。如果宝宝翻身动作熟练后,就可以让他练习俯卧翻身,让他趴着,用玩具逗引他,让他变成仰卧,练习初期家长必须对其进行保护。

温馨提示

　　妈妈可以找出一天中觉得最累的几段时间,比如上午 11 : 00 左右和下午 15 : 00 左右,和宝宝依偎在一起,试着放一些柔和的音乐,和他一起享受这段安静的时间,要知道,在宝宝度过婴儿期和幼儿期后,妈妈就很少再有和宝宝一起小睡的机会了。

咿呀学语，应该利用好这个时机

语言是开发智力的工具。在宝宝语言的发生和发展中，爸爸妈妈的引导非常重要。不管宝宝是否能听懂，应该及早建立母婴、父婴间的对话习惯。此时正是宝宝咿呀学语的阶段，家长应该抓住这个时机，早开发宝宝的语言功能。如4～5个月的宝宝已能分辨不同人的声音，特别是听到妈妈的声音时会格外兴奋。爸爸妈妈要多与宝宝说话、交谈，问这问那，说些"呀、吗、吧"等音，以利于宝宝的听力发展和引逗宝宝模仿发音。或者让宝宝多听一些轻松愉快的音乐和歌曲，以促进听力和语言的发展。

育儿小贴士

麻疹、肺炎、菌痢等很容易在春季感染宝宝，引起宝宝急性高热。在宝宝发高热时，妈妈往往只会注意宝宝的高热情况，而对宝宝的双眼紧闭、眼屎增多却不注意，认为这是宝宝发热后的必然现象。可这种疏忽大意很可能带来不幸，因为有些宝宝发生高热后，会发生角膜软化而穿孔，导致失明。

— 妈妈小常识 —

选择适合的枕头，使宝宝舒适而愉快地睡好觉，对其生长发育极有利。因此，使用适合高度的枕头，使头部略向前弯曲，可使颈部肌肉充分放松，胸部呼吸保持通畅，脑部血液供应正常，有利脑部发育。此时睡枕头可将头部稍垫高些，保持头、颈、胸同处在一个平面上，既使宝宝睡得舒服，又使他的头在枕头上便于转动。

温馨提示

宝宝在发高热时，家长要经常用干净毛巾给他擦眼屎。如果眼屎较多，需滴些眼药水，以免引起角膜感染。同时，给宝宝多吃些富含维生素的食物来增加眼睛的营养，如鸡蛋、牛奶、猪肝、胡萝卜、鱼等。并随时注意宝宝的眼睛，若发现有不正常的变化，应尽快送医院诊治，千万不要耽误治疗时机，防止角膜软化穿孔而致失明的不良后果。

如何训练宝宝学坐

4个月大的正常宝宝，趴着时已经会高高地抬头、挺起前胸了，会发出"嗯嗯"的声音，手可以进行抓握。当然他还喜欢将手或握住的东西往嘴里放，因为这时，嘴是他接触及探索外界的主要"工具"。

宝宝4个月的时候，可以适当地练习拉坐。仰卧时妈妈握住宝宝双手腕部，慢慢将其从平卧位拉到坐位，然后慢慢放下，连续几次。待5个月的时候，就可以练靠坐或依坐，靠沙发背坐或妈妈胸前坐，也可在床上用枕头垫住背部或两侧（以防倾倒）进行训练。开始靠坐时宝宝常向前倾或侧歪，5个月左右已可挺直腰背，并可慢慢离开依靠物，稍坐片刻。

— 妈妈小常识 —

一般来说，每100毫升牛奶中含蛋白质3.5克，脂肪3.5克，糖4.8克，其中糖所提供的能量仅占总能量的30%左右。这种营养成分的组成，对宝宝来说不如母乳理想，需要加些糖来补充热量。具体方法是：在每100毫升牛奶中加入5～8克糖。若加糖过多，超过8%，过多的糖被吸收，同时会伴随大量的水潴留，会使宝宝的肌肉及皮下组织变得松软无力，形成宝宝虚胖，抵抗力减弱。因此，糖要适量添加。

温馨提示

长期吃奶糕会使宝宝缺少蛋白质及铁、锌等微量元素。奶糕所含的大量淀粉除了供应能量外，多余部分会转化成脂肪贮存在皮下、腹壁和内脏的间隙，实际抗病能力却很差。为了要提高宝宝的抗病能力，应及时添加辅食，保证充足的睡眠并进行适当的体格锻炼。

育儿小贴士

过多淀粉的摄入，会影响蛋白质的供给，造成宝宝的虚胖，严重的还会出现营养不良性水肿。刚4个月的宝宝唾液腺的发育尚不成熟，不仅口腔唾液分泌量少，淀粉酶的活力低，而且小肠内的胰淀粉酶的含量也显著不足。如果这时盲目添加淀粉类辅食，常常会导致宝宝消化不良。

宝宝可以吃咸的食物吗

宝宝才4个多月，肾脏滤尿能力还未成熟，不适合给宝宝加盐，以免加重宝宝肾脏负担。等宝宝6个月以后，肾脏滤尿能力逐渐成熟，可以少量地吃一些盐。宝宝10个月以后每天可以吃盐的量为2～3克。

育儿小贴士

排便异常是宝宝生病的征兆，便秘和腹泻都预示着宝宝身体不适。95%的便秘属于功能性原因，并非身体本身异常，通常给宝宝多吃些蔬菜或其他高纤维食品就可解决这个问题。但如果是新生宝宝出现便秘，最好还是要看儿科医生，以排除身体本身的异常病理性腹泻。可从大便的性质来分析腹泻原因，如小肠感染的粪便往往呈水样或蛋花汤，而病毒性肠炎的粪便多为白色米汤样或蛋黄色稀水样。

温馨提示

宝宝的枕头软硬度要合适。过硬易造成扁头、偏脸等畸形，还会把枕部的一圈头发磨掉而出现枕秃。而过于松软且大的枕头，有使宝宝发生窒息的危险。枕芯一般以荞麦皮或泡过茶后晒干的茶叶为好，不但软硬度合适，吸湿性透气性强，且能清洗。其他如稗草子等类似的物品也可以。

妈妈小常识

头发长得好坏，反应的是血的质量，宝宝头发质量不好，可能说明宝宝血虚、血寒。如果宝宝从一生下来头发就是这样，则说明妈妈在怀孕期间自身就气血两亏，很有可能是在怀孕期间挑食、偏食，或身体素质较弱，使得血液里的营养不均衡、不全面，而造成宝宝的现状。妈妈可以从改善自身的饮食开始，逐渐增强体质，并注意宝宝的营养摄取。

育儿随笔

宝宝头围小会影响智力吗

头部的发育与脑的发育有关，因此检查宝宝的头部十分重要，如果有任何异于正常的头部发育，都可能表示有运动神经方面的疾病或不正常。例如患脑水肿时，头部会长得特别快又大。

通常，宝宝出生时头围平均为33～34厘米；1岁时约为45厘米。头围的增加速度，出生至4个月为1.6厘米/月；4～12个月为1.8厘米/月；1～2岁为3.3厘米/年。

育儿小贴士

有少数宝宝一出生或出生数天就长了牙齿，这就是所谓的出生牙或新生牙。其实这大部分是"早产"的乳牙，所以这种牙齿往往在牙床上摇摇欲坠。爸爸妈妈不必惊慌，只要将宝宝带去给牙医检查即可。如果出生牙或新生牙造成喂奶的不便，或担心牙齿被宝宝吸入时可将这颗牙拔掉，并且要有心理准备将来乳牙会缺牙。

— 妈妈小常识 —

宝宝脑部的发育很快，在出生时其大小虽已达到成熟的25%，但是整个神经系统在功能上而言还不成熟。而影响智力发展的因素有很多，如性别、遗传代谢异常疾病、社会经济因素、营养、精神因素、内分泌等。宝宝的头围发展情形，可以咨询医生做一个适当的评估。

温馨提示

妈妈产后乳汁自出的原因多为气虚中气不足，不能摄纳乳汁，从而导致乳汁流出：也可能是因为产后情绪不畅，过于忧愁、思虑，使肝气抑郁，迫使乳汁外溢。妈妈除饮食调理外，还应当注意勤换衣服，避免湿邪浸渍，冬天可用两三层厚毛巾包住乳房，或用煅牡蛎粉均匀地撒于两层毛巾中间，药粉可以吸湿。

为什么虚胖的宝宝容易得病

有些婴儿长得白白胖胖，虽然惹人喜爱，可是平时容易生病，稍不留意便会感冒咳嗽，得了病还很不容易治好，平时喉咙里经常痰多。这种宝宝的体质被称为泥糕型，是外强中干的抵抗力很差的虚胖宝宝。

虚胖的宝宝血液中往往抗体不足，而且还常常伴有贫血或缺铁、缺锌。抗体是人类战胜病原微生物的一项重要"武器"，它能制止病原菌的活动，还能中和毒素，缺少抗体便会削弱人体的抵抗力。缺铁不仅会影响制造抗体的淋巴细胞繁殖，还会削弱白细胞消化细菌的能力；缺锌更会妨碍淋巴细胞的成熟，使之无力与病菌做斗争。因此，虚胖的宝宝更容易生病。

育儿小贴士

4个月大的宝宝已可开始摄取副食品，应尽量保持食物之原味，不必添加调味品，尤其是含糖又容易黏牙齿的食物越晚接触越好，这样才不易形成蛀牙。奶酪、新鲜水果、核果等是不错的零食。饼干、糖果、含糖乳酸饮品等应限时限量供应，最好餐后再吃，以不影响正餐。

温馨提示

要让宝宝少生病，均衡而营养的饮食、愉快的心情（注意家中的气氛）与良好的体能是缺一不可的。多花点心思与时间，做一些营养又美味的食品，陪宝宝游戏、一起成长，并且多带他到户外晒晒太阳、吹吹风，这样对增加宝宝的抵抗力也非常有效。

一妈妈小常识一

在给宝宝增加新辅食时，最好以小汤匙喂食，每天1次，每次1～2匙。同时最好先稀释得淡一些，待宝宝习惯此项食物后，再逐渐增多次数和数量。刚开始喂食时，往往会被宝宝用舌头将汤匙推出口中，这是因为宝宝尚不熟悉吞咽的动作，有些妈妈可能会因此误以为宝宝不喜欢，而放弃喂食。

育儿随笔

宝宝大便时有血丝怎么办

宝宝粪便中有血丝的原因有很多，如肠炎、乳蛋白过敏或是肛裂、痔疮等，最好拿一份有血丝的粪便做一个基本的粪便分析，确定是不是血。如果真的是血，最好再做一个粪便细菌培养，以区分是否有肠炎，并检查是否有肛裂的现象。如有这些情形要赶快治疗。

如果检查结果很正常，则可能是乳蛋白过敏，可以改用低过敏奶粉或水解蛋白奶粉试一段时间，如果不再出现血丝，那就很可能是乳蛋白过敏，建议妈妈长期给宝宝使用低过敏奶粉。

育儿小贴士

如果宝宝需要调换看护人，爸爸妈妈需要早做准备，不能新的刚来，旧的就走。这两位新旧看护人应该同时在家住几天，彼此有个交接过程。也给宝宝熟悉新看护人的时间，使宝宝心理上有个适应的过程，不至于太突然，以免造成宝宝的心理挫折，使其失去安全感。

育儿随笔

....

....

....

....

....

....

— 妈妈小常识 —

苹果富含纤维物质，可补充人体足够的纤维素，是宝宝消化不良的好药方。宝宝刚刚添加辅食，妈妈可以给他喝一点儿苹果汁。具体制作方法：选用熟透的苹果，洗净之后切成两半；将苹果皮和核去掉，苹果切成小块；将小块苹果加柠檬汁放在榨汁机中榨汁。苹果切开后与空气接触，会因发生氧化作用而变成褐色，最好现削现榨汁。

宝宝喜欢看电视，可以吗

这个阶段，宝宝特别喜欢看电视。看电视可以发展宝宝的感知能力，培养他的注意力。但要注意：看电视的时间不要超过10分钟；与电视机要保持2米以上的距离；电视机的音响不能过响、过强烈；电视节目可选择图像变化较快、有声有色的儿童节目、动画片、动物纪录片和广告片，每次选择1～2个内容为宜。

一 妈妈小常识 一

温水擦浴可以给高热（39℃）婴儿退热。取34℃～36℃温水一盆，内浸纱布或小毛巾两块。先脱去患儿衣服，然后用床单将患儿盖好。用浸湿的小毛巾按顺序进行擦拭，边擦拭边按摩。先露一侧上肢，自颈部上臂外侧至手背，接着擦胸部、腋窝内侧至手心。同样方法擦另一侧上肢。然后使患儿侧卧，露出背部和胸部，自颈部向下擦拭全背部和胸部，擦干后穿好上衣。接下来擦下肢。先自髋部沿腿外侧擦至足背，自腹股沟的内侧擦至踝部。自股下经腘窝擦至足跟。同样擦另一侧下肢，最后擦干，穿裤子。

育儿小贴士

宝宝患感冒有时会引起吐奶，但原因可能有数种，最好能及时去医院检查。举例来说，咳嗽厉害时会引起吐奶、喉咙发炎或有痰也会刺激引起呕吐。合并胃炎的感冒也会引起呕吐。所以妈妈一定要找出原因，才能解决根本问题，从而改善吐奶。

育儿随笔

温馨提示

妈妈现在可以训练宝宝按时间表来睡觉。每到睡觉时间，首先要让周围的节奏慢下来，让环境昏暗、宁静一些，不要大声说话。同时，要给宝宝多些关注，这样做能让宝宝感到高兴和放松，用不了多久他就会感到困倦了。此外，还可以考虑在宝宝入睡前让他泡个热水澡，在床边给他讲个小故事，都会起到很好的效果。

维生素C片能代替蔬菜和水果吗

维生素C具有维持人体正常生理功能、促进健康、增强机体抵抗力的作用。蔬菜和水果是富含维生素C的主要食品，已为人们所熟知。经常可以见到爸爸妈妈因宝宝不爱吃蔬菜、水果，而以果味维C来代替，加之果味维C的味道好，有的宝宝一连吃上四五片的事常有。事实上，这种做法是不正确的。服用维生素C药片往往剂量偏大。如果长期服用，可能体内生成大量草酸，成为肾脏草酸盐结石的潜在危险。

育儿小贴士

在与宝宝的接触方式上，爸爸和妈妈之间有着微妙的差异。宝宝从小就能从妈妈柔软温暖的怀抱中和爸爸粗大有力的手中，感受到爸爸和妈妈爱自己方式的不同。与妈妈的温柔爱护相比，爸爸则更多是担当让宝宝体验冒险、刺激、兴奋的角色，这种心理兴奋过程，在宝宝心理成长中是必不可少的。

— 妈妈小常识 —

宝宝出生4～5个月，还不能认识外界物体是永久存在的。在他看来，存在的只有他能够直接感知的东西。比如他正在玩皮球，如果皮球滚到一边看不见了，他不会去找皮球，而是转移注意力去看或玩别的东西了。宝宝从半岁到2岁，才会逐渐认识到物体的永久性。

温馨提示

爸爸妈妈要互敬互爱，和睦相处，保持积极的情绪，这样宝宝也会受爸爸妈妈的感染，情绪愉快、安定。另外，爸爸妈妈对宝宝同样都要付出爱心，及时满足宝宝的需要并鼓励宝宝的每一个微小的进步，让宝宝感受到家庭的温暖和爸爸妈妈的爱。宝宝生活在一个和谐、充满爱的家庭环境里，会觉得很幸福，很安全，对爸爸妈妈的感情也会加深。

育儿随笔

宝宝什么时候可以站立，并上下跳动

宝宝腰部和下肢运动功能的发育是站立的基础。在新生宝宝时期，扶其直立时，下肢仅稍能负重，可出现踏步样反射。至宝宝3～4个月时，扶他站立后，往往膝关节和髋部呈屈曲状，显得无力。只有到5～6个月时，用手支撑着宝宝的腋下，让其站立时，下肢才能够负重，并能上下跳动。8个月时，宝宝能较好地支持身体，搀扶时能站立片刻，背、腰、臀部也能伸直了。一般在9～10个月时，宝宝就能独自站立了。

— 妈妈小常识 —

有意识地让宝宝把玩具或其他物品传递给你，培养宝宝的动手意识和能力。爸爸妈妈可藏起双手，让宝宝把他最喜欢的玩具递给你；或者在与宝宝玩耍时，故意把玩具掉落，鼓励他自己去寻找。

育儿小贴士

宝宝咳嗽根据无痰或有痰可分为干性咳嗽或湿性咳嗽。前者多见于呼吸道感染早期，异物或肿物压迫；后者多见于肺炎、支气管炎、肺脓肿、支气管扩张。犬吠样咳嗽多见于喉炎、喉头水肿；嘶哑性咳嗽见于喉返神经受压或先天性心脏病；痉挛性咳嗽常见于百日咳、哮喘、支气管内膜结核。

温馨提示

哺乳妈妈因为要不停地给宝宝哺喂，从奶水中就会"跑"掉很多钙质，这让妈妈体内的钙含量变得不足。正给宝宝哺乳的妈妈，最需要重视、保健的是自己的牙齿。否则过了几年到一定年龄后，牙齿与牙齿之间的缝隙就会增大，并且开始松动脱落、牙槽空洞、咀嚼无力，到时候再想起来要保护牙齿，可就为时过晚、心有余而力不足了。

育儿随笔

为什么宝宝嘴唇周围会溃烂

哺乳期的宝宝嘴唇周围会溃烂，是因为患了一种接触性皮炎，即口涎皮炎。原因是喂养无度，造成口水增多，或因宝宝经常哭，口水增多，由下巴流到颈部，使下巴上的皮肤经常处于潮湿状态，长期刺激，便可引起红斑或糜烂。有的宝宝习惯舔口唇，口涎在皮肤上形成一层薄膜，使局部干燥不适，于是反复以口水湿润，导致越来越干，形成恶性循环。时间长了，在口唇及口周皮肤处就会出现皮炎。

温馨提示

对于皮肤损伤严重的宝宝可以用紫草、苦参各5克，食用油以没过药为度，放锅中用火烧沸，待药变焦后取油去渣，凉后装瓶备用，用棉球蘸药油涂于患处，每日3～4次，至痊愈为止。

一妈妈小常识一

5个月的宝宝一天的奶量在800毫升左右，除了奶粉以外还可以添加一些辅食。米粉一天添加1次，1次半包或1包即可。除了米粉还可以添加蛋黄泥、果泥、菜泥等。若宝宝不吃奶粉，可以在奶粉里添加一些葡萄糖增加些甜味，吸引宝宝吃的兴趣，或者给宝宝换个奶嘴试试。

育儿随笔

育儿小贴士

宝宝身体的某些部位，如手掌、足底、腋下、会阴等部位多汗，多属于生理性的，与疾病无关；头部多汗，常见于佝偻病；下半身多汗或一个肢体多汗，应注意宝宝是否患了小儿麻痹症；半侧身体出汗时，应注意是否患了脑炎、脑部肿瘤；如为全身出汗，应注意是否患了风湿病、感染性疾病、低血糖等。但要注意，宝宝与成年人相比，出汗的机会更多，是正常现象，不要一见宝宝出汗就认为是病。

妈妈可以把食物嚼碎喂宝宝吗

　　把食物嚼碎后，再用手指抹给宝宝或嘴对嘴地喂宝宝，是一种不正确的喂养方法和不良的习惯，对宝宝的健康危害极大。食物经咀嚼后，香味和部分营养成分已受损失，而且还会影响宝宝口腔消化液分泌功能，使咀嚼肌得不到良好的发育。最主要的是病菌可以通过食物，由妈妈口腔传染给宝宝。妈妈因抵抗力强，虽然带有病菌也可以不发病，而宝宝的抵抗力差，病菌到了宝宝身上，就会生病。

育儿小贴士

　　宝宝的尿道较短，女宝宝的尿道更短，只有1～2厘米。尿道口距离肛门很近，而且宝宝大多数穿开裆裤，这样细菌很容易从暴露的尿道口侵入尿路而引起感染。另外，宝宝的输尿管长且弯曲，腹壁发育不完善，容易受压和出现扭曲造成尿潴留，给细菌的存留和繁殖提供了条件。

　　尿路感染表现出来的最明显症状是发热，这就让很多父母误认为宝宝只是感冒，所以要多了解尿路感染的表现。

　　尿路感染不一定要使用抗生素治疗，大部分宝宝多喝水、多排尿就可以，必要的时候医生才会建议给宝宝用抗生素。还有就是清洗男孩、女孩私密处时要掌握重点。女孩子最好从尿道向肛门清洗。

- 妈妈小常识 -

　　宝宝的囟门有明显的弹性，他在哭叫时，囟门会轻度隆起。当宝宝颅内压力增高时，会出现囟门凸隆，这时最好请儿科医生检查。把手指轻轻放到前囟门上，妈妈会感到有轻微的搏动，这是由皮下血管里的血液搏动引起的。这种情况是正常的。损伤囟门并不容易，因为囟门很有弹性，妈妈只要在触摸宝宝头部时稍微留点神就行了。

育儿随笔

宝宝夜间屁多正常吗

有一些这么大的宝宝晚上睡眠一夜醒4～6次，每次都是很闹而且放屁的次数特多。如果宝宝的屁较臭，为蛋白质消化不良，一般会伴有便秘的情况。建议多饮水，奶粉量不宜过多，按比例冲调，可在奶粉中加入奶伴侣帮助消化。如屁不臭，伴有肠鸣音亢进（增多），应为肠的空蠕动，如食入空气过多、饮食过冷、进食过少都会引起，建议对因控制。如宝宝伴有腹泻则应去医院就诊。

育儿小贴士

有的爸爸妈妈喜欢把宝宝抛起来再接住，宝宝会被逗得很高兴，咯咯地笑，但万一有闪失，会造成严重后果。还有的爸爸妈妈爱在宝宝吃饭或喝奶时逗宝宝，宝宝可能会被食物呛着，发生吸入性肺炎。有时父母下班晚了，进门也要与宝宝逗乐一会儿，其实这时宝宝该睡了，睡前逗宝宝会使宝宝出现夜惊。

—妈妈小常识—

如宝宝睡着时忽惊忽跳，但确定没有醒来，同时宝宝各方面生长发育正常，则属于正常现象，不必过分担心。这是因为婴儿中枢神经兴奋性较高，大脑皮质发育不完善，睡眠较浅引起的。但是，若宝宝往往伴有枕秃、多汗、烦躁等情况，就需到医院做血钙化验以确诊，预防佝偻病。睡前不要吃得过饱、不玩得过于兴奋有利于宝宝睡眠。

温馨提示

一般家庭在迎接宝宝出生时，都很重视物质环境，需要引起注意的是创设心理环境。家庭成员的性格、相互关系所形成的心理氛围，尤其是对待宝宝的态度、抚育方式等方面的协调一致对宝宝的影响特别重要，不可认为宝宝不懂事没关系。环境中的不良刺激，对宝宝心理发育、个性形成的伤害往往不易觉察，但可能种下祸根。

给宝宝喝茶有助消化吗

有的妈妈给这时候的宝宝喝茶以助消化和提神，这种做法是错误的。宝宝对茶碱较为敏感，茶碱可导致宝宝兴奋、心跳加快、尿多、睡眠不安等。大量的科学实验证明，茶可以影响牛奶、蔬菜中铁的吸收，饮茶后铁元素的吸收下降 2～3 倍，从而引起缺铁性贫血。宝宝正处于发育阶段，需要的铁要比成人多几倍，所以宝宝饮茶要比成人更容易造成缺铁性贫血。

一 妈妈小常识 一

妈妈们总喜欢拿自己的宝宝和别人的宝宝进行比较。为什么我的宝宝长得没别人家的宝宝高和胖呢？为什么别人的宝宝已经长牙了而我的宝宝却没有？要知道你在比较两个完全不同的个体，而这些个体的发展水平要受遗传、环境等多种因素的影响，是不可比的。即使是许多书上列出的各个年龄段宝宝的发展水平，也只是个平均值和参考数值，具体到每个宝宝身上，自然会有些出入。

温馨提示

妈妈要在宝宝很小的时候便开始给宝宝选择的权利。可能的话，一次给宝宝两个可以选择的东西，如用餐时给他两种颜色的碗让他挑。这样他就会知道自己的决定是重要的。

育儿随笔

......

......

......

育儿小贴士

时间就是一切，宝宝的行为有他自定的定律。前一秒他还在冲你笑，对着你手舞足蹈，后一秒他就当你是空气了；或许他会把小手含在嘴里，保持发呆状态 30 秒后，就变得活蹦乱跳，要你陪他玩。宝宝的行为是有起伏的，很难有持续性。爸爸妈妈要仔细观察宝宝喜欢哪种玩法，然后设计各种变化吸引他的注意。这样，你会发现宝宝满脸的惊喜与期待。

宝宝支气管哮喘需要做哪些检查

嗜酸性粒细胞计数：大多数过敏性鼻炎及哮喘患儿血中嗜酸性粒细胞计数超过 $300 \times 10^9/L$。

血常规：红细胞、血红蛋白、白细胞总数及中性粒细胞一般均正常，但应用 β 受体兴奋药后白细胞总数可以增加。

胸部 X 线检查：缓解期大多正常，在发作期多数患儿可呈单纯过度充气或伴有肺门血管阴影增加。有合并感染时，可出现肺部浸润，有其他并发症时可有不同征象。

皮试：当考虑哮喘诊断的可能性时，存在有特异质也许可增加诊断的分量。

血气分析：哮喘发作时，如有缺氧，可有氧分压降低，但在轻度和中度哮喘时，由于过度通气，二氧化碳分压可有下降，pH 值上升，表示为呼吸性碱中毒。如有二氧化碳潴留，二氧化碳分压上升，出现呼吸性酸中毒。

肺功能检查：一般包括肺容量、肺通气量、弥散功能、流速容量图和呼吸力学测验，肺功能检查对估计哮喘严重程度及判断疗效有重要意义。

育儿小贴士

每次哺喂完宝宝，都帮他擦擦嘴。早晨起床后为他洗脸、洗手，入睡前再给他洗脸、洗手、洗脚、洗臀部，在固定时间洗澡等，均可培养宝宝爱清洁的良好习惯。

温馨提示

发展视觉的玩具有：色彩鲜艳的脸谱、镜子、洗澡玩具、塑料书、图片、小动物、动物造型之类的玩具。发展听力的玩具有：小摇铃、拨浪鼓、八音盒、风铃等能发出悦耳动听的声音的玩具。发展触觉能力的玩具有：绒毛娃娃、丝织品做的小玩具、床头玩具、积木、海滩玩的球等。

一 妈妈小常识 一

陪宝宝阅读的时候，妈妈要选择那些有明快插图的儿童读本作为开始，它能帮助宝宝集中注意力。每次朗读持续时间不要太长，一般不要超过10分钟，但每天可以重复多次。

如何测量宝宝的呼吸

为宝宝检查呼吸要在其安静的时候，数宝宝的胸脯或肚子起伏的次数，一呼一吸为1次，以1分钟为计算单位。检查呼吸应注意呼吸的速率、呼吸的深浅、呼吸的节律、有无呼吸困难，以及呼吸的气味。4～5个月的宝宝每分钟呼吸次数35～40次为正常。

— 妈妈小常识 —

宝宝刚出生时就具有一系列本能，这些是他的身体继续发展和心理功能发育的基础。新生宝宝表面看来很软弱，他的本能中却蕴藏着巨大的潜能促使他自主地发展，创造出具有自己特点的个性。长期以来，父母在抚育宝宝时对他的软弱普遍地重视，因而给予种种保护；对他自主发展的潜能却认识不足，往往在无意中伤害或抑制这种自主性，妨碍了宝宝获得应有的发展。

育儿小贴士

宝宝的嘴唇干裂，很可能因为水摄入不足或有感染，或者缺乏某种维生素。这时候一定要多给宝宝喝水，也可适量喝些苹果水、梨水。家里经常开窗通风，保持室内空气新鲜，经常拖地，晚上用加湿气，使室内空气湿润。

育儿随笔

温馨提示

从营养的角度看，产后妈妈每天需要热量2 700～2 800千卡、蛋白质80克。虽然每个人的情况不完全相同，但大致应比怀孕前的饮食量增加30%左右为好。无论你产后怎样繁忙，也要按时吃饭，菜谱要考虑营养的均衡，尽量不挑食。主食要比怀孕晚期增加一些，还要多吃蛋白质和蔬菜。

宝宝唾液分泌突然增多是为什么

宝宝到5个月后，唾液分泌开始增多。由于宝宝口底较浅，又不会节制口腔内的口水，加之宝宝吞咽功能较差，所以常常有口水流出口腔；当宝宝从卧位转换成坐位时，口水也容易流出来。另外，宝宝5～6个月以后，开始出牙时对三叉神经的刺激，或食物的刺激等均可使口水流出口腔。这些都属于生理性的，随着宝宝的长大，这些现象会慢慢消失，一般无须治疗，千万不要乱投医用药。但是，如果宝宝平时很少流口水，突然口水增多时，应去医院检查治疗。

— 妈妈小常识 —

宝宝在4～6个月时，可以添加果汁（每天1～2匙）、青菜汤（每天1～2匙）、米糊或麦糊（每天3/4～1碗）。要注意选择优质蔬菜、水果。糊类食物要从米糊开始添加，逐渐过渡到麦糊。这个时期宝宝的消化系统逐渐发育成熟，是训练咀嚼能力的大好时机。考虑到宝宝肾排钠功能较差，辅食中不要放盐或少放盐。为防止形成甜食习惯，也应尽量不放或少放糖。

这个阶段也是宝宝容易发生肥胖的时期，不管是喂奶粉，还是添加辅助食品，都要有一个合适的"度"，不要让宝宝吃得过饱，以免体重增长过快。宝宝也不是吃得越多越好，应定期去儿童保健机构测量身高、体重，观察他的生长发育情况。

温馨提示

现在，宝宝能主动去拿面前的物品，但动作尚不协调、不准确，往往双手去拿，四指并用，拇指不起作用；不论什么东西都愿往嘴里放；喜欢照镜子，对着镜中人微笑或用手去抓镜中人；洗澡时拍击水，喝奶时拍奶瓶；能比较持久地注意一个物体，并可注视远距离的物体，如天上的月亮、街上的行人、行驶的汽车等；能分辨亲人的声音，听到妈妈的声音就高兴、活跃。这时候，家长即使离开片刻，也应将床栏拉好，以防宝宝跌落。

宝宝能够区别好与不好的气味吗

宝宝出生即有味觉和嗅觉。他能感受到什么是甜、酸和咸，对他不喜欢的味道会表现出不愉快的表情，多数宝宝喜欢甜的味道。宝宝还能区别不同的味道，他喜欢妈妈身上的那种奶味，妈妈也能通过气味确定自己的宝宝，嗅觉成了母子之间相互了解的一种方式。当宝宝4个月时，就能比较稳定地区别好的气味和不好的气味了。

育儿小贴士

对于宝宝长牙时的痛苦，可依症状给予适当的处理。牙床肿胀，可给宝宝橡皮制成的玩具，让宝宝拿到口中咬，具有按摩牙床的功用。此外还有一种内装有水的塑料玩具，把玩具置于冰箱内冷却后再给宝宝咬，可起到按摩及冰敷肿胀牙床的作用，有助于缓解宝宝疼痛。

温馨提示

宝宝如能盯着某种颜色或转动头部看到别的颜色时，大人可以指着这些玩具对宝宝说"这是红气球""那是小白兔""这是黄花"等用语言加以描述，加深宝宝对颜色的感知；其中红色最容易引起兴奋，能协调好两眼共同注视一个物体。

妈妈小常识

妈妈选择的摇篮曲应通俗易懂、曲调优美、歌词简单，易于宝宝接受。哼唱摇篮曲一定要优美、动听，并注意音准。如果音不准，会给人一种不舒服的感觉，影响宝宝安静入睡。妈妈所唱曲子要固定，固定的曲子唱的时间长了，歌词会在宝宝脑中形成一种信号，只要一听到这首曲子他就会自然而然地入睡了。

要注射疫苗啦！

育儿随笔

5个月的宝宝体格发育有哪些标准

宝宝到了5个月时，体格发育应达到以下标准：如果是男宝宝，5个月时标准体重为5.9～9.8千克，身高标准为62.4～73.2厘米。如果是女宝宝，5个月时标准体重为5.5～9.0千克，身高标准为60.6～71.2厘米。

宝宝从5个月开始体重增长速度会减慢，每天增长20～26克，由于个体因素不同，有的宝宝胖些，有的瘦些。父母不要因自己的宝宝比别的宝宝瘦就拼命喂，只要宝宝健康，瘦些也是正常的。

育儿小贴士

爸爸妈妈在选择抓握玩具的时候，应注意玩具大小要合适，玩具约长6厘米、宽4厘米为宜。玩具太大，宝宝抓不住、捏不响；玩具太小，宝宝易放入口中或误吞。另外，选择的玩具必须无毒无害、无棱角，并易于清洗、消毒，要结实耐玩。

温馨提示

爸爸妈妈要注意，米粉或麦粉不宜添加在牛奶里给宝宝喂食，应该调成糊状单独以碗和汤匙喂给宝宝，这样才可以训练宝宝的咀嚼及吞咽能力，如果用牛奶冲调，掌握不好比例的话，还可能会导致宝宝排便异常。

妈妈小常识

妈妈可以与宝宝面对面，用愉快的口气和表情说出"啊——啊""呜——呜""喔——喔""咯——咯""爸——爸""妈——妈"等重复音节，逗引宝宝注视你的口形。每发一个重复音节应停顿一下给宝宝模仿的机会。也可抱宝宝到穿衣镜前，让他看着你的口形和自己的口形，练习模仿发音。

育儿随笔

....

....

....

疫苗

百白破疫苗（第三针）

为什么要给宝宝打三联针

百日咳、白喉、破伤风这三种传染病一直是婴幼儿的健康威胁。但经过全国范围内的"白、百、破"预防针的注射后，这3种传染病的发病率明显有所降低。因此，为了宝宝健康着想，一定要按时给宝宝进行预防接种。需要注意的是，如果宝宝到了接种时正在生病，可以向后延迟一段时间，但延迟时间不要超过2个月。

－ 妈妈小常识 －

妈妈可以把有柄能摇响的玩具用松紧带悬吊在宝宝胸前手能够着的地方，让他练习手和眼的协调。要注意他是用两只手还是反复用一只手抓握，是否有偏手性；再同时放两个核桃或乒乓球在桌上，让他伸手抓物，一手抓一个，以训练宝宝手眼协调能力。

育儿小贴士

爸爸妈妈在宝宝5个月左右时要注意选择有利于发展宝宝身体动作的玩具。发展翻身动作的玩具有吹塑玩具、发声玩具。大人可当着宝宝的面用力把吹塑玩具吹大，放在宝宝侧身，逗他翻身，或敲击响铃引他翻身。在宝宝俯卧的前方悬挂或摆放有趣、好看的动物、娃娃玩具等，让宝宝自己撑起前胸、抬头看或伸出手去抓取。

温馨提示

在选定保姆之前，要先了解她的健康状况，最好有医院的检验证明，注意避免有传染病如肝炎、结核、菌痢、性传播疾病者照顾婴幼儿，否则宝宝会有被传染的危险，因此在确定雇用保姆之前一定要有医院的体检证明。

育儿随笔

....

....

....

....

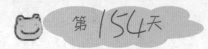

怎样训练宝宝站立

训练宝宝站立时，要由易到难逐渐进行。刚开始时，可用双手支撑在宝宝的腋下，让其练习站立。稳定后，可让宝宝扶着床栏站立。慢慢地宝宝就能很稳地扶栏而立，并能自如地站起坐下或坐下站起。经过一段时间的锻炼，宝宝就能较好地掌握重心，最后脱离栏杆独自站立了。

育儿小贴士

爸爸妈妈应抓住宝宝运动发育的时机，在此阶段帮助和训练宝宝站立。站立不仅仅是运动功能的发育，同时也能促进宝宝的智力发展。宝宝站起来，视野就更加开阔，看得多了，摸得多了，新奇的探索会使宝宝增加更多的尝试，有利于宝宝的成长。但在宝宝刚开始学站时，爸爸妈妈一定要注意保护，同时要注意检查床栏，防止发生摔伤、坠床等意外事故。

温馨提示

要定期清洗、消毒、暴晒宝宝的玩具。宝宝经常玩的玩具一般2周清洗1次，清洗过的玩具应在消毒水中浸泡10分钟（消毒水即清洁的盐水，盐与水的比例是1∶8的混合液），并将浸泡过的玩具放在阳光下暴晒；这样就能杀灭许多细菌，做到玩具清洁卫生。

— 妈妈小常识 —

妈妈可以扶着宝宝腋下，让他站在你的腿上，举宝宝蹦跳，渐渐地就是你不举他，他也会主动在你腿上跳跃。这时你要讲"蹦蹦——跳——"，逐渐让他听懂你的语言。宝宝在扶腋站立的时候，已经会用臂夹住大人的手防止滑脱。经常做这个游戏可以发展宝宝下肢力量，为站立做准备，并可训练他的语言与动作的联系能力。

育儿随笔

可以给宝宝吃零食吗

有些爸爸妈妈喜欢给宝宝喂零食。如果宝宝这一顿只吃了一点奶和辅食，还没到下顿饭的时间又想吃东西，爸爸妈妈会再次给宝宝一些食物。这样，宝宝就会养成每天要吃多次食物，而每次只吃一点的不良习惯。宝宝的饮食习惯被改变，胃肠道整天都处于消化状态，得不到休息，功能就会越来越弱。长此以往，宝宝的身体状况当然也不会好。

— 妈妈小常识 —

爸爸妈妈要掌握给宝宝吃零食的时机，比如快要吃正餐时，就不要再给宝宝吃零食了。即便吃也最好在两餐主食之间，这样就不会影响宝宝的食欲。既然为零食，那么给宝宝吃的量也就不要太大，而且像巧克力等热量非常大的零食，很容易引起宝宝的饱腹感，应少吃。当然，如果爸爸妈妈能做到少给或不给宝宝吃零食，那就更好了。

温馨提示

保姆来到家庭后，要对她进行育儿常识和卫生保健知识的训练。并告诉她一些安全常识，如家中电器、煤气、药品的使用方法和注意事项，防止意外发生。

育儿小贴士

爸爸妈妈可以用松紧带将小玩具拴在床沿，宝宝清醒时，就会伸手抓取这些小玩具玩，甚至会放到嘴里啃。他通过玩、啃，可以获得感性经验。另外，爸爸妈妈还可以开动会发出各种声音或做各种有趣动作的玩具，使宝宝充分感知，从中得到乐趣。

育儿随笔

....
....
....
....

外出时可以给宝宝蒙纱巾吗

在人体各器官中，脑组织对氧较敏感，对宝宝来说尤其是这样。一般成人脑组织的耗氧量约占全身耗氧量的20%左右，而婴幼儿却要占到50%以上。尽管纱巾很薄，但织造密度大，透气性能差，如果长时间把它蒙在宝宝脸上，宝宝的脑部就会形成一个供氧不足和二氧化碳滞留的内在环境，对宝宝脑组织的新陈代谢和身体发育带来不利的影响。因此，外出时尽量不要给宝宝蒙纱巾。

育儿小贴士

针对睡床上有蚊帐的宝宝，爸爸妈妈可以把气球吹大，喊"一、二、三"吸引宝宝注意，然后突然松开气球，气球迅速地伴随着声音飞出。因为宝宝蚊帐的限制，气球只在蚊帐的范围内飞动，易于捡气球和眼光追随气球，这可以锻炼宝宝的观察力和注意力。

温馨提示

爸爸妈妈要尽量为宝宝选择便于清洁的玩具，如布制的、塑料的、木头的等。宝宝暂时不玩的玩具，爸爸妈妈要将它装入盒子，收置在橱柜内，以保证玩具的清洁卫生。

育儿随笔

－ 妈妈小常识 －

宝宝的牙龈已经发育到一定程度，足以咀嚼半固体甚至固体食物。乳牙长出后更应吃些富含纤维、有一定硬度的食物，如水果、胡萝卜、豆类、玉米等，以增加宝宝的咀嚼率，通过咀嚼动作牵动面肌及眼肌运动，加速血液循环，促进牙床、颌骨与面骨的发育，这样既健康又美容。

宝宝是不是要一直吃流质辅食

刚开始添加辅食时，大多数宝宝都还没有长出小乳牙，这时流质或泥状辅食自然更适合宝宝娇嫩的胃肠。但长时间只给宝宝吃流质或泥状食品，会引发一些不良结果，如会错过咀嚼发育的关键时期，因为咀嚼功能的发育需要适时进行生理性的刺激。

育儿小贴士

宝宝正处于发育阶段，精力有限，训练时间过长容易疲劳，收效不好。一般情况下，新生宝宝一次训练10分钟为宜，以后逐渐增加时间。婴幼儿期一次可训练20～30分钟。另外，为了增强宝宝对游戏的兴趣，提高学习信心，在游戏过程中要不时地给予肯定、鼓励与表扬，如亲一亲、抱一抱，或用语言给予表扬。

温馨提示

游戏活动要遵循宝宝的发育规律，过高或过低的要求都不利于宝宝智力的发展。游戏活动内容、训练项目要因人而异，因材施教。天天坚持训练，温故而知新。宝宝的训练要经常重复，就像吃饭、睡觉一样，天天坚持，这样才能起到强化作用。最重要的是，爸爸妈妈一定要及时增添新的内容，不断扩大知识面，促进宝宝智力发展。游戏的种类、花样很多，爸爸妈妈可以根据自家的条件设计，使游戏更为切实可行、丰富多彩。

一妈妈小常识一

宝宝的视、听、嗅、味等感觉都是初级的、原始的、不协调的，必须经过无数次丰富的感觉、学习，才能使大脑把多种感觉信息综合起来。因此，对于新生宝宝来说，感官训练是最有效的游戏方式。

育儿随笔

....

....

....

....

为什么最好用米汤稀释牛奶

牛奶中的非优质蛋白——酪蛋白占78%，这种蛋白质进入宝宝胃中，会在胃液的作用下凝固成为较大的乳块，不易被消化吸收，并易造成便秘。用米汤稀释牛奶，不但能影响和改变牛奶的胶质状态，而且能促进蛋白质形成疏松而又柔软的凝块，并能使脂肪变得适于宝宝吸收。同时还能刺激宝宝胃液分泌，帮助消化。

育儿小贴士

进入第五个月人工喂养的宝宝，现在需要每天喂食3～4次，每次喂150～200毫升牛奶。喂食的时间可以定在早上6：00、中午11：00、下午17：00和晚上20：00。当然这个时间不是固定的，父母可以根据宝宝的起居习惯具体来制订。不要忘了，在上午和下午适当的时间要给宝宝分别添加1次辅食。

温馨提示

患过高热病的宝宝病愈后会有几天的便秘，这属于正常现象。其原因是宝宝的进食太少，欲排出的废物不多；另一方面是由于发热、出汗引起水分大量丧失，肠道吸收粪便中的水分，使得大便干燥。这种便秘无须治疗，只要宝宝能吃到正常的食物，就会恢复正常。

准确判断出宝宝排便的时间，对减少爸爸妈妈的工作量可谓至关重要。如果看到宝宝先是眉筋突暴，然后脸部发红，而且目光发呆，会出现咧嘴或是上唇紧含下唇的表情，这是明显的内急反应，你得赶紧带他大便了。

— 妈妈小常识 —

有条件时，妈妈可敲打真正不同的乐器，然后将不同乐器发出的声音，排列出和谐的节奏。例如，先敲定音鼓"咚咚"两下，随后敲三角铁"叮"一下，这样即可有序地排列出"咚咚叮……咚咚叮……"的音乐节奏。经常这样训练，能增强宝宝的节奏感。

宝宝发热了，该如何安排饮食

宝宝发热时，新陈代谢加快，营养物质的消耗大大增加，体内水分的消耗也明显增加。同时，消化液的分泌会减少，胃肠蠕动减慢，使消化功能明显减弱。因此，宝宝发热时的饮食调摄应以供给充足的水分，补充大量维生素和无机盐，供给适量的热量和蛋白质为原则。如果宝宝原来采用母乳喂养则应该继续，母乳易于消化，能保证营养需求，而且其中含水量达87%，可以补充水分。若是人工喂养的宝宝，可喂稀释的脱脂奶，即2～3份奶加1份水（2～3:1），摄入量可与平时相等。

此时，虽然宝宝实际吃下去的奶量有所减少，但补充了水分，更利于消化、吸收。发热时以饮白开水为好，也可以适当兑些鲜果汁，以补充人体需要的维生素C。饮水量以保持正常尿量及口唇滋润为度，不必过多。

－ 妈妈小常识 －

妈妈应该调动一切可能的玩具资源来发展宝宝的触觉。例如，赤脚分别走在沙地、水泥地、石子地、泥巴地上；光着身子浸泡在不同水温的水里；与爸爸的胡子进行皮肤接触；分别睡在席梦思、板床、棕床上；戴各种不同质地的帽子等。这里，每一样自然物都可成为宝宝的玩具，在与宝宝的皮肤接触时，提高宝宝的皮肤感觉性。

温馨提示

妈妈可以利用宝宝洗澡后，吹头发之际，让宝宝光着上半身，然后从颈吹到后背，最后吹到宝宝的小屁股。在进行到每一个部位时，妈妈要同时告诉宝宝身体各部分的名称，让宝宝学习认识自己的身体。还可以用冷热风交替吹宝宝的双手，让宝宝体验冷热气流所给予的不同感觉。

育儿小贴士

4～6个月的宝宝已经能坐起来了，当然也有个体差异，早的可在4个月左右，晚的则到6～7个月。拉大锯游戏是训练宝宝坐的能力，是锻炼宝宝手臂和胸部肌肉力量的最好方式。玩时可让宝宝仰卧在床上，轻轻拉宝宝胳膊，帮助他坐起来；也可以让宝宝坐在爸爸妈妈膝盖上，爸爸妈妈抓住宝宝的胳膊，使他向后仰倒，再轻轻把他拉回原位。

第160天

为什么宝宝突然变得爱生病了

有的妈妈会发现，本来健健康康的宝宝进入第五个月后开始爱生病了。其实这是因为到了这个时候，宝宝体内来自妈妈的抗体水平开始降低，因此便特别容易患上各种传染性疾病和营养不良症。所以，妈妈要注意保证宝宝的日常营养，给宝宝添加适当的辅食，还要多帮宝宝锻炼身体，经常晒太阳，进行一些户外活动。

育儿小贴士

爸爸妈妈可以教宝宝玩"学小狗"的游戏。玩游戏时，爸爸妈妈让宝宝趴下，用双手和膝盖支撑住身体。开始设法逗引宝宝把头抬到90度，然后一边嘴里喊着"汪汪汪，小狗来了""小狗来了，汪汪汪"，一边推动宝宝的一个膝窝儿，把这条腿推入腹下，再把这条腿从腹下拉出来，然后按同样方法推另一条腿。游戏时，爸爸妈妈应注意动作要轻柔，幅度逐渐增大。

温馨提示

常常吃同一种食物，会令宝宝倒胃口，饮食有变化才能刺激宝宝的食欲。在宝宝原本喜欢吃的食物中加入新的材料，分量和种类均由少而多。可增加食物摄取的种类，找出更多宝宝喜欢吃的食物。

妈妈小常识

满5个月的宝宝成长速度很快，腿更加强壮，如果妈妈双手扶着宝宝的腋下，他可以站立一段时间。这时，他可以轮流抬脚，就好像在走路似的。宝宝已经可以把头抬起来竖直几分钟，有的宝宝可以独自坐一小会儿。趴着时也可以抬起胸部，翘起小屁股。躺着时，可以看到自己的脚。

育儿随笔

脂肪含量低的牛奶适合宝宝喝吗

很多爸爸妈妈认为，含脂量低的牛奶不仅含有较少的脂肪，而且营养成分也少一些。的确如此，因为有些维生素，如维生素 A、维生素 E 和维生素 K 是溶解在脂肪中的。但是，钙、碘、蛋白质和 B 族维生素的含量却不因脂肪含量低而减少。因此，身体健康的宝宝不需要选择低脂牛奶。但是，如果医生建议你的宝宝应该控制体重增长，那么可以给他选用含脂量低的牛奶，而相应减少的维生素摄取量可以通过多吃些蔬菜和水果来补充。另外，低脂的牛奶更适合比较小的宝宝，因为它更容易消化。

— 妈妈小常识 —

宝宝满 5 个月后，记忆力得到进一步加强，对物体也有一个完整的概念，当他看到沙发后伸出来一只手，就能知道沙发后藏着的是一个人而不仅仅是一只手。这时如果有东西挡住他的视线，他会试着移开它。妈妈可以和他做一些这样的游戏，训练宝宝的记忆力。

温馨提示

让宝宝坐在妈妈腿上，面对着妈妈。妈妈要注意撑着他的腋下，将自己的臀部移到椅子边上，当妈妈踮着脚后跟重复着某种轻快的节奏时，宝宝可以体验到一种快乐的跳跃感。这个游戏有助于发展宝宝的肢体动作以及语言和听觉能力。

育儿随笔

育儿小贴士

宝宝吃过奶或其他东西后，因为肚子饱饱的，常常会不肯吃药。因此，给宝宝最佳的喂药时间是在宝宝肚子有点饿的时候。医生开给宝宝的药，药性一般不会太强，所以除非说明是饭后服用，否则不必担心宝宝空腹吃药会伤害到肠胃。

宝宝冬天洗澡易着凉怎么办

冬天宝宝洗澡时间不宜过长，否则宝宝易疲倦和着凉，一般5分钟左右，每日1次。室温27℃以上，水温38℃～40℃，最好在空调房内。宝宝准备穿的衣服、尿布，都摊开在床上，最好先用吹风机或暖炉烘暖。准备一条干的大毛巾，准备用来擦干宝宝的身体。一洗完马上给宝宝包上毛巾，它能快速吸干皮肤表面的剩余水分。

育儿小贴士

患缺铁性贫血的宝宝，在服用补血药物时不宜与牛奶同时服用。否则，牛奶中的磷酸盐和钙质会使铁沉淀，从而妨碍肠道对铁的吸收，起不到治疗作用。牛奶与补血铁剂服用时间应相隔2小时左右。

温馨提示

当宝宝生长过快、运动量过大或因其他原因无法从膳食中摄取足够营养时，可以让宝宝补充维生素、无机盐补充剂或强化食品。当宝宝患病时，应增加流质食品，并增加母乳喂养的次数。鼓励进食软、易消化、营养丰富的食物，病后应给宝宝喂养比平时更多有营养的食物。

妈妈小常识

宝宝讨厌某种食物，有时不在于它的味道，而是烹调的方法。例如，长牙之后宝宝会喜欢有咀嚼感的食物，会拒吃苹果泥，此时不妨改吃苹果片；色彩鲜艳的食物可促进宝宝的食欲。太冷或太热的食物也会使宝宝感觉害怕。此外，口味不宜太浓，避免刺激性食物，食物的切割方式应为可轻易让宝宝入口，形状也必须经常变化，提高宝宝进食的兴趣。

育儿随笔

宝宝肠梗阻伴发热应注意什么

肠梗阻伴发热一般见于因重症肺炎、肠道感染、腹膜炎及败血症等引起肠麻痹的宝宝，由此而引起的肠梗阻多见于小婴儿。换句话说，当宝宝有重症疾患时，除发热、原发病症状外，若出现肠梗阻典型表现时，应高度警惕，以免贻误病情。患上肠梗阻的宝宝一般情况下需要手术治疗，父母要加强对宝宝手术后的护理。

一 妈妈小常识 一

5个月月龄的宝宝在饮食上仍然会以母乳或牛奶为主，每天加以辅食。不过与此同时，妈妈也要为宝宝准备一些谷类食物，以达到营养需求的平衡。每天要保证宝宝的食物包括水果、蔬菜、动物性食物等，尽量不要重复，让宝宝可以保持旺盛的食欲。

温馨提示

番茄是厌食宝宝的佳品。番茄果肉中含有助消化的柠檬酸、苹果酸，常吃有开胃作用。食用的方法：将番茄洗净，捣烂挤汁，每次服半茶杯，1日2次；也可以做番茄蛋花汤给宝宝喂食。

育儿随笔

育儿小贴士

肠梗阻手术后的宝宝消化吸收食物的功能肯定要受到影响，这是由于肠管变短，吸收面积变少的原因。在喂养上父母可以采取少量多餐的方法，要注意观察宝宝是否及时大便，排气情况是否正常。辅食的添加可以适当延迟。如果宝宝的大便稀，可以请医生开一些宝宝专用的肠胃药如枯草杆菌二联活菌颗粒（妈咪爱）等，用以调节宝宝胃肠道的菌群。

妈妈应该在宝宝的牛奶中加钙粉吗

一些爸爸妈妈总是担心宝宝缺钙，或者宝宝确实需要补钙，他们会在煮牛奶的时候将钙粉直接加入牛奶中，省去了另外喂食的麻烦。可事实上这种做法并不科学。因为牛奶中的蛋白质遇到钙质会凝结成块儿，宝宝喝进去也只能吸收很少的一部分，大大降低了蛋白质和钙质的利用率，根本达不到补钙的效果。而且，奶粉本身的钙含量并不低，如果再加钙，会使冲泡的牛奶中钙磷比例失调，也不利于钙质的吸收。

育儿小贴士

爸爸妈妈怕宝宝把身上弄脏，怕宝宝不小心摔倒，怕宝宝磕着碰着，就不让宝宝随便抓东西，不让宝宝自由翻身，不让宝宝到处爬到处动，从小给予过度的保护，宝宝就不能充分自由的活动。要知道，宝宝在 0 ～ 1 岁这段时间，是肢体行动和脑部发展的重要时期，不能给予适量的运动，不仅不利于宝宝身体的健康成长，而且对宝宝脑部的发育也会有阻碍。

— 妈妈小常识 —

前面我们介绍过用肛门测体温法给宝宝测量体温，但这种方法很容易引起宝宝的反抗。现在为妈妈介绍腋下测体温的方法。首先将体温计的汞柱甩到 35℃ 以下，然后将体温计塞进宝宝的腋下，水银柱要放在腋窝中间，帮助宝宝夹紧，10 分钟后取出来读数。如果宝宝腋下有汗要先擦干，否则会影响测量的准确度。

温馨提示

在给宝宝喂药粉的时候，一定要加水稀释后再给宝宝喝，一来不至于太苦，二来比较容易下咽，不过稀释时千万不要用太多水或果汁，以免使宝宝觉得要喝的药很多，抗拒吃药。此外，未满 3 个月的宝宝比较容易呛着，只可以喝清水稀释的药粉。

育儿随笔

宝宝严重腹泻该如何补充水分

严重腹泻时，宝宝想喝水，可以给一些白开水、饮料、补充母乳、牛奶、宝宝用电解质饮料、苹果汁等。不要给宝宝喂冰淇淋及其他冰品。也不要因担心喝水会导致宝宝腹泻情况更加严重，而限制水分的补充。宝宝体内水分流失，造成脱水现象才是更大的危险。

一 妈妈小常识 一

如果宝宝不喜欢某些食物，就试着找出营养成分相似的替换食物，多些耐心。对宝宝而言，辅食是新鲜的东西，目前不接受的食物以后可能会接受，因此妈妈要有耐心多尝试一些，只要宝宝活力良好，即使有时吃得少点也无须担心，只要顺其自然就好了。

温馨提示

宝宝腹泻时，妈妈要用温水为宝宝清洗臀部。如果宝宝腹泻不止的话，臀部可能会红肿溃烂，如用毛巾或卫生纸擦拭，感染现象会更加严重，疼痛也会更加剧烈。此时，妈妈可以用温水将宝宝臀部清洗干净，然后用柔软的纱布将水分吸干，再垫上尿布。

育儿小贴士

宝宝生病时，爸爸妈妈不必强行给宝宝喂食，应该静待宝宝身体的恢复。如果宝宝平常食欲不错的话，生病的时候只需要注意水分的补充就可以了。因为宝宝身体状况不佳时，消化、吸收能力也会变差，少吃少喝反而可以减轻宝宝身体的负担。

育儿随笔

....

....

....

为什么不能用果汁、茶水给宝宝服药

给宝宝服药应该用温开水。果汁中含有糖、色素等物质，可能会降低药效。更不能用茶水给宝宝服药，因为茶叶中的鞣酸会与药物中的物质发生化学反应，产生沉淀，影响药物的治疗作用。

育儿小贴士

爸爸妈妈可以把宝宝抱在膝盖上，触摸他脸上不同的部位，并告诉他那个部位的名称。例如，轻轻抚摸他的嘴巴，并说："这是你的（用宝宝的名字）嘴巴。"可重复多次。也可拿起他的小手来触摸妈妈的嘴巴，并说："这是妈妈的嘴巴。"然后可以问宝宝："你的嘴巴在哪儿？"并把他的小手放在他自己的嘴巴上，告诉他，"在这呢"。像这样，妈妈可以同宝宝一起做"眼睛在哪儿""鼻子在哪儿"等游戏。

—妈妈小常识—

在给宝宝点眼药的时候，妈妈可以等宝宝入睡后，将宝宝的头稍仰起，轻轻扒开下眼皮，将眼药水滴入下眼皮内。滴入后将宝宝放平，使其继续睡觉。然后用手帕擦净眼周的药水。妈妈要注意不要距离宝宝眼球太近，以防刺伤宝宝的眼睛。

育儿随笔

温馨提示

有些宝宝由于先天因素，比一般的婴儿更容易过敏，像牛奶、鸡蛋、鱼等食物都会引起宝宝的过敏反应。此时父母不要盲目忌食，一定要确实证明宝宝对某种食物过敏时才能忌食。另外，宝宝的衣服和日用品，如润肤霜、婴儿浴液等，也可能是引起过敏的罪魁祸首。除此之外，妈妈的饮食也可能会造成宝宝过敏，因为过敏原会通过乳汁进入宝宝体内。

怎样培养宝宝早睡早起的习惯

爸爸妈妈在早晨给宝宝洗净、喂饱之后，便可带他出门，让他去呼吸外面的新鲜空气，到处走走看看，晒晒太阳。或者带宝宝到公园去看看比他大的小朋友是怎样玩耍的。当感到宝宝有倦意的时候，带他回家，喂饱后让他入睡。这时宝宝不但睡得香，而且睡眠的时间还会延长。到了傍晚时，爸爸妈妈可以让宝宝重复上午的活动，这样到了晚上，宝宝就会酣然入睡。到天亮时，宝宝睡够了，也就会睁开眼睛了。

而且，如果白天宝宝玩得好，就会消耗很大的体力，宝宝也会吃得香、睡得香。如此形成的良性循环，不但让宝宝养成了良好的生活习惯，而且更促进宝宝的生长发育。

— 妈妈小常识 —

一些宝宝在早晨妈妈起床之后，仍然能呼呼地沉睡，这种类型的宝宝通常为安适型。还有一些宝宝只要妈妈还在忙着，他就睡不着觉，这种宝宝是属于神经质型。对于宝宝来说，不管是神经质型还是安适型，都各有令人困扰之处。神经质的宝宝会削减妈妈的时间，而安适型的宝宝则因起得晚而减少上午做日光浴的时间，生活的步调也易被搅乱。

育儿小贴士

宝宝总是要人抱不是一个好习惯，而且会打乱你的正常生活。当宝宝哭时，爸爸妈妈可以利用这段时间给予他刺激，在床头挂五彩缤纷、随着音乐旋转的悬挂物，或是放点柔和的音乐，转移他的注意力。在喂奶时多跟宝宝说说话，和他玩一玩，在这样有意思的环境里，宝宝的心情会愉快起来，就不再想哭或停止哭泣了。

育儿随笔

宝宝已经提前吃药，为什么还是会发热

在医学上，几乎每种病都有所谓的"自然"病程。每种病的自然变化都是一定的，而且有一个时间范围。即使诊断出来病症，用了药，常常也不能改变或缩短病程，有时只是使严重症状稍微减轻一点而已。许多病第一、第二天不明显，第三、第四天后越来越严重，达到一个高峰期，然后慢慢痊愈。医生所能做的，只是对症治疗，帮助宝宝度过这段时间，预防发生并发症。

育儿小贴士

正常宝宝的大便呈软条状，每天定时排出。若大便干燥，难以排出，大便呈小球状，或2～3天1次干大便者，多是有内热，妈妈可多给宝宝喂菜泥、鲜梨汁、白萝卜水、鲜藕汁，以清热通便。若内热过久，宝宝易患感冒发热。

— 妈妈小常识 —

每个宝宝都是有自己的口味偏好，这种对食物的喜好是天生的，所以爸爸妈妈完全没有必要非得按照婴儿食谱上的做法，强迫宝宝吞下自己不喜欢的食物。如果硬将宝宝不爱吃的食物塞进他嘴里，会造成宝宝对吃饭产生抵触情绪，不利于健康生长。

育儿随笔

....

....

....

温馨提示

宝宝的皮肤与成人的皮肤在构造与功能上都有些差异。宝宝的表皮较薄弱，角质层不能像成人的皮肤一样可以有效地隔绝有害物质的侵入。真皮部分则因人体皮肤的弹性纤维都在出生后才开始形成，而且到3岁以后才完全发育成熟，所以宝宝的真皮组织也比成人薄。

妈妈要尽量避免在家中堆放化学物品，可能会与宝宝肌肤接触的东西都要特别注意，否则很可能会导致皮肤娇嫩的宝宝发生各种过敏症状。

妈妈如何给宝宝测量身高

首先让宝宝头顶接触量板顶端，两耳在同一水平位置，将宝宝双膝放平，两腿伸直，右手推动量板底端接触到宝宝的脚跟，读出量板的数字，就是宝宝的身高了。如果是在家，可以选有木床头的床，用床头代替量板，宝宝的头顶接触此板，按上面的方法，使宝宝身体保持平直，将脚跟在床面上的位置做个记号，然后测量床头到记号之间的距离就可以了。用这种方法时，最好铺一条格子布的床单，更易检查宝宝的身体是否平直，也便于标记和测量。

— 妈妈小常识 —

宝宝也会患上膀胱或尿道感染，导致莫名其妙的发热，此时会出现食欲差、呕吐、经常哭闹、排便次数增多、体重减轻，以及排出的尿液混浊，有时是粉红色的，有特殊气味等症状。如果宝宝出现了上述症状，要提高警惕，及时请医生治疗。

温馨提示

对于患湿疹的宝宝，妈妈也可以选择食疗。

绿豆 30 克，海带 20 克，鱼腥草 15 克。将海带、鱼腥草洗净，同绿豆煮熟，喝汤，吃海带与绿豆。每天 1 剂，连服 6 ～ 7 剂。

薏苡仁 30 克，红小豆 15 克，玉米须 15 克。三味一同煮熟，饮汤，食薏苡仁、红小豆。每天 1 剂，连服 7 ～ 8 剂。

育儿小贴士

随着生活水平的提高，越来越多的宝宝出现了营养失衡或营养过剩的症状。这是由于精制食品较多，不注意蔬菜及粗粮等摄入，再加上还未广泛开发适合宝宝的各种强化食品，又会出现了一些微量元素缺乏症和宝宝肥胖症。因此，爸爸妈妈一定要注意均衡宝宝的营养，千万不要觉得胖宝宝才更健康。

育儿随笔

宝宝可以不学爬吗

宝宝5个半月以后就可以开始学爬，但有的父母不让宝宝学爬，主要是担心在学爬时大人看护不周宝宝摔下床，摔坏了宝宝，同时学爬又脏。这种做法是错误的。爬是宝宝运动发育的一个过程，宝宝学会爬行，四肢的运动功能和全身的协调能力才会得到充分的发展。宝宝通过爬行，拓宽了视野，对外界事物接触得更多，有利于促进感知觉的发育，进而促进宝宝大脑的发育和智力发展。

温馨提示

宝宝发热时，妈妈可以采用酒精擦浴、温水擦浴、冷敷等物理降温法。服用退热药要遵照医生的意见，做到按时、按量。另外，宝宝发热应先请医生诊断，找出发热的病因，然后再进行合理的治疗。切记不要滥用退热药和抗生素，以免引起不良后果。妈妈要随时观察宝宝病情，按时测量体温，发现异常要即时就医。

育儿小贴士

如果宝宝发生了呕吐，要立刻停止喂食固体食物，换成流质的，像果汁、菜汁等。可以在宝宝睡醒时，每5～10分钟喂1次，喂的量可以逐渐增加。如果宝宝停止了呕吐，就可以在喂流质的同时加入一些易消化的固体食物。

一妈妈小常识一

国际知名的一些医学专家在研究医治脑瘫病人的过程中发现，"爬行"对脑的发育有极其重要的意义。他在治疗脑损伤性哑巴和说话困难的患儿时，用以"爬"为主的治疗方法，结果表明，爬得越好，走得越好，学说话也越快，学东西和看、读的能力也越强。有些儿童出现阅读困难，也多是因婴幼儿时期缺乏爬的环境和训练引起的。

育儿随笔

婴儿黄水疮

婴儿黄水疮多发于夏季。生了黄水疮的宝宝不小心就会将水疱抓破，破损处还会流出黄水。宝宝得了黄水疮，一定要及时治疗。如果是局部皮肤感染，妈妈可以挑破水疱，去除痂皮，用药液清洗后再涂抹消炎的药膏。如果宝宝全身的症状明显，淋巴结肿大或伴有发热情况，就应该去医院，看是否需要用抗生素治疗。

— 妈妈小常识 —

爸爸妈妈要设法分散宝宝入睡前的注意力，使他能对坏习惯逐渐淡忘，取而代之以良好的入睡方式。刚开始时可以试着让宝宝在疲劳、有睡意时再入睡。有些宝宝由于太困，一时顾不上就迷迷糊糊睡着了，慢慢地宝宝就会忘掉那些坏习惯。对一些已形成很顽固习惯的宝宝，要采取转移、更换的办法，可以先让他入睡时抱布娃娃等玩具，以代替摸妈妈乳房、叼乳头、吃手指等不良习惯，以后逐渐过渡到不需要任何物品安慰就能自然入睡的良好习惯。

温馨提示

儿童营养性缺铁性贫血是儿童四大营养性疾病之一，最常见的原因是饮食结构不当，因此应为宝宝选择合适的膳食。5～8个月的宝宝应添加含有血红蛋白铁的食品和富含维生素C的食品，不吃抑制铁吸收的食物，断奶后应继续食用富含铁的婴儿配方奶。

育儿小贴士

为了防止宝宝上腭溃疡，父母应该选用柔软的硅胶奶嘴，不用较硬或橡胶的奶嘴，喂养时不可把奶嘴塞入宝宝口腔过多，以防奶嘴头摩擦宝宝上腭。另外，如果一旦上腭溃疡形成，则应立即改用汤勺喂养，让宝宝上腭创伤处"休息"，以防溃疡继续扩大，同时还须配合抗炎、局部治疗等措施。

育儿随笔

怎样让宝宝习惯用勺子喂饭

用勺子给宝宝喂蔬菜辅食时，宝宝往往会不肯往下咽，这是因为宝宝之前已经习惯了用嘴吸的进食方式，对硬邦邦的勺子会感到很别扭。妈妈可以在喂奶之前或在宝宝吃饭的时候，先用小勺喂些汤水，让宝宝对勺子熟悉起来。几次之后，宝宝就不会因为对勺子太陌生而排斥，等宝宝感到习惯时就会觉得勺子里的蔬菜是好吃的，开始慢慢接受用勺喂饭。

温馨提示

妈妈在哺乳期最好不要食用味精。如果妈妈在摄入高蛋白饮食的同时，再食用过量的味精，就会有大量的谷氨酸通过乳汁进入宝宝体内。谷氨酸钠能与宝宝血液中的锌发生特异性结合，生成不能被机体吸收利用的谷氨酸锌。生成物会随着尿液排出，从而导致宝宝缺锌，使宝宝出现味觉变差、厌食、智力减退、生长发育迟缓及性晚熟等不良后果。

— 妈妈小常识 —

香蕉肉质糯甜，又能润肠通便，因此，也是妈妈要经常给宝宝吃的水果。然而，香蕉不可在短时间内让宝宝吃得太多，尤其是脾胃虚弱的宝宝，否则会引起恶心、呕吐、腹泻。

育儿小贴士

宝宝处于长牙期时，跟以往不一样的动作就是把乱七八糟的东西塞进嘴巴，乱咬乱啃，不给就大闹，直到牙长齐之后才会停止。的确，长牙那种又痒又痛的感觉真的很难忍受。宝宝抓东西咬东西，可以说是逃避痛苦的一种方式。爸爸妈妈注意不要把易碎的东西放在宝宝身边，以防宝宝伤害到自己。

育儿随笔

如何训练宝宝用手拿东西的习惯

爸爸妈妈必须在稍远的地方把东西递给宝宝，宝宝看见便会伸手抓。宝宝喜欢颜色鲜艳并能发出声音的摇铃，妈妈可以一面和宝宝讲话，一面不断地摇动摇铃，当宝宝伸出小手时，要赶快把摇铃递给他。在爸爸妈妈反复不断地鼓励下，宝宝拿取东西的时间会逐渐增长。只要他看到自己可以拿到的东西，便会情不自禁地伸手抓取。

— 妈妈小常识 —

妈妈在给宝宝喂药水的时候还可以采用吸管。用吸管吸上药水，从宝宝嘴角喂入。使用吸管时，注意千万不要将吸管探入宝宝的喉咙深处，否则容易呛到宝宝。最好的办法是采用管径较小的吸管。服药后，再用吸管吸一点水来喂宝宝，这样吸管内就不会残留药液了。

温馨提示

宝宝吃了新添加的辅食后，大便出现一些改变，这不见得就是消化不良，无须马上停止添加辅食。只要大便不稀，里面没有黏液，就不会有什么大问题。但一定要记住，添加辅食的速度不要过快，让宝宝的胃肠慢慢适应。

育儿小贴士

6～8月龄是宝宝学习咀嚼和吞咽能力的关键时期，在这一阶段要经常给宝宝吃一些有硬度的食物，如馒头、面包干等，之后可逐渐增加水果、胡萝卜、豆类、土豆、玉米等，还可以尝试着吃一些肉、鱼、蛋等动物性食物。这些有一定硬度的食物既可以帮助宝宝补充丰富的能量及营养元素，又能锻炼宝宝的咀嚼能力，对宝宝的成长非常重要。

育儿随笔

宝宝长期发热应该做哪些检查

宝宝发热持续2周以上称为长期发热。感染是宝宝长期发热最常见的原因。对疑似感染的发热，一定要注意寻找病原体。血培养是宝宝长期高热的一项基本检查，对宝宝感染性发热的诊断、致病菌的判定有重要的临床意义。结缔组织病的临床特点是器官受累广泛，临床症状多样，在发病初期一般都有发热，而其他典型的症状出现较晚，化验检查一般应先查简单项目，如血常规、尿常规、血沉、C-反应蛋白、抗链球菌溶血素"O"等。宝宝肿瘤是否发热取决于肿瘤的性质、部位、范围和浸润情况，对怀疑肿瘤所致的发热，应该先检查血常规。一般恶性肿瘤常见贫血，白血病时周围血中可发现幼稚细胞。

育儿小贴士

宝宝有时会不小心将小的物件塞在耳内，也可能有小虫爬进耳内，如不处理，可发生感染。

★让宝宝把头置向一侧，患耳向下，让异物滚出来。

★如果是小虫入耳，可向耳内滴几滴温水，使小虫浮出来。

★如果在家里不能排出异物，要尽快去医院检查，千万不要自己试着用镊子或挖耳勺取。

温馨提示

给宝宝添加新的辅食一定要避开生病或天气炎热的时候；如果遇到这样的时间，最好适当推迟添加，以免引起消化功能紊乱。当宝宝病情较重时，原来已添加的辅食也要适当减少，待病愈后再恢复正常。

一妈妈小常识一

妈妈应该在家里备上酒精，用于处理宝宝皮肤感染。如小疖肿、脓疱病等，可用酒精涂擦，起到杀菌消炎的作用。酒精稀释后用来进行酒精擦浴，可以帮助发热的宝宝退热。新生宝宝如果有脐带感染，可以用酒精清洁脐部，以达到消毒、消炎的目的。

和宝宝做游戏有何要领

爸爸妈妈要根据宝宝的月龄来选择适合他的游戏和运动方式，避免盲目地采取运动方式导致不良后果。同时要根据宝宝发育的大致过程来要求宝宝，但不要强加给宝宝一些不适合他的运动或游戏方式，从而导致宝宝对爬、站立、行走产生恐惧。

一 妈妈小常识 一

从宝宝体重的变化可以看出宝宝是吃饱了还是长期处于饥饿状态。6个月左右的宝宝平均每个月体重会增加 500 克左右，如果宝宝的体重增加量达不到这个数值，甚至相差很大的话就说明宝宝吃得不够，或者是对食物的消化不好，妈妈要注意了。

育儿小贴士

尿布使用不当易引发宝宝尿路逆行感染，再加上女宝宝经常使用尿布或穿开裆裤，尿道口更是常受粪便或其他不洁物污染。而宝宝自身免疫力又不健全，年龄越小越容易发病。年轻的爸爸妈妈需仔细捕捉病症，如果发现尿布需不断更换，但每次排尿量却不多、尿布有臭味等，都可能是尿路感染的特征。

温馨提示

妈妈可以学着做一道胡桃阿胶膏，这道甜点能帮助妈妈补肾养血，润肤美容。准备去核红枣 500 克，胡桃肉、黑芝麻各 150 克炒熟，桂圆肉 150 克，阿胶、冰糖各 250 克，黄酒 500 毫升。将红枣、胡桃肉、桂圆肉、黑芝麻研末；阿胶浸黄酒中 10 天，隔水蒸化，加入药末调匀，放入冰糖再蒸，每日清晨取 1 ～ 2 匙冲服即可。

育儿随笔

葡萄糖水可以做宝宝的营养点心吗

很多爸爸妈妈会觉得葡萄糖水很有营养，应该给宝宝做加餐点心，事实上这种做法是不正确的。甜味容易满足食欲，使宝宝不愿意吃正餐的奶水，容易提早进入厌食期，而且葡萄糖水的营养成分远不及正常的奶水，时间一长营养方面反而会出问题。另外，这样做有点"允许宝宝在正餐外吃零食"的意思，宝宝将感受到有比正餐奶水更好吃的东西，若没有得到就会拼命哭闹，直到满足他为止，进而养成偏食的坏习惯。

育儿小贴士

宝宝呕吐时，爸爸妈妈要立即将宝宝的头偏向一边，以免呕吐物呛入气管引起吸入性肺炎。呕吐后要用温开水给宝宝漱口，并多喝几次水，以达到清洁口腔的目的。对于反复呕吐的患病宝宝，要注意喂些果汁或咸味食品。爸爸妈妈要注意观察宝宝的病情变化，若出现严重呕吐或呈喷射状呕吐，要及时送医院治疗。

温馨提示

宝宝胃酸浓度低，为宝宝补钙最好选择葡萄糖酸钙、乳酸钙等有机钙；2～3岁后宝宝的胃酸浓度会逐渐增高，这时候就可以为宝宝选择含钙量较丰富的无机钙，如碳酸钙等。

育儿随笔

—妈妈小常识—

为宝宝准备辅食时要营养全面，如果宝宝不爱吃，可以换种口味由少到多地引导他。选择什么样的食物、多大的量，还要根据宝宝自身的需要，每个宝宝个体差异很大，食量也不一样，不能单纯地认为胖就是好。所以观察宝宝营养是否均衡的最好方法是看宝宝的体重、身高、头围增长是否正常，大便是否正常。

为什么宝宝会经常放屁

这种情况一般会发生在母乳喂养的宝宝身上。这是因为妈妈的乳汁含有丰富的乳糖，这是妈妈乳汁的一大特征。因此，吃母乳的宝宝肠内是酸性的。这是因为吃母乳的宝宝肠内有很多乳酸菌，乳糖被分解之后，很容易发酵。所以，吃母乳的宝宝常常放屁，但是屁味并不臭。

— 妈妈小常识 —

羊乳与牛乳的营养成分是类似的，由正常的配方奶粉转改为吃新鲜羊乳并无大益。新鲜羊乳也有一些缺点，如缺乏叶酸及维生素 B_{12}，作为宝宝主食容易造成神经方面障碍、生长迟缓及体内血液方面的疾病，所以不适合 1 岁以下宝宝使用，因为此时期如果只吃羊乳未加其他副食，容易缺乏叶酸及维生素 B_{12}。所以，羊乳只能定位为众多儿童乳品之一，尤其未经再处理加工的新鲜羊乳更不能给宝宝作为主食。

育儿随笔

育儿小贴士

食物中若有草酸，则会和钙在消化道中形成不溶性的草酸钙，因而降低吸收率。例如，菠菜中的钙，只有 5% 会被吸收；制造巧克力的成分——可可，虽含有大量草酸，但爸爸妈妈不必担心宝宝喝巧克力奶时会导致钙的摄取量不足，因为奶中的草酸含量，并不足以大到会影响钙的吸收的程度。

温馨提示

医学研究发现，菠菜和鸡蛋的补血效果并不是最理想的。鸡蛋中虽含有丰富的铁，但在肠道的吸收率却很低。菠菜中的铁含量也远低于豆类、韭菜、芹菜等，并易在肠道形成不好吸收的草酸铁。因此，用蛋黄和菠菜补血并不科学。

让宝宝逐渐适应稀软食物

妈妈不能期望立即建立起宝宝的良好饮食习惯，而应尽可能地满足宝宝的某些要求，保留一定的喂奶形式。喂粥时把宝宝抱在手臂上，并尽可能像母乳喂养时那样，使胸部皮肤与宝宝面部接触。也可以哺乳和喂粥交替进行，使宝宝在环境变化比较小的情况下，慢慢改变单一吞咽母乳的习惯，逐渐建立与勺、粥相关的进食习惯。另外，也可以把粥煮得稀烂一些，放在奶瓶中，或在粥中加入适量的奶或奶粉，使之留有奶的气味。

育儿小贴士

黑芝麻是便宜又好吃的植物性钙质来源，而且其中含有丰富的卵磷脂、脑磷脂、谷氨酸等，能提高大脑的活动功能，促进宝宝智力的发育。爸爸妈妈应该让宝宝经常吃黑芝麻制品，如黑芝麻糊、芝麻汤圆等食品。

温馨提示

妈妈对宝宝喜欢某种食物不必大惊小怪，过分关注和担心反会起反作用，同时，妈妈应对米饭、牛奶、肉类、蛋类、蔬菜、水果等食物的营养价值有所了解。否则，便不能为宝宝提供能够满足身体生长发育需要的均衡营养。

育儿随笔

一 妈妈小常识 一

按摩可使宝宝腹泻症状减轻或消失、病程缩短，特别是对大便次数过多的宝宝，效果更为显著。按摩时将鲜姜捣碎挤出姜汁，用拇指蘸姜汁推宝宝大鱼际肌，并沿着前臂外侧推至肘弯处，然后由上而下地推背部脊柱两侧。如果腹泻次数较多，可用手掌按摩臀部尾骶处，两手指分别推两侧季肋部，再分别推肚脐两侧。

宝宝一直便秘怎么办

这可能是因为宝宝饮食中所含的纤维素少，从而引起大便干结，可适当添加蔬菜类食物。也可能是宝宝按时排便的习惯没养成，所以要每日定时训练排便，建立一定的排便条件反射，这样才能养成排便的好习惯。如果宝宝突然受到精神刺激，或生活环境及生活习惯突然改变也可引起短时间的便秘。

育儿小贴士

宝宝便秘如果经过长期调理仍不见效，可以采用开塞露通便。开塞露主要含有甘油和山梨醇，能刺激肠道起到通便作用。使用时要注意，开塞露注入肛门内以后，爸爸妈妈应用手将宝宝两侧臀部夹紧，让开塞露液体在直肠内多保留一会儿，再让宝宝排便，效果就好。在家庭中也可用肥皂头塞入宝宝肛门内，同样具有通便作用。

育儿随笔

一 妈妈小常识 一

便秘的不良后果有很多，最直接的后果就是肛裂，可引起便后滴鲜血，肛周疼痛。宝宝在便后疼痛，就不愿意排便，这样会更加引起便秘，形成恶性循环。便秘严重的宝宝还可能引起外痔。此外，慢性便秘的宝宝还常伴有食欲不振，因而导致营养不良、精神萎靡、肠道功能紊乱，这样会加重便秘。

怎样给宝宝使用开塞露

宝宝在转奶期的时候很容易便秘，所以可以选择开塞露来缓解便秘的情况。开塞露是用甘油或山梨醇制成的，装在塑料囊内，用时在尖端封口处纵剪一开口，管口处如有毛刺要修剪光滑，以免刺伤宝宝肛门。先挤出少许药液，润滑管口，让宝宝侧卧，然后插入肛门，用力挤压塑料囊使药液射入肛门内。拔出开塞露空壳，肛门处夹一块手纸，以防液体流出弄脏裤子或床单，让宝宝尽量在不能忍受的时候再去排便，这样才能充分刺激肠蠕动，软化大便，达到通便的作用。

— 妈妈小常识 —

宝宝的骨骼主要是由原始结构纤维束构成，板层结构少，骨组织的密度松，呈多孔状。因此，宝宝的骨骼非常富有弹性，相比成人，更容易因缺钙或维生素 D 而发生佝偻病、X 形腿或 O 形腿。

温馨提示

妈妈可以把母乳和果汁放进小杯子里，用勺子喂宝宝，让宝宝知道除了妈妈的乳汁外还有很多好吃的。这样等宝宝到了 10～12 个月时，不仅咀嚼能力已充分得到锻炼，同时还锻炼了他使用勺、杯、碗、盘的进食习惯，已经能够接受用这些餐具进食了。

育儿小贴士

爸爸妈妈给男宝宝洗私密处的时候不要用过热的水，最好用温水甚至温偏凉的水清洗男宝宝的私密处。尤其不要刻意清洗包皮或翻开包皮清洗龟头，在男宝宝周岁前都不必刻意清洗包皮。注意重点清洗生殖器的根部和阴囊的褶皱，此处比较容易留存汗液和尿液，但切莫挤压。

育儿随笔

宝宝坠床了怎么办

当宝宝从床上坠地时，首先要注意其神志的变化，有无昏迷；同时要检查着地部位有无外伤，身体各关节部位能否活动自如。一般情况下，由于床铺低，宝宝体重轻，骨骼韧性好，不会造成致命性的摔伤。当有肢体瘀肿变形，或出现呕吐、一时性昏迷时，就一定要送到医院检查有无骨折或头颅损伤，以便及时处理。需要提醒爸爸妈妈，宝宝在床上玩耍时，床周围不要放尖锐或坚硬物品，更不能放开水壶、热饭锅等。

育儿小贴士

对于宝宝坠床，妈妈首先要端正思想，多留心，多警惕，别存侥幸心理。护栏不能保证 100% 安全，但对睡觉的宝宝能起到预防坠床的作用。可以在床的四周设上围栏，当宝宝睡觉或玩耍时，拉上床栏。床栏的插销安装在宝宝够不着的地方，避免宝宝在玩耍时无意间将插销打开而坠床。

床要稳当牢固，高度最好小于 50 厘米，这样即使掉下来，宝宝也不致摔得太重。可以在床边的地面上铺些具有缓冲作用的物品，如海绵垫、棉垫、厚毛毯等，即便宝宝坠床了，也不会出现严重损伤。

宝宝的活动空间不能放置任何危险物品，尤其是床边和床上。

宝宝在床上玩耍需在妈妈的看护下进行。如果妈妈有事需暂时离开，最好将宝宝移至地面上玩，在妈妈的视线范围内，同时准备玩具让宝宝玩，不时地跟宝宝说话，给宝宝心理支持。这样妈妈既可以做家务，又可以锻炼宝宝独立。

— 妈妈小常识 —

宝宝咳嗽的时候，为防止黏膜干燥，同时也为了容易咳痰，要保持室内的空气清新，让宝宝吸蒸汽，有吸入器最好，若没有，可以在洗澡间内吸蒸汽，也有意想不到的效果。然后遵照医生的配方服药，安静休息，静待痊愈。

要注射
疫苗啦！

6个月的宝宝体格发育有哪些标准

宝宝到了6个月时，体格发育应达到以下标准：如果是男宝宝，6个月时标准体重为6.4～10.3千克，身高标准为64.1～74.8厘米。如果是女宝宝，6个月时标准体重为5.9～9.6千克，身高标准为62.2～72.9厘米。

另外，6个月宝宝的头围、胸围和坐高也有一个衡量的指标：男宝宝头围约44.32厘米，女宝宝头围约43.80厘米；男宝宝胸围约44.06厘米，女宝宝胸围约42.86厘米；男宝宝坐高约44.16厘米，女宝宝坐高约43.17厘米。

— 妈妈小常识 —

快出牙的宝宝会出现经常性流涎、牙肉痒、抓什么咬什么的现象。这时，可以使用由硅胶制成的牙齿训练器，让宝宝放在口中咀嚼，以锻炼宝宝的颌骨和牙床，使牙齿萌出后排列整齐。也可以买磨牙饼干，用以促进牙齿萌出。

温馨提示

宝宝的牙齿快萌出时要特别注意口腔清洁。方法很简单，即在喂奶或食用其他辅食后喝几口白开水，用以冲洗口腔内残留的食物残渣。切忌让宝宝含着盛有奶液或其他饮食的奶瓶入睡。

育儿小贴士

有些宝宝在牙齿刚萌出时，会出现不同程度的发热。只要体温不超过38℃，且精神好、食欲旺盛，就无须特殊处理，只要多给宝宝喝些开水就行了；如果体温超过38.5℃，并伴有烦躁哭闹、拒奶等现象，则应及时就诊，请医生检查看是否合并其他感染。

疫苗

乙肝疫苗第三针
A群流脑疫苗第一针

育儿随笔

为什么要给宝宝转奶

宝宝在 4～6 个月时身体快速成长，需要更多的蛋白质以帮助身体的发育，而宝宝的消化功能和肾脏功能也开始渐渐成熟，可以消化更多的蛋白质，所以宝宝在 6 个月大的时候已经可以转食高蛋白质粉，即较大婴儿奶粉。这个时候母乳或原配方奶粉已经不能满足宝宝的生长发育需要，如果长期得不到全面的营养素，就会妨碍宝宝身体和智力的发展。

— 妈妈小常识 —

宝宝一般到了 6～8 个月，就开始学会扔东西了。当他在无意中扔东西时，他会异常兴奋，会认为自己又多了一项大本领，因此会非常高兴地进行多次重复。同时也希望引起爸爸妈妈的注意，能够给予赞扬。他会观察物体的坠落轨道、方式，并注意不同物体落地时的声音；他会逐渐发觉扔东西和发出声音之间是存在着必然关系的。

育儿小贴士

需要注意的是，宝宝因为年纪小，手、脑综合协调能力不够完善，所以在扔东西的时候，可能会不慎损坏物品。对此父母一定不要大呼小叫，因为爸爸妈妈的反应会让宝宝感觉很特别、很夸张，这将无形中强化了他用扔东西的方式来引起爸爸妈妈注意的意识，以后一旦他想引起别人注意或想表现自己时，都会想到用扔东西的方式来实现。

育儿随笔

温馨提示

每个宝宝出牙的时间都有所不同，这是由于每个宝宝的个体差异所造成的。例如，宝宝的营养状况、妈妈的营养状况不同，都会影响宝宝乳牙的萌出时间。虽然宝宝出牙有早有晚，但一般的早晚差别也只有半年左右，也就是说，宝宝萌出第一颗牙最晚不会超过 1 岁，如果宝宝过了 1 岁还没有出牙，就属于不正常的情况了，父母应带着宝宝到医院进行检查。

怎样给宝宝转奶

转奶不能操之过急，最初宝宝可能会不接受新奶粉，因为他已经习惯了母乳或原来的配方奶的味道，这个时候就要循序渐进。可以在原配方奶中加入少量新奶粉，或者是把母乳挤到奶瓶里加入新奶粉，这样宝宝就会比较容易接受。如果宝宝接受了，就可以一点点地增加新奶粉的量，直到最后完全转换成新奶粉。

育儿小贴士

不同的奶粉配方是不一样的，每个宝宝的体质也不一样，要根据宝宝的具体情况来定，看宝宝是不是对一些动物类蛋白过敏或者是有乳糖不耐受症。但最好还是先给宝宝普通奶粉，如果不行再咨询医生后给予特殊奶粉。但千万不要拿各种奶粉在宝宝身上试验。

— 妈妈小常识 —

加入新奶粉时要注意宝宝的反应，要等宝宝适应了之后再加入第二顿。一般来说，观察的时间不少于1～2个星期。如果宝宝有腹泻或其他不适应的症状出现，说明这种牌子的奶粉并不适合你的宝宝，应该考虑更换。

温馨提示

刚开始给母乳哺养的宝宝转奶时，可以把妈妈的乳汁挤在奶瓶里，让宝宝适应奶嘴，奶粉的浓度冲淡一点，温度要低些，不要过热（母乳的温度一般在36℃～37℃，奶粉冲调的温度在这个范围内最好），妈妈可以选择宝宝意识力比较低的时候喂，如半睡半醒的时候、饥饿的时候等，都有利于转奶的成功。

育儿随笔

宝宝"撞头"是不是生病了

有些宝宝会表现出有节律地撞击，如睡觉前用头"砰砰"地敲打几下床垫。这是因为宝宝在6个月左右发展起节奏感，如随着节奏感强的音乐躺在摇篮里踢来踢去。他很喜欢节奏，也逐渐会制造出一些节奏，在不同的年龄阶段会设法造出各种不同的节奏，如有节奏地发音，"砰砰"的敲击声、摇头、扭动。节奏可以令他感到愉快或是缓解不愉快的情绪。他在进行这些事情时，往往显得自得其乐。

— 妈妈小常识 —

到了6个月大时，宝宝开始对歌声、电视、收音机的声音相当敏感并且显出兴趣。这时他会有自己喜欢的音乐，听到音乐声时宝宝会注意盯着电视看。此时，可以开始让他看儿童节目，但是妈妈要注意，绝对不能让电视代替保姆的工作。看电视时，妈妈应和宝宝在一起，记住他喜欢什么歌曲以后可以唱给他听。

育儿小贴士

虽然宝宝"撞头"，但如果他看上去很快乐，而且发育正常，就不必为宝宝担忧，这种有点危险的自我安慰方式一般几个月就会过去。不过爸爸妈妈也要注意是否有意外性的危险，如在撞击的物体上是否有尖利的东西，防止宝宝过于兴奋不小心摔到床下。如果宝宝与同龄儿童相比，在语言和行为表现上有异常，则应尽快就医。

温馨提示

宝宝内衣要买衣裤连体的，如蝴蝶衫类型的。在宝宝会走路之前内衣和外衣最好都买衣裤连体的，裤子内侧可以完全开放的，这样换尿布会非常方便，这一点在冬天尤为重要。最好外衣、裤子连着鞋袜，这样抱宝宝时裤腿不会往上滑。另外，贴身穿的内衣尽量不要买有绣花的，因为绣花的背面线头很多，容易刺激宝宝幼嫩的皮肤。贴身穿的衣裤，穿之前最好将里面的商标拆掉，否则商标容易刺激宝宝皮肤。新买来的内衣最好清洗后再给宝宝穿。

宝宝出牙顺序

宝宝正常出牙顺序是这样的：先出下面的二颗正中切牙，再出上面的正中切牙，然后是上面的紧贴中切齿的侧切牙，而后是下面的侧切牙。宝宝到1岁时一般能出这八颗乳牙。1岁之后，再出下面的一对第一乳磨牙，紧接着是上面的一对第一乳磨牙，而后出下面的侧切牙与第一乳磨牙之间的尖牙，再出上面的尖牙，最后是下面的一对第二乳磨牙和上面的一对第二乳磨牙，共20颗乳牙，全部出齐在2～2.5岁。

育儿小贴士

让宝宝听音乐盒的美妙声，可以使他心情舒畅。当着宝宝的面转动音乐盒的开关，做几次后，宝宝便会知道一转动那个小东西就会发出声音来。每当音乐停止时，他会用手指触摸开关，让妈妈转动它。这种过程可帮助宝宝发展智力。

温馨提示

如果发现宝宝想要吃奶的频率突然增加，或者发现晚上的某些时段宝宝过去睡得很好，这几天却总是醒来时，妈妈就要给宝宝加餐了。可以开始喂少量的婴儿米粉，在每次喂完母乳之后，给他吃些米粉，但注意不要太多，否则会减少宝宝吮吸母乳的意愿。这个阶段应当保证宝宝每天吃母乳量不少于900毫升。

一妈妈小常识一

当宝宝听到好听的音乐或愉快的声音时，他会高兴得手舞足蹈。若妈妈能够帮助宝宝配合音乐舞动，可让他学会用身体表现快乐的情绪。准备一些能发出美妙声音的玩具和好听的音乐。在这段时间宝宝已开始知道每种东西都会发出各种不同的声音，妈妈可以和他一起玩声音游戏，让他自己动手敲出声音。

育儿随笔

宝宝出牙晚是缺钙吗

出牙晚说明宝宝骨骼生长较缓慢，出牙早说明宝宝骨骼生长较快，当然这是相对而言。宝宝缺钙与否，主要是根据宝宝的实际身体情况来决定，出牙晚不一定就是缺钙，要结合检查及其所表现的症状进行综合分析。宝宝缺钙常表现为囟门闭合迟缓、头发稀少、出汗多、爱哭闹等，此时应该在医生的指导下适当补充一些钙制剂和鱼肝油滴剂。

育儿小贴士

虽然蛋白质是宝宝生长必不可少的物质，但也要避免摄入过多的蛋白质。如果蛋白质超过了宝宝的消化吸收能力，宝宝就会出现厌食、胃口差、大便干燥等现象。过多的蛋白质代谢产物通过肾脏排泄将加重肾脏的负担，这可能是成年后高血压的潜在危险因素，喂养时一定要注意。

温馨提示

6个月大的宝宝已经可以安稳地睡一整夜觉，并对餐桌上的食物表现出明显的兴趣，特别喜欢自己用手抓着饭菜吃。这个时期宝宝的身体长得很快，因此要随时注意给他补充钙质，以免由于缺钙形成肋外翻及"鸡胸"等症，也可避免缺钙引起的夜啼。

— 妈妈小常识 —

妈妈应该每天给宝宝做全身检查，查看宝宝身上有没有包块、疹子、虫叮；皮肤有无破损、溃烂；身上有无局部红肿、皮下出血；手脚有无线头、布头缠绕；各关节运动是否灵活；指甲长不长，甲沟处有无倒刺，如有要修剪；身上有无脱皮；颈部和腹股沟有无淋巴结肿大；脉率是否规律；有无发热等。

育儿随笔

怎样预防宝宝奶瓶性蛀牙

奶瓶性蛀牙一开始在门牙处最容易出现，首先是白色脱钙斑点，最后会蛀成黑色凹块。不良饮食习惯，当然是首要原因。原则上，在六七个月前每次喝完奶后，最好用手指卷纱布帮宝宝轻轻擦拭牙床。6个月后宝宝开始长牙，可用软毛牙刷帮他清洁牙齿；1岁后应该训练他用杯子喝水或奶，尽量戒除咬着奶瓶喝奶睡觉的习惯。

— 妈妈小常识 —

一般来说，6个月左右宝宝会萌出第一颗乳牙；2～2.5岁牙出齐，共20颗。最先萌出的乳牙为下面中间的一对门齿，然后是上面中间的一对门齿，随后再按照由中间到两边的顺序逐步萌出。在宝宝出牙时期，营养不足会导致出牙推迟或牙质差。因此，在这一时期除全面加强营养外，还应特别注意添加维生素D及钙、磷等微量元素。最简便的方法就是多抱宝宝去户外晒太阳，因皮肤中的7-脱氢胆固醇经阳光中紫外线照射可转变为维生素D_3，是人体所需维生素D的主要来源。

温馨提示

爸爸妈妈要利用表情动作、简单的语言对宝宝的行为加以肯定或否定。半岁以后的宝宝，逐渐对成人用表情和语言表示的称赞和责备有所反应。如宝宝小便知道坐便盆了，爸爸妈妈可以非常高兴地拥抱亲吻宝宝，并充满喜悦地说："宝宝真的长大了，真能干！"等。有时，还可以很温柔地抚摸宝宝，奖励他最喜爱吃的或玩的东西以此来不断鼓励、强化宝宝正确的是非观。

育儿小贴士

6个月的宝宝正是开始出牙的时期，这时宝宝口腔内分泌的唾液中已含有淀粉酶，可以消化固体食物，可以给宝宝一些手指饼干、面包干、烤馒头片等食品，让宝宝自己拿着吃。刚开始宝宝是用唾液把食物泡软后再咽下去，几天后，宝宝就会用牙龈磨碎食物，尝试咀嚼。

为什么宝宝总爱吃玩具

宝宝的发育遵循头尾规律，即从头部开始，向脚发展。运动的发育规律是这样，感知觉的发育也是如此。6～8个月的宝宝，正值探索事物的萌芽期，当他们抓到一个东西时，除了看一看、敲一敲，总是马上把物体放入嘴里，通过吮、舔、咬等方式来尝试和探索。这是他在这个时期非常重要的一种探索方式。在探索的同时，宝宝还能获得无比的欣慰。

— 妈妈小常识 —

妈妈注意到了吗？宝宝已经会模仿你的表情了，你对他做鬼脸，他也会学相同的动作。他会追逐喜欢的玩具发出的声响，当不喜欢的玩具放在身边时宝宝则表现得无动于衷。当一个玩具从宝宝面前消失时，他会寻找它数秒。当一种声音或一个动作重复出现时，他会期望这种声音或动作再次发生。他可以逐渐记住做过的事，而且在不经提醒的情况下可以重复相同的步骤。

温馨提示

妈妈应该在宝宝6个月大时训练他使用杯子，因为宝宝开始长牙后使用奶瓶会使奶水渗透到牙齿根部容易引起感染、病变。

育儿小贴士

爸爸妈妈在了解宝宝的发育行为之后，应该不会太阻挠宝宝的探索活动了。但一定要注意的是，玩具应经常清洗干净，以免因不卫生而引起肠道疾病；有毒的或有危险的玩具不要让宝宝往嘴里放，比如上了漆的积木、有锐边的铁制玩具汽车。

育儿随笔

怎样训练宝宝爬行

宝宝6个月以后，应经常让他趴着，在他面前放个玩具逗引他，使他有一个向前爬的意识。开始时他不会爬，妈妈可用手顶住他的脚，促使他的脚向后用力蹬，这样他就能向前挪动一点儿。在学习爬行的最初，要求宝宝的双臂及肩部要有一定的支撑力，没有支撑力就不能爬行。随后他的双臂和肩能够调换重心，在他向前爬时，身体的重心能从一侧上肢移至另一侧。

育儿小贴士

当宝宝手、膝着床爬行有困难时，爸爸妈妈可用两手轻轻托起宝宝的胸脯和肚子，帮助他的手和膝盖着床，然后再向前稍微送一下，让他有一个爬的感觉。不断地练习俯卧，反复锻炼双臂、双腿的力量及重心的移动，宝宝很快就能学会爬。当然，不是会爬几步就行了，还应继续锻炼宝宝爬的速度。训练爬速需要大一点的场地，光利使用床面是不够的。可买几块地毯铺在地上，或者让宝宝穿厚一点的裤子在地板上随便爬，这对宝宝非常有好处。

温馨提示

模仿是以人与人的良好关系为前提，是一种学习的基础，透过模仿，宝宝能从中记住许多事情和知识，经过反复的联系，久而久之，宝宝就会具有这类能力。因此，一个喜欢模仿的宝宝，身心必能更好发育。

一 妈妈小常识 一

训练宝宝正确使用口杯并不容易。首先给他一个空塑料杯，让他先熟悉一下。等宝宝掌握得差不多了，就可以往杯中加入些清水或奶。如果宝宝做不好，也不用担心，因为有一部分宝宝的确需要更大一些才能掌握这套动作，所以，妈妈应当持之以恒。

育儿随笔

怎样早期发现宝宝肺结核

儿童肺结核早期不易被发现。这是因为宝宝的早期症状不明显，可表现为不活泼、精神不振、脾气急躁，或无故哭闹，也可有盗汗、脸部潮红、消瘦、无力、食欲减退和消化不良等症状。宝宝免疫功能低下，病变不易局限而致全身扩散，因此宝宝的肺外结核，如结核性脑膜炎较成人多见。若在宝宝的颈部、颌下摸到孤立或成串肿大的淋巴结，特别是家庭中有开放性肺结核病人，且宝宝又没有接种过卡介苗时，更应高度警惕，及时就医，以便及早诊断治疗。

育儿小贴士

爸爸妈妈应该特别注意宝宝坐的时间不宜太久，因为这个阶段宝宝的脊椎骨尚未发育完全，如果长时间让宝宝坐着，容易脊椎侧弯，出现生长发育的损伤。

温馨提示

目前在宝宝喂养中，父母喜欢给宝宝吃鱼、虾，觉得肉类宝宝嚼不动，不易消化；而肝脏是解毒器官，其中有很多"毒物"也很少给宝宝吃，事实上这样会导致宝宝血红蛋白铁的摄入不足，同时也会减少非血红蛋白铁的吸收。为了预防缺铁性贫血，除了母乳喂养外，应逐渐添加肝泥、肉泥以增加血红蛋白铁的吸收。

— 妈妈小常识 —

当宝宝可以很舒服地坐起来的时候，你可以给宝宝一些小块食物让他拾起来。宝宝会对小片的新鲜水果和蔬菜感兴趣，拾起它们能使宝宝的手更为灵活。将一些薄脆饼干放在他的椅子上的托盘里，告诉他怎样把它们拾起来再放下，怎样拾起来放进另一只手。然后伸出你的手，把手张开，看看他是否会拾起一片放进你的手里。

育儿随笔

什么是宝宝夏季热

夏季热又叫暑热症，常于每年6～8月在我国南部、中部地区发生，6个月至2岁的宝宝发病率较高。夏季热发病原因至今还不清楚，可能因宝宝不适应夏季炎热的气候，影响了体温调节中枢，加上汗腺分泌的减少或缺乏，致使体内产热、散热平衡失调所致。患病宝宝大多于盛夏季节缓慢起病，呈持续高热，体温在38℃～40℃，可持续1～3个月之久。患病宝宝常有口渴、尿多、尿液清澈、皮肤干燥、不出汗或出汗少、面色苍白、身体消瘦，甚至有贫血症状。

宝宝今年患了夏季热，明年夏季很可能复发。因此妈妈平时要注意增强宝宝体质，尽量改善居住条件，宝宝的居室一定要宽敞、通风、凉爽。一进入夏季，就要安排好宝宝的生活环境，经常给宝宝饮用消暑饮料，如绿豆汤、乌梅水、金银花露等。

— 妈妈小常识 —

温水擦浴能达到降低体温、扩张毛孔使患儿出汗的目的。每天可擦洗2～3次，每次20～30分钟，应分别在上午、下午及晚上睡觉前进行，直到宝宝体温下降和恢复正常后，再减少擦洗次数。擦浴时，要多擦洗皮肤，这样可促使汗腺分泌。对于高热的宝宝，可用酒精擦浴，必要时应在医生指导下给宝宝服退热止痛药。

育儿小贴士

因为患夏季热的宝宝持续发热，食欲不好，身体消瘦，抵抗力减弱，容易感染其他疾病，所以不要与有病的人接触，家里人患病后一定要与患病宝宝分开住，以减少感染的机会。要给患夏季热的宝宝吃些易消化、富有营养的清淡食品，如绿豆稀饭、米粥，以及各种青菜和水果等，也可适当给患病宝宝吃些冷饮。

温馨提示

取新鲜的荷叶2张，洗净后煎汤500毫升左右，滤后取汁备用。冬瓜250克，去皮、切成小块状，加入荷叶汁及粳米30克，煮成稀粥，加白糖适量，早、晚服用。冬瓜可清热生津、利水止渴，荷叶清热解暑。适用于发热不退、口渴、尿少的患夏季热的宝宝。

什么是宝宝秋季腹泻

宝宝秋季腹泻，简称宝宝秋泻，是由轮状病毒引起的宝宝肠道传染病，多见于秋季，且多发于6个月至2岁的宝宝。宝宝秋泻起病急，发病快，常并发上呼吸道感染，易出现头痛、发热、恶心、呕吐等症状。发病1～3天后出现腹泻，大便呈水样或蛋花汤样，带少量黏液，每天十至数十次，无脓血、无腥臭味，严重时可引起脱水及电解质紊乱，从而危及生命。若能及时对症治疗，一般1周后即可痊愈。

— 妈妈小常识 —

宝宝出生后，神经系统仍处于一个逐渐发育完善的生长过程，要到4岁以后才能基本发育完善。宝宝脑发育最旺盛的时期是从胚胎中期到出生后的第二年，妈妈一定要好好利用这一段黄金时期，让宝宝尽可能的学习。

温馨提示

妈妈要把食用水果的时间安排在两餐之间，或是午睡醒来后，这样可让宝宝把水果当点心吃。每次给宝宝的适宜水果量为50～100克。还可根据宝宝的年龄大小及消化能力，把水果制成适合宝宝消化吸收的果汁或果泥。

育儿随笔

育儿小贴士

秋季气候变化快，要注意宝宝腹部保暖，防止着凉，宝宝发病后要及时隔离治疗，宝宝的粪便及被宝宝污染的器具等物品要严格消毒。宝宝饮食宜清淡且易消化，多吃一些稀粥或米汤，促进大便成形，并能缓解因脱水而引起的一系列中毒症状。还要让宝宝多吃一些富含维生素A的食物，如动物肝脏、蛋类、鱼类和深绿色蔬菜等食物。

在日常生活中增加宝宝学习机会

爸爸妈妈外出散步或开车的时候，指给宝宝看他所生活的社区，并告诉宝宝如何才能适应社区生活。与宝宝谈谈他所看到的事物，如救火车、警车、公共汽车、火车、飞机、救护车、医院、学校、百货商店、图书馆、公园、操场等。

育儿小贴士

妈妈最好选用新鲜的深色蔬菜做成适合宝宝的菜泥，并可以在菜泥里加一点盐或几滴植物油，这样可以提升口味，通常宝宝都喜欢稍稍带点咸味的蔬菜。但切记不要加盐过量，宝宝的肾脏功能还不足以应付口味浓重的食物。

温馨提示

给宝宝选用水果时，要注意与体质、身体状况相宜。舌苔厚、便秘、体质偏热的宝宝，最好吃寒凉性水果，如梨、西瓜、香蕉、猕猴桃、杧果等；而苹果、荔枝、柑橘吃多了却可引起上火，因此不宜给体热的宝宝多吃。

一 妈妈小常识 一

如果到现在为止妈妈还没有给宝宝增加过辅食的话，就不要轻易给宝宝断奶。因为这时宝宝的消化道对除奶以外的食物还没有适应，如果在断奶后给宝宝添加了新的食物，会引起宝宝的消化紊乱，从而导致营养不良，影响正常的生长发育。

育儿随笔

教宝宝模仿发音

教宝宝模仿爸爸妈妈的发音，是发展宝宝语言的重要步骤。妈妈可以面对着宝宝，用轻柔愉快的声音发出"爸——爸""妈——妈"等重复音节，逗引宝宝注意妈妈的口形，每发一个重复音节后，应停下给宝宝张口模仿的机会。每天可练习几次，开始宝宝可能会用小手去抓妈妈的嘴，以后就会慢慢地和妈妈学习发音了。

一 妈妈小常识 一

宝宝患肺炎时，妈妈要注意将居室温度维持在 18℃～ 22℃，保证室内空气新鲜湿润、阳光充足。妈妈要每天上午 10：00 和下午 14：00 点开窗通风两次，每次 30 分钟。开窗时要注意关上门，以免对流风。不要在室内吸烟。冬天最好用加湿器或通过蒸气调解室内湿度。打扫卫生前要洒水，防止因灰尘飞扬，刺激宝宝呼吸道而加重咳嗽。

育儿小贴士

宝宝喜欢同时用两只手去抓大的东西，还能用靠近小指的手掌部分握东西。他会去抓一切他够得着的东西，还特别喜欢揉纸张。玩纸的时候，家长要把东西给他再从他那儿拿走，促使他张开手指把东西放开。为提高他对脚趾的认识，可以在他看着脚趾的时候，和他玩数脚趾的游戏。

温馨提示

6 个多月宝宝的体重和身高仍在迅猛增长，血容量增加很快。这个时期宝宝活动量增加，对营养素的需求也相对增加，尤其是铁。但由于宝宝是以含铁量较低的乳类食品为主，如不及时添加含铁高的辅助食品，宝宝将摄取不到充足的铁质，而造成体内缺铁。

随着宝宝消化能力逐渐增强，乳牙的萌出，应增加含铁丰富的辅食，以补充机体内所需的铁，预防缺铁性贫血的发生。富含铁质的食物主要有动物性食物和植物性食物两大类。动物性食物中的铁易于吸收，如动物血、猪肝、羊肝、鸡肝、牛肉等，而且吸收率可高达 20% 以上。

宝宝药物过敏该如何处理

宝宝发生药物过敏时，轻的表现为出现皮疹、发热、哮喘、白细胞或血小板减少，重的会导致再生障碍性贫血，严重的可发生休克甚至死亡。爸爸妈妈要立即停止给宝宝服用该药，及时给宝宝选择应用马马来酸氯苯那敏（扑尔敏）、苯海拉明、氯雷他定（息斯敏）、氟美松等抗过敏药。如果宝宝出现胸闷、气短、面色苍白、四肢发凉、出冷汗、血压下降等症状时，说明已发生了过敏性休克。应及时让宝宝平卧，头偏向一侧，松解衣扣，以保持呼吸道通畅。在采取上述措施的同时，应及时请医生或就近送医院救治。

育儿小贴士

妈妈可以给宝宝增加半固体的食物，如米粥或面条，1 天只加 1 次。此外，米粥中缺少宝宝生长所必需的动物蛋白，因此粥或面条 1 天只能加 1 次，而且要制作成鸡蛋粥、鱼粥、肉糜粥、肝末粥等给宝宝食用。

一 妈妈小常识 一

宝宝 6 个月前身长每个月平均增长 2.5 厘米，共计增长 15 厘米。7～12 个月每月平均增长 1.5 厘米，共计增长 9 厘米。出生后到 1 岁的宝宝身长可达到 75 厘米。第二年增长的速度略减慢，这一年一共增长 10 厘米左右。因此，2 岁的宝宝身高可达到 85 厘米左右。

温馨提示

让宝宝看着你将布娃娃放在他面前，然后用一块儿毛巾或小毯子盖上。妈妈这时候要问："娃娃呢？"宝宝这时候如果听懂了的话，会伸手把毛巾扯开。如果听不懂，妈妈可以拉着他的手靠近毛巾，让他拉开看到娃娃。这个训练要反复进行，训练的目的是让宝宝动动脑筋，锻炼记忆力和判断力。

育儿随笔

宝宝生病，打针好还是吃药好

对大多数普通的疾病，只要宝宝肠胃功能正常均应该口服药物治疗。宝宝受凉感冒，如果一开始就打针输液，不仅会给宝宝带来疼痛，如果操作不当，消毒不严格，还会引起局部感染，甚至造成脉管炎。实际上许多酶类助消化药物、止泻药、用于胃肠道的抗菌药等，只有通过口服才能更好地发挥药效。

一 妈妈小常识 一

冬季天气寒冷，宝宝出汗较少，尿量会增加，尿的颜色也比较淡；夏季宝宝流汗多，因此尿量减少，颜色也深些。此外，食物和运动等因素也会使宝宝尿的颜色发生变化，这与因生理因素引起的尿液变化不同。生理因素引起的尿液变化通常是疾病引起的。

温馨提示

宝宝6个月后，可以吃水果。妈妈可以将香蕉、水蜜桃、草莓等水果榨汁给宝宝吃，苹果和梨用匙刮碎吃。也可给宝宝吃葡萄、橘子等水果，但要洗净去皮后再吃。

育儿随笔

育儿小贴士

有规律地进食，可使神经系统、内分泌系统、消化系统等协调工作，并建立起对进食时间的条件反射，如在接近喂奶的时间，胃肠就开始预先分泌消化液，并产生饥饿感，这有助于增加食欲，促进食物的消化和吸收。每日喂养次数可减为6次，白天哺喂4～5次，间隔3～4小时。夜间哺喂一般1次即可，若宝宝夜间不醒或不愿进食，可不哺喂。

爸爸妈妈怎样给宝宝测量体温

用体温表测量体温的方法有 3 种：口腔测量法、肛门测量法和腋窝测量法。对宝宝来说，肛门测量法是最为适宜的。

用肛表测体温时，应在它的圆头上涂些凡士林之类的油性物质，以便润滑肛门。可先让宝宝俯卧在你的膝盖上，而他的腿垂在下面，不会妨碍大人操作。大人可以将肛表缓缓地插入宝宝肛门内 3 ～ 4 厘米深，然后把手掌放在宝宝的屁股上，轻轻地把体温表夹在两个手指之间，如同夹香烟一样。一般 5 ～ 10 分钟就可以取出了。

看体温表数字时，应横持体温表缓慢转动，取水平位置观察水银柱所示温度的刻度。通常口腔温度较肛门温度低 0.50℃，腋窝温度较肛门温度低 1℃。一般上午宝宝的体温比下午的体温低 0.25℃。此外，宝宝过度哭闹、进食和刚喝完热水可使体温升高，吃冷饮、擦浴后可使体温下降，因此测体温时要避开以上情况 1 小时。

— 妈妈小常识 —

玫瑰疹又称"三日热"，平均发热约为 3 天，好发于 6 个月到 2 岁的宝宝。年龄在 3 个月以下的宝宝很少患此病，是因为体内仍存有母体传来的抗体，可以抵抗病毒入侵。玫瑰疹不会有太多的并发症，但少数患病的宝宝高热时会出现热痉挛。这种疾病基本上是一种良性疾病，而且得过一次后就可以终身免疫。

温馨提示

给宝宝断奶要慢慢来，让宝宝有一个适应过程。从 4 ～ 5 个月开始就要添加辅食，5 ～ 6 个月逐渐使辅食变为主食。开始每天先少喂一次奶，用其他食品来补充，在以后的几周内慢慢减少喂奶次数，逐渐增加辅食，最后停止夜间喂奶，以至于最后完全断奶。有的爸爸妈妈给宝宝强行快速断奶，结果宝宝哭闹不停，很容易上火，吃不好、睡不好，影响健康。

育儿随笔

预防铅中毒

国际上关于儿童铅中毒的防治有著名的三句话：环境干预是根本手段，健康教育是主要方法，临床治疗是重要环节。培养宝宝养成勤洗手的好习惯，特别注意在进食前一定要洗手，是十分重要的。

常给宝宝剪指甲，因为指甲缝是特别容易藏匿铅尘的部位。

经常用湿拖布拖地板，用湿抹布擦桌面和窗台。食品和奶瓶的奶嘴上要加罩。

经常清洗宝宝的玩具和其他一些有可能被宝宝放到口中的物品。

位于交通繁忙的马路附近或铅作业工业区附近的家庭，应经常用湿布抹去宝宝能触及到的地方的灰尘。

不要带宝宝到汽车流量大的马路和铅作业工厂附近玩耍。

直接从事铅作业劳动的工人下班前必须按规定洗澡、更衣后才能回家。

以煤为燃料的家庭应尽量多开窗通风。

宝宝应少食某些含铅较高的食物，如松花蛋、爆米花等。

有些地方使用的自来水管道材料中含铅量较高，每日早上用自来水时，应将水龙头打开 3～5 分钟，让前一晚囤积于管道中、可能遭到铅污染的水放掉，且不可将放掉的自来水用来烹食和为小孩调奶。

宝宝应定时进食，空腹时铅在肠道的吸收率可成倍增加。

保证宝宝的日常膳食中含有足够量的钙、铁、锌等。

应加强对学习用品生产及销售的管理，生产厂家应向学校提供质量检验证明等。

育儿小贴士

轻度铅中毒，会对宝宝智力产生一定影响。中度铅中毒，会产生轻微贫血症状；影响宝宝的行为发育，导致宝宝产生冲动、暴力、孤僻等异常行为；损害宝宝的记忆力、注意力、阅读能力和抽象思维能力，影响宝宝的智力发育；干扰宝宝体内维生素 D 代谢，影响钙的吸收，甚至影响体格生长。如果是重度铅中毒，可对宝宝全身多系统造成损害，如损害造血系统引起严重贫血；损害肝脏和肾脏功能；损害消化系统导致严重腹绞痛、便秘和恶心呕吐；损害神经系统严重影响宝宝的智力，产生头晕、头痛，甚至导致中毒性脑病，出现昏迷和死亡等。

热性惊厥能引起宝宝智力低下吗

热性惊厥为宝宝惊厥中最常见的一种，预后一般良好，引起智力低下的发生率很低，这是因为一般单纯性热性惊厥，发作次数少、时间短、恢复快、无异常神经症，因此惊厥发作时对大脑的影响较少。但热性惊厥之前如已有神经系统异常，可能导致宝宝将来的智力低下，严重惊厥本身也能引起脑损伤而影响宝宝智力。

育儿小贴士

包装好的原果汁饮料在制作过程中，通常要加入一定的防腐剂。大多数名为果汁的饮料都是果味型果汁，是由水、糖、乳化果味香精及相应的色素制成。有时，在这些饮料中也会加入少量的原果汁，但由于制备和运输过程中对其中的氨基酸和维生素损失很多，已没有什么营养上的实际意义。所以尽量不要给宝宝喝这种果汁饮料。

温馨提示

铅在宝宝血液中的半衰期为1个月左右，理论上讲，对于轻、中度铅中毒宝宝，只要切断铅进入体内的途径，防止进一步接触铅和吸收铅，在理想状态下，1个月后宝宝的血铅水平将减少一半；2个月后将只有原来的25%，而不需要用任何药物。

一妈妈小常识一

宝宝患肺炎时应以母乳为主餐，可适当喂点水。人工喂养的宝宝，要把牛奶适当兑稀一点儿，每次要少喂，每天多喂几次。如果宝宝呛奶，可在250克牛奶中加1勺奶粉，选用小奶孔的奶瓶喂，每吸三四口后拔出奶嘴让宝宝休息一下，或用小勺喂。宝宝吃奶后要及时清除鼻孔内的乳汁。

育儿随笔

为什么人工喂养的宝宝容易生病

无论多高级的代乳品中营养成分都不够全面，缺乏各种免疫物质、酶类、生长因子等，无法与母乳相比。这正是代乳品的最大缺点，也是造成人工喂养宝宝抵抗力较弱、容易生病的主要原因。如果不是专门为宝宝生产的婴儿奶粉，其中钙、镁、磷、铁、锌等比例不合适或含量少，也容易使宝宝缺乏微量元素，影响食欲，影响体质。

— 妈妈小常识 —

人工喂养的宝宝得到的母爱相对较少。国外有专家实验证明，直接母乳喂养的宝宝和将母乳挤出用奶瓶喂养的宝宝，在精神状态和体格发育上都表现出差距，更何况完全吃不到母乳的宝宝。因此，对不能母乳喂养的宝宝，妈妈应该给予更多爱抚。

育儿小贴士

宝宝的手心和脚心在正常状态下应该是温和柔润，不凉不热的。如果爸爸妈妈发现宝宝的手心和脚心突然变得干热，这往往是发病的前兆。这时妈妈要时刻注意宝宝的精神状态，并在饮食上加以调整，让宝宝尽快恢复。

温馨提示

妈妈可以尝试为宝宝煮牛奶粥。准备牛奶100克，大米50克，水400克。将大米淘洗干净，用清水浸泡1～2小时。先把水烧开，再下入泡好的大米，用小火煮30分钟，加入牛奶再煮片刻即成。此粥味美可口，含有丰富蛋白质、脂肪及多种维生素和钙、铁等矿物质，营养丰富。注意加入牛奶后，煮的时间不能太长。

育儿随笔

怎样让宝宝离开奶瓶

宝宝应该从爸爸妈妈那里而不是从奶瓶里获得安全感。宝宝哭闹的时候，不要用奶瓶哄他，否则宝宝会习惯依赖奶瓶。在宝宝喝奶时，妈妈不要替他端住奶瓶，而是要抱住宝宝。即使宝宝已经学会自己拿着奶瓶喝奶，妈妈最好也能在宝宝喝奶的时候抱着他。

育儿小贴士

如果爸爸妈妈发现宝宝的口腔和鼻子都很干燥、发热，嘴唇和鼻子发红，鼻腔内有黄色的鼻涕，这说明宝宝的肺部和胃部有燥热，要注意多给宝宝喝水，不要吹风着凉，以免引起发热咳嗽等症状。

一 妈妈小常识 一

宝宝的长高主要是靠长骨（四肢骨）的生长，长骨的生长主要是在骨干两端的干骺端和骨骺间的软骨组织中进行的。随着年龄的增长，四肢长骨增长速度远远较躯干增长迅速，到青春后期骨骼停止生长，宝宝也就不会再长高了。宝宝的身高，决定因素在于遗传、营养和适宜的运动。

育儿随笔

温馨提示

一般妈妈在给宝宝喂奶时，都喜欢低头看着宝宝吮奶。由于每次喂奶的时间较长，且每天数次，长期如此，就容易使妈妈颈背部的肌肉紧张而疲劳，产生酸痛不适感。此外妈妈为了夜间能照顾好宝宝，或为哺乳时方便，习惯固定一个姿势睡觉，易造成颈椎侧弯，引起单侧的颈背肌肉紧张，从而导致颈背酸痛。因此，妈妈要注意给自己充分的放松颈、背部肌肉的时间。

如何护理患哮喘病的宝宝

宝宝患了支气管哮喘后，疾病发作时要及时带宝宝到医院就诊；平时在家要注意调护，减少引起发作的因素。首先要引起重视的是饮食问题。食物过敏引起哮喘发作在宝宝中较成人多见。但是许多对食物过敏的哮喘宝宝，4岁后由于肠道功能的完善而可以逐渐好转。另外，衣着过薄、过厚都对宝宝的哮喘不利。由于宝宝自主神经系统发育尚未完善，加之喘息时的用力，较成人更易出汗，如此稍微吹风，反而容易着凉或感冒。所以，对哮喘宝宝的穿衣尽量以薄厚适宜为好。

— 妈妈小常识 —

患肺炎的宝宝穿的、盖的都不要太厚，过热会使宝宝烦躁，诱发呼吸急促，加重呼吸困难。宝宝安静时可以平卧，如果出现呼吸急促，可用枕头将其背部垫高，以利于呼吸。妈妈每天早晚还应该用甘油棉签为宝宝清洁鼻腔。

育儿小贴士

宝宝进食某种过敏性食物后，当天可先有腹痛、腹泻等症状，继而发作喘息，有的宝宝还同时伴发荨麻疹。一般这些症状在24小时内都会消退，但如果下次再吃了同样食物，类似的症状又会再次发生。

温馨提示

常见的过敏性食物有牛奶，鸡、鸭蛋，海鱼，虾，蟹，巧克力等，爸爸妈妈可通过仔细观察找出引起过敏的食物。据统计，人工喂养的宝宝比母乳喂养者更容易发生过敏和哮喘等症状。对牛奶过敏而又必须人工喂养的宝宝，可用米粉、豆浆代替牛奶。

育儿随笔

怎样判断宝宝是否缺乏维生素A

缺乏维生素A的宝宝开始患病时，皮肤会逐渐变得干燥、鳞屑增多，以后出现毛囊角化如针尖大小，不红不痒，常分布于四肢的伸侧、肩部、腹部、臀部、颈部和后背等处，用手触之如棘刺。宝宝的头发比较干燥，有的还出现脱发，指甲失去光泽和滋润，全身出汗少。有的宝宝还会出现夜盲症。

育儿小贴士

爸爸妈妈一定要遵照医嘱，按时、按量给宝宝补充维生素A。常用的药是口服鱼肝油或肌内注射维生素A、维生素D。这些药物均不能超量使用。在应用维生素A类药物期间，妈妈要注意观察，如果宝宝出现了不爱吃饭、哭闹烦躁、前囟隆起等现象，可能是发生了维生素A中毒，要及时停药，请医生检查。

温馨提示

对于因缺乏维生素A而患眼病的宝宝，妈妈可以用氯霉素眼药水点眼，每日2～4次，或用鱼肝油点眼，每日2～3次；如果患病宝宝发生了角膜溃疡，妈妈要及时请医生诊治，防止病情进一步发展而导致失明。

妈妈小常识

宝宝患了维生素A缺乏症，妈妈要经常给宝宝吃含维生素A丰富的食物，如鸡肝、羊肝、牛肝、猪肝、蛋黄、胡萝卜、菠菜、韭菜、雪里蕻、莴笋叶等。多给患病宝宝吃水果和杏仁，这些食物都含有较多的胡萝卜素。

育儿随笔

....

....

....

....

宝宝为什么会打鼾

当宝宝仰睡时易打鼾，因面部朝上而使舌根部因重力关系而向后倒，阻塞了咽喉处的呼吸通道。另外，宝宝的呼吸通道，如鼻孔、鼻腔、口咽部比较狭窄，故稍有分泌物或黏膜肿胀就易阻塞。感冒造成喉咙部位肿胀、扁桃体感染、分泌物增多时，更易造成气流不顺而使宝宝鼾声加重。脸、头形状异常者，如肥胖的人，或扁桃体肿大的宝宝，因口咽部的软腭构造较肥厚，睡觉时口咽部的呼吸道也易阻塞，所以鼾声也非常大。

— 妈妈小常识 —

一般情况下，1～5个月的宝宝每日需要300毫克的钙，5～11个月的宝宝每日需要400毫克的钙，1～3岁每日需要600毫克的钙。如果能喝足够量的配方奶，就已经能够满足一个正常宝宝每日的钙需求量，不必再单独补钙了。但在添加辅食时，由于奶量逐渐减少，则需要再添加一些钙剂补充。

育儿小贴士

爸爸妈妈在买玩具的时候一定要十分注意。市场上出售的一些玩具零部件容易脱落，而脱落的玩具零部件容易被宝宝吞咽。比如给宝宝买布娃娃，一定要先检查布娃娃的眼睛、鼻子等部件是否牢固。最好不买带扣子等小配件的玩具。

温馨提示

绿豆性凉味甘，有较强的药力。绿豆粥能清热凉血，利湿去毒，适于患湿疹的宝宝食用。尤对发热、疹红水多、大便干结、舌红苔黄较明显的宝宝更为适用。妈妈可以将粳米、绿豆分别淘洗干净，同下锅加水煮粥，粥熟后加冰糖适量调服。也可单独用绿豆煎水服，以绿豆煮烂为度。

育儿随笔

宝宝发热时可以吃鸡蛋吗

当宝宝发热时，妈妈为了给虚弱的宝宝补充营养，使他尽快康复，就会让他吃一些营养丰富的饭菜如鸡蛋，其实这样做不仅不利于身体的恢复，反而有损身体健康。当发热时食用大量富含蛋白质的鸡蛋，不但不能降低体温，反而使体内热量增加，促使宝宝的体温升高更多，因此不利于宝宝早日康复。正确护理方法是鼓励宝宝多饮温开水，多吃水果、蔬菜及含蛋白质低的食物，最好不吃鸡蛋。

育儿小贴士

爸爸妈妈要特别注意爱爬的宝宝，有时宝宝从一级小小的楼梯上摔下也会撞到头部，因此最好用围栏挡住，让宝宝无法进入，或是在地上铺上松软的厚垫来做好安全防护措施。

温馨提示

为了防止宝宝在夏天起痱子，妈妈平时要替宝宝勤换衣服，给宝宝洗澡时必须彻底清洗身上的污垢及汗水，尤其是容易出汗的部位。用温水加以不含碱性的沐浴液去除宝宝身上的污垢。妈妈应预留清洁的温水，在洗完澡后，为宝宝冲身，将污垢彻底冲去，并用毛巾把宝宝全身擦干。

一妈妈小常识一

婴儿时期是人体生长发育最快也是最关键的阶段。很多成人疾病，如高血压、肥胖、冠心病等，都与婴儿时期的活动有直接关系。如果你的宝宝一直是吃了就睡，醒来又继续吃，而且还不注意运动的话，宝宝身体就会消耗过低，体内脂肪容易积存，为多种成人疾病埋下隐患。

育儿随笔

宝宝患了外耳道炎怎么办

外耳道的皮肤非常娇嫩，与软骨膜连接很紧密，皮下组织少，血液循环差，掏耳朵时用力不当就会引起外耳道损伤、感染，导致外耳道发炎、溃烂，甚至影响张嘴和吃东西。有的家长还随便用发卡、火柴棍儿、挖耳勺等很深、很用力地掏耳朵。鼓膜是一层非常薄的膜，这样掏很容易伤及鼓膜或听小骨，造成鼓膜穿孔，影响听力，甚至导致外耳道炎。婴幼儿的喂奶姿势不正确，也会导致外耳感染。这与婴幼儿咽鼓管的解剖生理特点有关。外耳腔有一咽鼓管通向鼻咽部，当吞咽、打哈欠时此管开放，婴幼儿的咽鼓管短而宽，较成人的平直，位置比较低，平躺喂奶时，容易发生逆奶；逆奶的奶液经咽鼓管入外耳腔而引发外耳道炎，这就是宝宝的外耳道炎反复不愈的原因。因此，不论是母乳喂养还是人工喂养，最好取坐位喂奶。喂完奶后不应立即平躺，而是休息片刻后，将宝宝头、背扶起，轻拍背部，将吞入胃内的气体排出，以免发生逆奶。

外耳道炎早期可以用热毛巾热敷患耳，每天 2～3 次，每次 10～20 分钟。流脓后，可用消毒棉签轻轻擦去耳道里的脓液，涂些紫药水或红药水，每天涂 1～2 次。给宝宝洗脸或头时，一定要防止脏水流入耳道。不能用火柴棍儿、发卡等未经消毒的用具给宝宝掏耳朵里的脓痂，以防加重感染。宝宝睡觉时，要采取患侧卧位，使病耳向下，以便脓液流出。

温馨提示

一些妈妈娇宠宝宝，认为宝宝不愿吃就随他去，等他饿了自然会吃。时间一长，就造成宝宝进餐时间紊乱。还有的妈妈忙于工作，自己吃饭不定时，想吃便吃，宝宝也跟着没有固定进餐时间。妈妈自身的饮食习惯不正确，为宝宝树立了负面榜样。所以，妈妈一定要注意帮助宝宝培养三餐定时的好习惯，如在吃饭前 5～10 分钟可以提醒宝宝要准备吃饭了，如果宝宝较大，可以让他负责分碗筷。这样可以让宝宝有一个心理准备的过程。到了吃饭时间，家庭成员配合营造愉快的就餐气氛，如果宝宝一时不想吃，你要提醒他，"现在不吃，那就只有等到下一个吃饭时间才能吃哦"。

育儿随笔

第208天

可以喂宝宝吃冷饮吗

炎炎夏日，冷饮无疑是最直接的降温食品，而且它们品种繁多，口味多样，往往深受宝宝的喜爱。但宝宝如果经常食用冷饮，会出现食欲不振甚至厌食等症状，有碍生长发育。冷饮中通常含有食用油脂和白糖等成分，如果宝宝大量食用，会导致血糖升高，食欲不振，严重者甚至会影响宝宝的生长发育，尤其是6个月以内的宝宝更应绝对禁食冷饮。宝宝如果过早地接触这些化学物质，严重者可引起呼吸困难，甚至窒息导致死亡。

育儿小贴士

经常在厨房干活的家人通常都是与宝宝最亲近的大人，因此宝宝的好奇心也最容易在厨房里得到满足。但厨房里的器具却是样样都危险。所以，在宝宝未满3岁以前，应尽量避免让宝宝进入厨房，更不可带着宝宝炒菜、做家务。

— 妈妈小常识 —

植物性的食物，如菠菜等一些蔬菜会影响钙的吸收。由于蔬菜中多含有草酸盐、磷酸盐等盐类，它们与钙相结合生成多聚体而沉淀，从而妨碍宝宝对钙的吸收。如果在食用菠菜等蔬菜前，用开水先把它们焯一下，这样对钙的吸收会好一些。

育儿随笔

温馨提示

猪里脊肉是指猪脊背上的精肉，古人已作为药用。其性味甘、咸、平。猪瘦肉含有丰富的蛋白质，并含有较多的糖、钙、磷、铁等营养成分，可防止发生营养不良。猪里脊粳米粥补益人体，宝宝常食可防止发生贫血。妈妈可以先将猪里脊肉洗净，切成小块，放锅内用香油炒一下，然后加入粳米煮粥，待粥将烂熟时，加入食盐、胡椒粉调味，再煮沸就可以给宝宝吃了。

看电视对宝宝有影响吗

有的妈妈担心电视机的辐射对宝宝的身体有一定的影响，确实，电视机的显像管里有一定量的 X 射线，彩电更多。为防止射线对观众的影响，显像管是根据防护标准设计的，X 射线不能透出电视机表面，所以宝宝不会受影响。但为了保护视力，看电视最好还是保持一定距离，不宜太近。大于 14 英吋的电视，观看距离应为 2 米以上。

— 妈妈小常识 —

妈妈发现宝宝患上麻疹后要立即进行隔离，有条件时，宝宝和看护人员要单独居住。一定要将出麻疹的宝宝同未出麻疹的宝宝隔离开。麻疹的隔离时间为出疹后 5 天。有并发症的宝宝要延长隔离时间，如并发肺炎，可延长至出疹后 10 天。

育儿小贴士

对 1 岁以内的宝宝来说，窒息是意外死亡的最大杀手，其中 60% 是发生在宝宝睡觉的时候。宝宝很容易把自己的脸埋入柔软的枕头、被子、垫被和长毛玩具里，盖住自己的鼻和嘴，造成窒息。因此，爸爸妈妈一定要把被子的下端压叠在床垫下，将被子只盖到宝宝的胸口。这样，宝宝就无法把被子拉过头顶，把自己的嘴鼻盖住。

育儿随笔

温馨提示

宝宝患上呼吸道感染、咳嗽并伴细菌感染、发热、咳痰时，食用蒸梨效果较好。它可润肺化痰，配合川贝、陈皮功效倍增。把梨从蒂下 1/3 处切下做盖，挖去梨心，将川贝母研成细粉，橘皮切丝，糯米蒸熟，冰糖打成屑；把糯米饭、冰糖、川贝粉、陈皮丝装入梨内，加入清水在蒸杯内；把盛梨的蒸杯放在大火上蒸 45 分钟即成。

什么是先天性睑内翻

有的家长发现宝宝的两只眼睛总是泪汪汪的，仔细观察一下会发现，宝宝的下眼皮靠近内侧眼角的部位，眼睫毛是向里长的。由于这些小睫毛的刺激，宝宝就会经常眼泪汪汪的。这种情况称作先天性睑内翻。引起先天性睑内翻的原因主要有两种，一是由于宝宝的鼻根平坦，发育不饱满，受内眦赘皮的牵拉，使宝宝下眼皮向鼻侧内翻；二是由于宝宝的眼皮内眼轮匝肌过度发育，睑板发育不良引起。

育儿小贴士

维生素D过量可能导致宝宝发生中毒。维生素D中毒的症状为发热、厌食、消瘦、多饮、多尿及贫血等，长期慢性维生素D中毒还会导致脏器和软组织钙化，影响宝宝的体格和智力发育。所以如果想给宝宝补充维生素D，父母一定要遵照医嘱，不要随便增加药量或服用次数，以防宝宝中毒。

— 妈妈小常识 —

当妈妈发现宝宝对勺子开始感兴趣时，比如妈妈在喂他吃东西时，宝宝的手开始不老实，总想把勺子抢过来，这时就差不多可以开始训练宝宝自己吃饭了。这种情况多出现在6～9个月大的宝宝身上。妈妈可以为宝宝准备一把专为婴幼儿设计的勺子，然后他就会兴致勃勃地开始练习。刚开始的时候，肯定会弄得一团糟，不过妈妈一定要多点耐心，毕竟宝宝正在进行的是一项重要的技能学习，要给他点时间练习。

温馨提示

宝宝倒睫时，由于其小睫毛很柔软，一般不会损伤角膜，所以不需要做处理，随着年龄的增长，就会自行好转痊愈，但是如果刺激症状严重，宝宝不但容易流泪，还会频繁眨眼睛，用手揉眼，这时就应该及时治疗。

如果宝宝有先天性睑内翻，可以涂少许眼膏，将睫毛粘在皮肤上，给予矫正。也可以用橡皮膏一端轻轻贴在宝宝的睑下缘，将下睑刚好拉为不倒睫状，另一端贴在脸的皮肤上。注意不要拉开太多，否则会引起不适。此法是暂时性方法，常用会损伤宝宝的娇嫩皮肤。

什么是婴儿苔藓

婴儿苔藓是 3 个月到 6 岁的宝宝易患的皮肤病。患婴儿苔藓的宝宝可能与过敏体质有关，也可能是被蚊虫咬伤所致。起初宝宝皮肤上会出现红色如米粒状、中心点凸起来的丘疹，有时会有如红豆般大小的圆形水疱在小腿上出现。这类疹子较硬，且厚而不易裂，干燥后结痂，很痒。苔藓遍布全身，尤其以下肢为多，但少有在脸上发生。此病多发生在春夏之交，痊愈后会再复发。

妈妈必须带宝宝到医院诊治，并请医生查出发病原因。如果是虫蛰引起的，就要注意打扫家居卫生，特别是打扫宝宝房间的卫生，防止宝宝再被虫子咬伤。

— 妈妈小常识 —

妈妈可以和宝宝做传递积木的游戏，训练宝宝手和上肢动作，培养他用过去的经验解决新问题的能力。妈妈首先让宝宝坐在床上，给他一块积木，等他拿住后，再向同一只手递第二块积木，看他是否将原来的积木传到另一只手里，再来拿这块积木。如果他将手中的积木扔掉再来拿这块积木，就要引导他先换手，再拿新积木。经过反复地练习，"传递"的概念就会慢慢被宝宝接受了。

育儿小贴士

宝宝患了婴儿苔藓后非常痛痒，免不了搔抓，若抓破皮，伤口会被细菌入侵化脓，不易治愈。爸爸妈妈一定要按照医生的指示，替宝宝涂上抗组胺剂或止痒软膏，并且替宝宝剪短指甲，戴上手套，以防宝宝将水疱抓破。

育儿随笔

温馨提示

人体缺水的信号是口渴，但是对宝宝而言，就不能等到他感到口渴时再让喝。因为，宝宝的玩心大，玩时常将口渴的信号放置脑后，等到玩累了才想起渴时就晚了，容易使得体内的代谢产物堆积，不利于健康生长。特别是夏天，宝宝出汗增多，不及时补充水，还可能出现中暑现象。

7个月的宝宝体格发育有哪些标准

宝宝到了7个月时，体格发育应达到以下标准：如果是男宝宝，七个月时标准体重为6.9～10.8千克，身高标准为65.7～76.3厘米。如果是女宝宝，7个月时标准体重为6.3～10.1千克，身高标准为63.7～74.5厘米。

育儿小贴士

家里若是有装冰箱、洗衣机的空纸箱，可以再利用，制成宝宝的爬行玩具。将纸箱两头的盖和底剪掉，使纸箱成为一个方形的筒状。将纸箱横放在地上，把宝宝放在纸箱一头，然后妈妈到另一边，从纸箱里看宝宝，鼓励他钻"山洞"，爬到妈妈这边来。注意改造纸箱时，纸箱的边缘要用胶条粘上，因为纸边有可能划破宝宝细嫩的皮肤。

─ 妈妈小常识 ─

妈妈应当适当增加宝宝同其他孩子一起玩耍的机会。在玩耍过程中，妈妈要注意，7～8个月大的宝宝，如果在爬动和玩玩具的时候，与同龄孩子相比表现得笨手笨脚，动作迟缓，这时候要注意宝宝的视力是否有问题，必要的时候要请医生帮忙诊断。

温馨提示

帮宝宝脱衣服一样很有学问。把宝宝放在床上，先脱裤子。双手轻轻抬起宝宝的臀部，把裤腰褪至宝宝的膝盖处，抓住宝宝的膝盖再轻轻地把腿拉出来。如果宝宝穿着汗衫，可把汗衫向头部卷起，握着宝宝的肘部，把袖口卷成圈形，然后轻轻地把手臂拉出来。把汗衫的领口张开，小心地套过他的头，以免擦伤他的脸。

育儿随笔

宝宝睡觉也要讲方位吗

对宝宝睡觉时的方位问题，多数爸爸妈妈是不怎么在意的，都是怎么方便就怎么让宝宝睡，这是不正确的做法。宝宝睡觉要比大人更讲究方位，否则会伤害宝宝的健康。按科学要求，宝宝睡眠或躺着的时候头部或脚部应朝着光线或有声响的一方，这样即使有了声响及光亮的刺激，宝宝也不需要转动头部和过度转动眼球。这一点，妈妈要十分注意，因为宝宝的头、眼、耳都在发育时期，如果出现畸形是不容易治疗的，会给宝宝带来一生的不便和麻烦。

育儿小贴士

被洗澡水烫伤一般都比较严重，面积大，病死率比较高。不少爸爸妈妈常忽略热水器的温度。调低热水器的水温，可以确保宝宝洗澡时不被热水烫着。平时尽量将热水器的温度定在50℃以下，或者中低档。

— 妈妈小常识 —

有些宝宝不会爬，可能是因为不知道怎么做。宝宝的模仿能力极强，这时可以为宝宝找一个会爬的小朋友来玩，两个宝宝在一起，鼓励他爬，当宝宝看到小伙伴爬行时，他就会模仿，很快就能学会爬。为了增加趣味性，家长可有意设计竞赛，在前面逗引，鼓励两个小宝宝一起爬向目标。

温馨提示

桑葚含有一种胰蛋白酶抑制物，对于肠胃功能发育尚未健全的宝宝来说，容易抑制消化道内各种消化酶的活性，出现阻碍蛋白质消化吸收的不良作用，并可引起恶心、呕吐、胃痛、腹泻等症状，严重时会导致出血性肠炎、果酱样大便、失水，甚至有休克、死亡的危险。所以，不要给宝宝多吃桑葚。

育儿随笔

宝宝胖嘟嘟的小脸蛋可以捏吗

胖嘟嘟的宝宝真是可爱，尤其是可爱的脸蛋，很容易让人忍不住去捏几下或猛亲几下。但大人的做法看似"有情"却"无情"。因为，大人不断捏、用力亲宝宝脸蛋，很可能会导致他的腮腺和腮腺管一次又一次地受到撕、压、挤而导致受伤。生活中，宝宝一些疾病就与大人的动手动嘴密切相关，如流涎、口腔黏膜炎和腮腺炎等。

育儿小贴士

宝宝喜欢到处钻去发现角角落落里的小秘密。家里若是有条件，可以将床下或桌子底下打扫干净，给宝宝创造一个充满趣味的探险胜地。在床下或是桌子底下，放上一些小玩具，给宝宝穿上袜子和厚实一点儿的衣裤，将宝宝放在地上，对宝宝说："里面有个好玩的东西，去找找看，看看是什么。"床下或桌下如果太黑，宝宝会拒绝寻找，这时家长可打开灯，或是将桌布、床罩向上折，使光线穿过，可以让宝宝隐约看到玩具的影儿，刺激宝宝去寻找。

妈妈小常识

7个月时的宝宝在做各种动作时会有明显的目的性。例如，宝宝会用一只手拿东西，也会把各种小玩具拿起来，并且在双手间来回转动。有时还能在两手间传递，或者拿着玩具敲着玩。在躺着的时候，宝宝还会把脚举起来放在嘴巴里啃。

温馨提示

夏天一到，宝宝尤其容易发生腹泻。因此妈妈要格外注意宝宝居室的环境温度，做到室内空气流通、新鲜、温度适宜。另外，不论宝宝是否已经患了腹泻，宝宝换下来的尿布都要用开水浸泡后洗净，在阳光下晒干消毒，才可再次使用，防止因尿布引起细菌感染。

育儿随笔

什么是胃肠感冒

"胃肠感冒"是指胃肠的不舒服。造成胃肠不适的原因众多，包括细菌、病毒的感染，环境不适应，对饮食过敏，药物反应及头部伤害（脑震荡）等。小宝宝患"胃肠感冒"最常见的原因是病毒或细菌的感染及对饮食的过敏反应。细菌及病毒在喉部着床感染后，即会顺着唾液被吞入胃肠中，引起胃肠的不适。

育儿小贴士

7个月宝宝一天食谱举例：

6：00　母乳喂哺 20～25 分钟，或给予牛奶 200 毫升，白糖适量。

8：00　果汁：鲜橙汁或番茄汁 100 毫升。

10：00　营养米粉：米粉 20 克，鸡蛋黄 15 克，白糖适量，小儿鱼肝油滴剂（参照产品说明书服用方法或遵医嘱）。

12：00　肉末或猪肝粥：大米 8 克，剁碎猪瘦肉或猪肝 5 克。

14：00　母乳喂哺 20～25 分钟，或给予豆奶 200 毫升，白糖适量。

18：00　母乳喂哺 20～25 分钟，或给予豆奶 200 毫升，白糖适量。

20：00　新鲜果泥或蔬菜泥 20 克。

22：00　母乳喂哺 20～25 分钟，或给予牛奶 200 毫升，白糖适量。

温馨提示

胃肠感冒时要让宝宝的胃肠充分的休息。很多爸爸妈妈认为，宝宝上吐下泻会营养不良，于是增加宝宝的喂食量，如此只会加重其胃肠的负担，久之变成慢性胃肠炎，对食物的消化吸收都不良。多休息、减轻负担是为了提早恢复功能，然后才能逐渐增加食量。

育儿随笔

不要给宝宝修眼睫毛

有的妈妈认为给宝宝修眼睫毛会让宝宝的睫毛变得又长又黑。事实上，一根眼睫毛的寿命大概只有90天左右，靠人为的修剪是不可能使眼睫毛永久性变长的。另外，眼睫毛具有防止灰尘进入眼内的保护作用，将眼睫毛剪短后就会失去这种保护作用，从而引起宝宝的各种眼疾。更糟糕的是宝宝年龄那么小，在修剪眼睫毛时根本不会配合，很容易发生意外，造成对眼睛的伤害。所以，妈妈不要随意给宝宝修剪眼睫毛。

育儿小贴士

每日保证宝宝摄入足够的蛋白质，那么糖类的供给量也要有适当的比例，一般为蛋白质的 4～5 倍，不宜过多。过多的糖在肠内发酵会刺激肠蠕动而引起腹泻，还会引起婴儿期单纯肥胖症，日后不易矫正。过多的摄入糖，势必影响其他营养的摄入，不利于宝宝的生长发育。

－ 妈妈小常识 －

妈妈现在应该开始教宝宝辨别颜色了，可以通过游戏来进行。例如，把宝宝所有的玩具放在一起，然后将绿色的玩具挑出来，每拿一样的时候就给宝宝看一下，说"绿色的"。然后再把其他颜色的玩具分成堆，最后再把所有的玩具混在一起，让宝宝来区分。对宝宝来说，刚开始有一定的难度，妈妈可以给予适当的提示，帮助宝宝完成游戏。

育儿随笔

温馨提示

－杏仁苹果豆腐羹－

将豆腐切成小块，置水中泡一下捞出。冬菇洗净，切碎，搅成蓉，和豆腐一起煮沸，加上食盐、菜油、糖，用淀粉同调成芡汁，制成豆腐羹。再将杏仁用温水泡一下，去皮；苹果洗净去皮切成粒，同搅成蓉。等豆腐羹冷却后，加上杏仁苹果糊、味精拌匀，即成杏仁苹果豆腐羹。这道辅食富含蛋白质和铁质，可提高宝宝免疫力，防止贫血发生。

宝宝误服了药物怎么办

如果是误服了维生素、抗生素、解热镇痛药等，没有必要做特殊处理。但大多数药，如安眠药、解痉药等，会产生不同程度的毒副作用。妈妈可以采取催吐法迫使宝宝将吞下去的药物吐出来。用压舌板或筷子刺激宝宝的舌根或咽壁，使宝宝恶心、呕吐。如果服了外用药如碘酒、高锰酸钾粉、来苏水等，因为这些药物有很强的腐蚀性，除了催吐外，还应马上送到医院进行洗胃。

— 妈妈小常识 —

为了锻炼宝宝多爬、多运动，妈妈可以为宝宝准备一个小皮球。球会到处乱滚，当宝宝一碰到球，球就向前滚，滚动的球易引起宝宝的兴趣，他会追着球爬行。注意，球不要气太足，免得宝宝手一碰到就滚出老远，使宝宝对追球失去信心。

育儿小贴士

宝宝误服碘酒后，应尽快给宝宝喝稠米汤、面糊或其他含淀粉的液体。因为淀粉与碘作用后能生成一种稳定的蓝墨水样的化合物，然后用催吐法使宝宝吐出，如此反复喝、吐，直到吐出物不再是蓝色，就表明胃里的碘已经基本上吐尽了。

温馨提示

一些添加微量元素的饮料并不宜让宝宝常喝。微量元素人体所需的量很少，多喝无益；缺乏时，又不能肯定饮料中的含量是否符合宝宝需要。对这些饮料，平时偶尔喝一点不要紧，不要成习惯。

育儿随笔

怎样预防宝宝将来偏食

引起宝宝偏食的原因，一是妈妈对食物的偏爱或是妈妈偏食，妈妈认为不好吃、无营养或不愿吃的东西就不给宝宝吃，这样的做法会造成宝宝将来偏食；二是妈妈给宝宝添加辅食的时间及固体食物过晚，宝宝对新增加的食物接受不了，造成偏食。所以，妈妈要提前做好预防工作。

一 妈妈小常识 一

宝宝对所有的东西都有好奇心，可家里有些东西对宝宝来说却是危险的，不能去动。妈妈要帮助宝宝了解"不"的含义。例如，妈妈可以指着热水杯，对宝宝严肃地说："烫，不能动！"同时拉着宝宝的手去轻轻碰杯子，然后迅速把宝宝的手移开，示意他停止动作。多多练习这个游戏，宝宝就会慢慢理解"不"的意义了。

育儿小贴士

爸爸妈妈一定不要让宝宝单独留在有水的地方，宁可不接电话、不开门，也绝对不要将宝宝单独留在浴缸里。有条件的家长，最好马桶盖上装安全扣。另外，一定要记得把水桶和脸盆里的水全部倒净，并且养成习惯。

温馨提示

绿豆含磷脂、胡萝卜素、维生素 B_1、维生素 B_2、烟酸、维生素C、蛋白质、糖类、钙、磷、铁和粗纤维，是清热解毒佳品，能祛热解毒、降压明目、利尿消肿。红糖味甘，性温，能补中活血。所以，红糖绿豆沙，有清热解毒、生津止渴，对常生疮疖、"血热"一类疾病的宝宝有辅助治疗作用。

育儿随笔

怎样给宝宝洗脸

首先妈妈要用宝宝专用的小脸盆盛好凉开水或温水，放入小方毛巾或清洁纱布。用左手将宝宝的头部掌握住，使他不要左右转动；右手拿起浸湿后的小方毛巾拧干，洗眼睛的方向要由内向外，由鼻外侧、眼内侧开始擦洗眼睛，因为泪管位于内眼角，这样可以避免污物进入泪管。然后用湿毛巾擦洗宝宝的耳朵外部及耳后，然后用干毛巾揩干。清洁时注意不要让水滴入外耳道，更不要去掏耳垢，以防引起感染。接下来可用消毒棉签蘸一下温开水，将堵塞在鼻腔内的鼻涕物拭出，有利于呼吸畅通。最后用干净的湿毛巾擦洗宝宝的额部、两颊、口与鼻的周围、下颌，再擦洗颈部。

育儿小贴士

如果宝宝骨骼线过早闭合，不长个儿，则可能是体内钙沉积过多，此时不能再给宝宝补钙。此外，过量服用钙制剂会抑制人体对锌元素的吸收，因此有缺锌症状的宝宝应慎重服用钙剂，宜以食补为主。

— 妈妈小常识 —

妈妈在离开宝宝的时候要对他挥挥手，并且说："宝宝，再见！"这是在锻炼宝宝的社交能力。妈妈要经常将宝宝的右手举起来，不断挥动，让他学习"再见"的动作。这个动作需要反复练习才能加深宝宝脑中的印象，妈妈不要着急，一定要有耐心。

温馨提示

爸爸妈妈可能会经常在宝宝的耳朵内发现耳垢。这些耳垢并不需要爸爸妈妈来特别清理，因为它会随着宝宝吃奶、玩耍、哭闹或者牙牙学语等活动自行出来的。爸爸妈妈千万不要试图自己动手去为宝宝清理耳垢，宝宝的耳洞狭窄，又会经常乱动，不小心就会伤到耳道和鼓膜。

育儿随笔

宝宝咳嗽只在清晨或晚上发作是怎么回事

有时患病宝宝的咳嗽只是在夜间或清晨发作，发作时间较为固定。白天通常完全没有症状或极少咳嗽，有的妈妈以为是因晚间受凉而引起咳嗽，而更加盖得厚实，或未被引起重视。而医生常诊断为"上呼吸道感染"或"支气管炎"，使用抗生素及止咳化痰药物，却常常没有效果或收效甚微。其实，这就是过敏性咳嗽，多见于过敏体质的宝宝。其支气管黏膜处于高度敏感状态，对外界任何刺激耐受性低，由于宝宝自主神经功能不稳定，所以夜间迷走神经兴奋性升高时尤易发作，属于不典型的哮喘。

宝宝患过敏性咳嗽时间一长，可发展成典型的支气管哮喘。因此及时治疗，服用少许平喘药物如喘定、舒喘灵等，以及抗过敏的药仙特敏、苯海拉明效果明显。

— 妈妈小常识 —

与人交往有利于养成宝宝活泼开朗、乐于与人交往的性情。现在刚刚 7 个月的宝宝还不会和小伙伴一起玩，但是他乐意看大宝宝玩耍。从观看→在一起各玩各的→一起玩，逐步培养宝宝喜欢与人交往的性格和能力。

育儿小贴士

花花绿绿的气球是宝宝很好的玩伴，可爸爸妈妈常常不知道气球对宝宝也具有潜在的危险。如果气球被宝宝抓破了，无知的宝宝很可能会把气球碎片放入嘴里。乳胶碎片很容易把宝宝的喉咙给堵住。

温馨提示

为宝宝推荐两道辅食，香蕉粥和番茄猪肝。将香蕉去皮后碾成糊状，然后放在锅内，加入少许牛奶，用火煮，边煮边搅拌，停火后加一些蜂蜜，香蕉粥就做成了。番茄猪肝是用少许切碎的猪肝，少量切碎的小葱头，加水或肉汤同煮，然后将洗净剥皮并切碎的番茄加入，最后加入少许食盐即成。

育儿随笔

为什么宝宝的小脸特别容易皱

宝宝经常一吹风，脸部的皮肤就会变皱。这是因为宝宝的皮肤薄嫩，缺乏弹性，在气温变化、风吹、干燥等条件下，皮肤容易受到伤害，从而出现"皱"的现象。冬天和春秋季节，每次洗完脸后，妈妈要注意为宝宝抹上润肤露，这样可以有效防皱。另外，经过许多妈妈的使用经验，用"孩儿面"对付宝宝已经皱的脸，效果特别好。

育儿小贴士

到7个月大时，宝宝的兴趣会从单纯地发自己的声音转而模仿自外界听到的声音，宝宝会使用自己母语范围内的音素来表现，所以虽是模仿动物的叫声或玩具所发出的声音，也不会模仿得一模一样。不过，到了这个阶段，宝宝很少会发出生活中不存在的语言或声音了。

温馨提示

夏天宝宝容易生痱子，妈妈可以为宝宝准备绿豆海带汤，能够起到消暑止痱的功效。先准备海带60克，绿豆150克，红糖少许，清水约1 500毫升。然后将海带、绿豆洗净，放入锅内，加入清水，煮约1小时，取出海带叶，加入红糖即成。

— 妈妈小常识 —

妈妈可以与宝宝面对面坐着，先握住他的小手，边拍边对他说"拍拍手"，然后松开双手，妈妈一边拍一边有节奏地对他说"拍拍手"，让宝宝来模仿。同样的游戏也可以换成让宝宝"点点头"。这个游戏可以提高宝宝的理解语言与模仿的能力，应该每天不断重复训练。

育儿随笔

怎样给宝宝选袜子

宝宝的袜子一定要选择透气性能好、柔软、大小合适的棉质袜子。透气性差的袜子，宝宝穿上会觉得热，不舒服；袜子质地硬，会磨伤宝宝的小脚；袜子大宝宝会穿不住，小的则紧裹在小脚上也会伤害皮肤。另外，宝宝的小袜子也和衣服一样，要勤换勤洗，保持干净卫生。

在为宝宝购买袜子时，爸爸妈妈一定不要忽略了一个问题，那便是袜子内面的光滑度。仔细查看会发现，有些袜子正面很光滑，而内面却裸露着相当多的线头，颜色越杂，线头就越多，有些线头还很长，如果未及时剪掉，宝宝穿上后，潜伏的危险可不小。如果有少量线头，一定要及时修剪掉，为防脱线，可以在贴根部处打个结，再剪去多余线头。也可以反过来穿。

一 妈妈小常识 一

宝宝以前是不懂得如何将手中的玩具放开的，现在他知道了可以"把手上的玩具扔在地上"，而且乐此不疲。许多妈妈捡了几次之后，会收起玩具，不再陪宝宝玩。其实，宝宝是在练习"放开"这个动作。他十分投入地做这件事情，会开心地笑出声。宝宝学做每一件事，都会因为高兴而一做再做，也因为一做再做而变得熟练起来，所以，妈妈应尽量帮宝宝捡起扔出去的东西，这是一种很好的亲子互动。

育儿小贴士

现在，宝宝已经从用整个手掌笨拙地去压、拍打等动作，慢慢发展到灵巧地用手指去捏、拿玩具了。这个时期的宝宝需要给他准备一触摸就会引起变化的玩具。综合游戏盘就是为了此目的而设计的。它可以配合宝宝眼、耳、手指的各种活动，并且激发好奇心。它犹如"头脑健身房"，包含了各种锻炼器具，宝宝可以得到各种锻炼。

育儿随笔

儿童营养学专家都为宝宝推荐哪些食品

儿童营养学专家为宝宝推荐的10种最佳食品：新鲜水果，绿色蔬菜，牛奶，去皮鸡肉，鱼肉，谷类，牛瘦肉，全麦饼干，玉米片，土豆片等。还有10种不宜儿童的食品：汽水、汉堡、热狗、全脂牛奶、黄油、肥肉、红肠、比萨饼、巧克力、冰淇淋。

育儿小贴士

爸爸妈妈购买的药品都要有安全的瓶子包装，并把它放在药箱里锁住，不让宝宝伸手摸到。药品及化学药物均保存在有清楚标签的原瓶内，千万不要把有毒物品装在饮料瓶中。药品或化学药物存放在尽可能远离食物的地方。不要随便乱放喷雾罐，宝宝容易压住它的喷嘴而引起眼睛受伤或其他意外。

温馨提示

冬天外出的时候，爸爸妈妈要注意给宝宝戴上帽子。宝宝戴上帽子可以维持体温恒定，因为宝宝25%的热量是由头部散发的。帽子的厚度要随气温降低而加厚。但不要给宝宝选用有毛边的帽子，因为它会刺激宝宝皮肤。患有奶癣的宝宝不要戴毛绒帽子，以免引起皮炎，应该戴软布做成的帽子。

妈妈小常识

宝宝学会了独坐，学会了手拿和手捏东西，他特别喜欢自己坐在那里敲打东西。不论手上握着什么东西，都会拿来拍拍打打，或者先用右手敲打，再换左手碰碰。这时期需要一拍打就会有声音的玩具，如小鼓、木琴等。不必刻意购买乐器让宝宝玩，像家里的小锅、脸盆、奶粉罐、饼干盒等，宝宝照样可以玩得乐不可支！

育儿随笔

宝宝发热可以睡冰枕吗

宝宝发热不宜睡冰枕。因为皮肤与冰冷物接触，虽然可以暂时降低局部的温度，但接触久了会有刺痛及麻木的感觉。宝宝自主的活动性本身就很差，生病期间肌肉更无力，几乎无法有效地避开强加于其头颈部的冰冷物，结果是强迫冰敷。另外，发热时宝宝的体温会有高高低低的变化，如果用冰敷额头或睡冰枕，容易一下子把局部的温度降得太快，反而会引起更大的问题。

— 妈妈小常识 —

燕麦营养丰富，又易于消化吸收，很适合做宝宝的辅食。注意不要那种用开水冲泡的速溶型麦片粥。应该选用纯燕麦片，将水烧开，加入适量麦片（可根据宝宝月龄由稀到稠），用筷子不停搅动。可以淋入事先打散的鸡蛋液，加入排骨汤、鸡汤，或加入碎菜末均可，以调剂口味，最后可略加些盐和香油。此粥鲜香滑软、可口且营养丰富，易消化。

育儿小贴士

爸爸妈妈可以和宝宝一起做"边说边丢"的游戏：拿起丢在地上的玩具，模仿玩具掉在地上的声音"砰"，同时把玩具丢进箱子或袋子里。然后把着宝宝的手，让他学着做。经过反复练习后，只要父母说声"砰"，宝宝就会自觉地将玩具丢进箱子里了。根据宝宝对声音感兴趣的特点，父母可以教宝宝说些象声词。

温馨提示

为了提高宝宝的身体素质，父母要经常帮助他锻炼。下面是锻炼宝宝腰部的方法：让宝宝平躺在床上，两腿伸直，妈妈用右手托住宝宝的腰，左手按住宝宝两脚脚踝，用力将宝宝腰部轻轻托起。托起宝宝腰的时候，要注意不要让宝宝的头部离开床垫，用力要适当，不能过猛。

育儿随笔

宝宝夏天食欲很差怎么办

夏天宝宝食欲相对较差，在制作辅食时一定要注意清淡，不要加过多盐或糖等调味品。同时要注意在一天内变换辅食种类，保持新鲜，尽量让宝宝能多吃一些。另外，夏天细菌的繁殖速度快，因此为宝宝准备辅食最好是即做即食，米粉类辅食即冲即食，不要放置太长的时间。但无论是否放入冰箱，隔夜食品是绝对不能再喂给宝宝的。

育儿小贴士

通常，宝宝喜欢玩那些有速度、有旋转、自己能控制身体平衡的游戏。爸爸把可以转动的电脑椅移到客厅中央或周围没有障碍物的地方，然后坐在椅子上，抱起宝宝，让宝宝双脚站在爸爸的大腿上。爸爸让身体随着椅子一起转动，稍稍用力，椅子就转得很快，宝宝会非常兴奋的。这个游戏玩过一段时间后，爸爸可以突然急刹车，立即调换方向转椅子。这个"措手不及"的动作常常会让宝宝笑个不停。

温馨提示

如果宝宝在晚上睡觉的时候总是踢被子，说明父母给他盖得过多、过厚了。尤其是在宝宝刚入睡的时候，更要少盖一点，等到夜里冷了再加盖棉被。父母不要担心，少盖一点不会冻到宝宝，反而盖得过厚，宝宝踢了被子，才更容易感冒。

妈妈小常识

婴儿期是宝宝快速生长发育的时期，需要充足的营养供给以保证正常的生长。一到夏天，气候炎热，由于宝宝各方面的适应能力比较差，这时会出现食欲降低、代谢速度加快、对热能和营养的消耗增加等变化，同时高气温还容易使宝宝脱水。因此，若喂养不当，将会影响宝宝身高、体重的增加。

育儿随笔

宝宝吃饭时注意力不集中怎么办

在家中不要边吃饭边看电视，最好是饭后20～30分钟再看电视。如果一定要看电视时，在选择电视节目时，少看或不看紧张刺激的节目。边吃饭边看电视虽然很轻松悠闲，但很容易在不知不觉中吃下过量的食物。晚餐时电视中放的大多是动画片，许多小朋友由此养成了喜欢在吃饭的时候看电视的习惯。但美国医学专家表示，这样做会对儿童的体重造成负面影响。专家研究指出，这种家庭中的孩子，往往会在进食时摄入更多高盐食物和碳酸饮料，却较少吃水果和蔬菜。为此，在进餐时最好关掉电视机。

一 妈妈小常识 一

教妈妈制作一款适合宝宝夏天食用的水果藕粉。准备藕粉50克，应时新鲜水果75克，清水250毫升。将藕粉加适量水调匀，水果去皮，切成细小的碎丁。水烧开后倒入调好的藕粉，用小火慢慢熬，同时不断搅动，直至透明。最后加入切碎的水果，稍煮即可。此羹味道香甜，营养极高，易于消化，非常适合婴儿期的宝宝。

温馨提示

再安全的玩具经过宝宝长时间的玩耍或多或少都会有一些破损，所以妈妈要经常为宝宝所有的玩具做全面的体检。像有的塑料玩具已经摔裂，边缘会参差不齐，这样的玩具随时会割伤宝宝的皮肤；一些铁质的玩具，时间一长某些零件就会突出来，容易扎伤宝宝。

育儿小贴士

将宝宝比较熟悉和喜欢的几样玩具放在他面前，一件一件拿给他看，也可以让他摸，同时告诉宝宝这件玩具的名称，然后将玩具放进一只小箱子里。接下来再边说边把玩具拿出来。最后从玩具中挑出几样来，摆在宝宝面前，说出其中一件的名字，看看宝宝是否能找出来。

育儿随笔

宝宝患支气管炎会发热吗

支气管炎起病可急可缓，开始多数宝宝先有上呼吸道感染症状，以后逐渐开始咳嗽，并且逐渐加重。发热可有可无，并且体温高低也不一致，没有固定的热型。即使发热，一般2～4天就会退热，不会长时间持续发热。如果妈妈发现宝宝患支气管炎咳嗽逐渐加重，体温持续升高，应该及时到医院就诊，通过医生听诊及胸部x线拍片以明确是否患了肺炎。宝宝患支气管炎时，如果感染没有及时控制，感染向下蔓延，可能会导致肺炎。

育儿小贴士

强迫宝宝吃饭并不能最终解决问题，如果宝宝实在不愿吃，也不要强迫，等半个小时再试试看。饥饿是最好的厨师。如果宝宝还是不知道饥饿，那一定是有消化道的问题，这时应该到医院请医生诊治，爸爸妈妈千万不要随便给宝宝吃一些保健品。

温馨提示

宝宝患支气管炎时，如果发热不高，一般不需要积极降温，可以让患病宝宝多饮开水，这样既有利于降温，又有助于排痰。

育儿随笔

一妈妈小常识一

水有帮助人体各系统吸收和运输营养物质及排泄废弃、有害物质的功用，如氯、钠、氨、钾等，在尿液内由肾脏排出。若摄入水量不足，肾脏不能顺利地把有害物质排出，将造成尿中毒。如果宝宝发热、腹泻，失水过多，这时要减少食物营养物质而多补充水分。依靠水的作用降低体温，补充液体，顺利排泄有害物质，缩短病程，尽快恢复健康。

宝宝的牙齿发育也需要钙吗

宝宝的牙齿发育需要钙质，足够的钙可保持牙齿及牙龈的健康，并减少日后蛀牙的机会。除了骨骼及牙齿外，还有剩余 1% 的钙质分散于各种软组织和体液中，这些钙质在成人体内虽不超过 10 克，却在人体中扮演极其重要的角色。它与神经传导、肌肉兴奋与收缩、血液凝固等作用息息相关。

— 妈妈小常识 —

正常时宝宝的舌苔应该是薄白清透，淡红色。若舌苔白而厚，呼出气有酸腐味，一般是腹内有湿浊内停，胃有宿食不化，这个时候，妈妈应该给宝宝服用消食化滞的药物，如小儿化食丹、小儿百寿丹、消积丸等中药。

育儿小贴士

撕纸可以锻炼宝宝的手部小肌肉，还可以丰富宝宝的听觉。有的爸爸妈妈担心，教会宝宝撕纸，家里的书报杂志就会遭殃了。其实，宝宝 1 岁前，活动范围还很小。爸爸妈妈只要把重要的纸类制品放在宝宝拿不到的地方就可以了。同时，可以教宝宝阅读，让他分清有些纸是不能撕的。

温馨提示

有的妈妈在给宝宝喂牛奶时，喜欢在里面加点巧克力，一是味道香甜，二是营养丰富。但这种做法是不正确的。因为牛奶中含有丰富的钙质，而巧克力富含草酸，钙与草酸结合后可形成草酸钙，草酸钙不溶于水，就不容易被人体吸收。如果长期两种食物合用，宝宝的头发会变得干燥、没有光泽，还会经常发生腹泻，并出现缺钙和发育迟缓现象。

育儿随笔

....

....

宝宝的房间里可以放电视机吗

宝宝卧室内最好不要放置电视机。有规律的睡眠节律对于儿童的睡眠质量可产生重要影响；一旦养成了健康的睡眠习惯，宝宝就不会不愿入睡及夜间觉醒。而电视机却是宝宝养成规律睡眠习惯的大敌。研究表明，电视不仅会造成宝宝就寝时间的推迟，时间一长还会导致宝宝的睡眠障碍。

育儿小贴士

宝宝正处于生长发育快速时期，新陈代谢非常旺盛，而锌是参与体内新陈代谢众多酶的重要成分，需求量相对较多。一旦缺乏，就会影响身体的很多生理功能。但年幼宝宝能吃的食物较为单调，加之易形成偏食、挑食的不良习惯，容易体内缺锌，特别是早产儿、人工喂养儿及佝偻病患儿。

温馨提示

补锌期间食物要精细；韭菜、竹笋、燕麦等粗纤维食物有碍锌在肠道的吸收；同时注意补充钙和铁，这样可促进锌的吸收和利用。补充锌剂2～3个月，不可过量补充，不然易引起贫血。

— 妈妈小常识 —

宝宝缺锌最显著的表现是身高增长缓慢，平时易患各种感染，如呼吸道感染、口腔溃疡，并不易愈合。严重缺锌还可造成心脏、肝脏损害，性发育也会受到明显影响。所以，缺锌的宝宝要适量补锌。

育儿随笔

控制宝宝的体重

当宝宝的体重超过标准体重的20%，就属于肥胖了。如果肥胖，就要学会让宝宝控制饮食，尤其是控制甜食、甜饮料。但是含蛋白质的食物不能减少，因为宝宝毕竟还处于长身体的阶段。可以让宝宝多吃蔬菜，这样既有饱腹感又能补充维生素、无机盐。尽量少吃油多的食物。而且选用植物油，不要用动物油。另外，要多帮助宝宝活动，把多余的热量消耗掉。

— 妈妈小常识 —

宝宝的肥胖可能是由脑性疾病引起的。常常是由于下丘脑受到外伤、脑炎或脑垂体瘤等损害所致，也称肥胖性生殖无能症。脑组织存在着食欲调节中枢，一旦发生病变，宝宝则会出现多食现象，因而引起身体肥胖。

育儿小贴士

爸爸妈妈需要注意的是，过量摄取β-胡萝卜素也有不良反应，如引发头痛、肠胃不适、肝脾大及胡萝卜素血症等；而且胡萝卜素血症会使皮肤变成橘黄色，但只要停止大量摄取，就可以消除这一症状。

育儿随笔

温馨提示

给宝宝的辅食中尽量不要为了好吃而加入味精。味精的主要成分是谷氨酸钠。味精进入人体后，在肝脏中被谷氨酸丙酮酸转移酶转化，生成谷氨酸后再被人体吸收。近年，德国的科学家通过研究证实，过量的谷氨酸能把婴幼儿血液中的锌逐渐带走，导致机体缺锌。大量食入谷氨酸钠，能使血液里的锌转变为谷氨酸锌，从尿中过多地排泄。

什么情况下宝宝不能打预防针

为了保证打预防针后产生足够的抗体，应选择身体状态良好的时候打预防针。下列情况下不应该进行注射：发热、感冒、腹泻；接触急性传染病而未超过检疫期；急性传染病期；患有严重慢性病如结核、心脏病、肝肾疾病、化脓性皮肤病等；有过敏史，对某种药物过敏或有哮喘等；有癫痫或惊厥史；1个月内注射过丙种球蛋白；正接受激素等免疫抑制剂治疗。

育儿小贴士

宝宝在正常睡眠情况下一般安静舒坦，呼吸均匀而无声，偶尔脸上还会出现有趣的表情。反之，如果宝宝在临睡前烦躁不安、缠人，入睡后面部发红、呼吸急促、脉搏较快（新生宝宝超过140次/分；3～4岁超过105次/分；5～6岁超过95次/分），则预示有发热的表现。

— 妈妈小常识 —

在日常生活中，妈妈要引导宝宝主动发音和模仿发音，积极为宝宝创造良好的语言环境。爸爸妈妈可在宝宝面前拉着动物玩具走，并且模仿动物的叫声让宝宝学，如狗是"汪汪"，鸡是"咯咯"，鸭是"呱呱"，猫是"喵喵"等。宝宝很快会认识家里日常用品，还会用手指要东西。

温馨提示

在宝宝极度口渴的时候，不要一下子给大量的水喝。因为宝宝在短时间内大量喝水会使体内的血液浓度急剧下降，从而增加心脏的负担，甚至可能出现心悸、气短、出虚汗等现象。所以，爸爸妈妈平时要经常给宝宝喝水，增加次数，并减少每次的饮水量，这样就不会伤害宝宝身体了。

育儿随笔

宝宝不愿换尿布怎么办

妈妈可以给尿布起一个傻傻的名字，把它当作一个布偶来用。给宝宝换尿布的时候，妈妈要手里拿着尿布，以它的名义叫宝宝的名字，并跟宝宝说话。对很多宝宝来说，这种方法完全能够改掉宝宝不爱换尿布的毛病，而且还有助于宝宝学习语言。

— 妈妈小常识 —

妈妈可以把一个手电筒和尿布放在一起，在给宝宝换尿布的时候就让宝宝玩手电筒。准备一个能够变换灯光颜色的钮，还可以改变光圈的大小。让它成为宝宝的"尿布手电筒"，并且换完尿布之后就把它拿走。一开始，宝宝可能会为此而哭闹，但是坚持到底，不久他就会开始期待换尿布了。

育儿小贴士

有时预防接种后宝宝会出现发热，注射疫苗部位有轻微的红肿现象，这些都是正常现象，过 2～3 天就会好的，不必进行治疗。如果在接种部位出现明显的红肿、疼痛时，可用热毛巾做局部热湿敷；如果注射后出现高热，可在医生指导下口服解热止痛药，如复方阿司匹林等。

育儿随笔

温馨提示

冬季外出时，爸爸妈妈不要给宝宝戴口罩或用围巾护住嘴巴。经常这样就会降低宝宝上呼吸道对冷空气的适应性，缺乏对伤风、支气管炎等病的抵抗能力。而且，围巾多是羊毛或其他纤维制品，如果用它来护口，一是会使围巾间隙中的病菌、尘埃进入宝宝的上呼吸道；二是羊毛等纤维易吸入体内，可以诱发过敏体质的宝宝发生哮喘，而且还会因为围巾厚、堵住宝宝的口鼻影响正常肺部换气。

宝宝的皮肤该如何保健

要想宝宝有好皮肤，保健最重要，对宝宝皮肤的保养妈妈可以从几个方面来入手。首先，宝宝的居室要向阳、通风，又能保持适宜的温度；其次，妈妈要注意宝宝的饮食营养均衡和维生素及微量元素的摄入；第三帮助宝宝养成良好的卫生习惯，勤给宝宝洗澡、换衣服；最后，要经常带宝宝到户外去晒太阳，经常用手轻轻按摩宝宝躯干及四肢的皮肤。

育儿小贴士

家里来客人时，一定要注意收好客人的包。因为客人的包里可能有各种东西：药片、化妆品、香烟、硬币、口香糖等。而客人的包常能引起宝宝的好奇心。爸爸妈妈可以请客人把他的包放在冰箱上，或者锁在柜子里；提醒他特别收妥药品，包括成人维生素。

— 妈妈小常识 —

如果妈妈发现宝宝入睡后全身出汗，头发都湿了，睡不安，并伴有方颅、枕秃、出牙晚、囟门闭合晚、日晒不足等，应到医院检查宝宝是否患有佝偻病；如果宝宝夜间睡眠哭闹呻吟，时常摇头，用手抓耳，或伴有发热，则要想到是不是宝宝外耳道炎或中耳炎的征兆。

温馨提示

如果宝宝的咳嗽是干咳、无痰，并且唇干舌燥，呼吸时热气逼人，可用山楂和秋梨榨汁，将白糖放入山楂秋梨汁中，搅拌均匀后早晚服用，有润喉生津的功效。山楂富含免疫促进剂——维生素C，另一方面它含有的酸性物质能促进胃液分泌，消食和中，增进宝宝的胃肠功能。

育儿随笔

宝宝现在可以开始"阅读"了吗

1岁前宝宝阅读图书，主要是培养宝宝与书的情感，帮助宝宝弄明白书是什么。只要宝宝有兴趣，任何时间都可以与宝宝一起读书，哪怕只有短短的5分钟。妈妈每天都要为宝宝朗读。在光线适宜且安静的环境中，家长安详地、音量不高地边翻书指图画、边朗读，还可插入与宝宝的简单对话。简单的有韵律的儿歌，通常会引起宝宝的兴趣。

一妈妈小常识一

碘是甲状腺素的主要成分。缺碘时，甲状腺会为了使有限碘得到更好地利用而肿大，即为甲状腺素分泌不足，影响新陈代谢，使宝宝发育不良及智能低下，称为呆小症，并可能致命。

海水中有丰富的碘，因此海产类食物的碘含量都很丰富，其中又以海带、海藻等食物为多。十字花科食物（芥蓝、油菜、花椰菜、卷心菜、白菜、白萝卜）有助于预防癌症，却会妨碍碘的利用，因此碘营养不足的宝宝应控制这类食物的摄取。

育儿随笔

温馨提示

妈妈给宝宝读书时要以宝宝为中心。越小的宝宝注意力集中的时间就越短，如果宝宝抓住妈妈的手指，轻拍或蹭妈妈的手臂，并主动对书拍、抓、打等，表明宝宝能从阅读中得到满足。这时可以根据宝宝的需要重复阅读内容，如果宝宝把目光从书上移开，情绪烦躁，表明宝宝不再有兴趣了。

给宝宝用外用药需要注意什么

通常爸爸妈妈一般认为外用药比内服药安全，事实上，宝宝皮肤薄，抵抗力弱，外用药一样会给宝宝带来伤害。宝宝患皮肤病或进行皮肤消毒时用刺激性强的药物，如水杨酸、浓碘酊等都不利。这些药物可使宝宝皮肤发生水疱。如必须使用时，应从低浓度开始，如果出现刺激症状，应立即停药或改用缓和的药物治疗。给宝宝用酒精擦浴要慎重，如果酒精浓度过高，擦浴时间长，也会引起中毒，会导致宝宝昏迷、呼吸困难。

育儿小贴士

宝宝神经系统的发育还不健全，兴奋活动持续的时间不长，大脑易疲劳，所以宝宝需要足够的睡眠。在睡眠时，宝宝身体活动减弱，肌肉放松，呼吸频率减慢，大脑得到休息，能量便可得到积累和利用。如果宝宝长期睡眠不好的话，不仅影响生长发育，还会使宝宝的抵抗力下降，成为生病的诱因。

温馨提示

鸡肉味甘，微温，能温中补脾，益气养血，补肾益精，并含有蛋白质、脂肪、钙、磷、铁、镁、钾、钠、维生素等营养成分。鸡煮汤汁同粳米煮粥，其补脾益阴、养血强体作用大，主治年幼体弱、气血不足、营养不良等症。

育儿随笔

— 妈妈小常识 —

妈妈不仅要直接与宝宝进行爱的交流，还要制造好整个家庭的气氛，必须努力为宝宝创造一种舒适、温馨的家庭氛围。有些三代同堂的家庭，妈妈惟恐宝宝被爷爷奶奶宠坏，而不让老人亲近宝宝。然而过分呵护和溺爱固然不好，但更可怕的是宝宝自小在充满敌意的环境中长大，将会给他造成许多无法弥补的后遗症。

宝宝没有尿布疹，也要每天使用护臀霜吗

据调查发现，每次更换尿布时都使用护臀霜的宝宝，比不用护臀霜的宝宝更不易得尿布疹。虽然护臀霜的价格比较贵，但它能有效地预防尿布疹，减少宝宝的痛苦。实际上，市售护臀霜的主要功能是预防而不是治疗尿布疹，当然应该是日常使用的。

一 妈妈小常识 一

宝宝现在会经常用拇指把东西往手掌里推，抓住一个正在动的东西仍然较难，但已经能够直接去抓了。宝宝会边看边取东西，并且在目光注视下调整手的位置。他会用整个手掌把东西罩住，拿起来用嘴去探索。此时是锻炼宝宝精细动作，发展五指分化的时期。两手对捧是脑手协调进一步发展的结果。

育儿小贴士

因为宝宝爱乱动，再加上婴儿时期肘关节囊及肘部韧带松弛薄弱，经常会出现肘部关节的损伤，尤其容易发生婴儿桡骨头半脱位。桡骨头半脱位以后，宝宝会立刻感到疼痛难忍，哭闹不停。宝宝的肘关节呈半屈状下垂，不能活动。父母要注意宝宝的非正常情况，一旦发生立即去医院，请医生帮助宝宝复位。

温馨提示

爸爸妈妈不要给宝宝服用蜂乳。蜂乳是人们常用的滋补品，又叫蜂王浆，其中含有促进人体发育的有效成分70多种。但是蜂王浆中含有雌激素，宝宝如果经常服用的话，会促进性器官的发育、早熟。

育儿随笔

....

....

....

....

妈妈该怎样训练宝宝用杯子

开始练习时，在杯子里放少量的水，让宝宝两手端着杯子，妈妈帮助他往嘴里送，要注意让宝宝一口一口慢慢地喝，喝完再添，千万不能一次给杯里放过多的水，避免呛着宝宝。当宝宝拿杯子较稳时，妈妈可逐渐放手让宝宝端着杯子自己往嘴里送。这时也要注意杯子中的水量要由少到多，逐渐增加。宝宝练习用杯子喝水时，妈妈要用赞许的语言给予鼓励，比如："宝宝会自己端杯子喝水了，真能干！"这样能增强宝宝的自信心。

育儿小贴士

让宝宝坐在一个高椅子上，或者坐在桌边，在他面前放一个小托盘。小托盘里放一个小杯子。妈妈首先举起杯子假装喝里边的东西，同时说一些像"啊呜、啊呜"或"好喝、好喝"之类的话。然后妈妈把杯子举到宝宝的嘴边，当宝宝想喝的时候你也说同样的话，最后把杯子放在托盘上，看看宝宝是否会将杯子举到嘴边。

— 妈妈小常识 —

让宝宝坐在床上或垫子上，妈妈用手抓住他的食指，教他拨弄玩具，如小按键电话、算珠、转盘等，让玩具转动或发出声音，引起宝宝的兴趣，这样可以训练宝宝的食指动作，促进小肌肉的发育。妈妈还可以给宝宝制作一个练习纸盒，在纸盒上贴上可爱的动物图案，并开一个个的小洞，让宝宝用食指去抠洞玩。

温馨提示

妈妈最好不要给宝宝穿带松紧带的裤子。因为宝宝现在正处在快速生长发育的阶段，松紧带裤会影响胸腹部发育，尤其在秋冬季节，衬裤、毛裤，外加罩裤，从里到外 1～3 条松紧带紧紧箍在宝宝的胸腹部，会大大限制他的胸廓发育和呼吸运动。

育儿随笔

宝宝为什么会睁着眼睛睡觉

有些宝宝在睡觉时眼睛会露出一条缝来，许多父母都很想知道，这种情况对宝宝而言是正常的吗？专家解释：宝宝睡觉时眼睛露缝，中医术语叫"睡卧露睛"，与宝宝的脾胃功能失调有关。宝宝脏腑柔弱，五脏六腑处于生长发育状态，需要大量的营养物质，脾胃功能经受着很大的压力与负担。一旦因饮食不节或疾病等各种因素困扰，极易发生脾胃功能失调。

— 妈妈小常识 —

到了8个月，很多宝宝开始三餐都吃辅食了，时间一般会安排在上午10：00、下午2：00及晚上6：00，而早上6：00和晚上睡觉前再各吃1次奶。8～10个月是宝宝最容易进行断奶的时间，妈妈可适当安排宝宝的辅食和喂奶时间，帮助宝宝及时断奶。

育儿小贴士

宝宝断奶后的饮食父母要格外注意。断奶后，父母要为宝宝选择质地软并且易消化的食物，当然更要富含营养，最好要为宝宝单独制作食物。在烹调手法上，以切碎煮烂为原则，最好采取煮、煨、炖、蒸的烹饪方式，不要用油炸。

温馨提示

宝宝有时候会玩弄自己的生殖器或外阴，父母不必大惊小怪，更不要呵斥宝宝。这个问题可以靠丰富宝宝的生活来解决。在宝宝出现这种动作时，父母要分散他的注意力，吸引他去做别的事。不要让他感到孤独，要给他足够的爱抚，使他不至于皮肤饥饿。多跟他做一些运动性游戏，让他的精力尽量得到宣泄。

育儿随笔

宝宝打完针，妈妈可以用手为他按摩针眼吗

给宝宝打完针后，妈妈马上用手指按摩针眼是常有的事。因为妈妈怕宝宝针眼疼，如果按摩一会儿，也许会减轻疼痛。这种按摩减痛的做法并不正确，甚至会加重宝宝的疼痛。妈妈的手指上会沾染许多肉眼看不到的病菌，用这样的手按摩宝宝的针眼是很危险的，因为手上的病菌有可能沿着尚未闭合的针眼进入皮下组织或血管，引起局部组织感染，严重时还可能会并发菌血症和败血症。

育儿小贴士

一般宝宝呼吸的杂音多由咽喉部位而来，咽喉分泌物及软组织互相振动而有声音，尤其是熟睡时会更大。如果让宝宝侧睡，可改变咽喉处软组织的位置，减少分泌物的滞留，宝宝的呼吸会稍顺畅些。但不要让宝宝偏左侧卧，因为胃与食管的交界在偏左侧位，胃内容物在左侧卧时易反流到食管中。

温馨提示

妈妈在对宝宝的针眼做局部按摩的时候，会破坏宝宝自身血液的凝固作用，不利于止血。因为当皮肤出血时，人体内的血小板会自动将血管破裂处的血液凝集成块，阻止自然出血。如果不断用手按摩，血块就不能凝集导致针眼周围大块瘀血，加重和延长宝宝的疼痛。

妈妈小常识

妈妈经常会碰到宝宝不爱吃饭的现象，这不一定是宝宝的身体出了状况，也可能是食物不符合宝宝的口味。在制作食物的过程中如果稍微加些醋，可以刺激宝宝胃酸分泌，起到生津开胃，增强胃肠蠕动，促进食物消化的作用。进而可以增强宝宝食欲，让宝宝从不爱吃饭变得想多吃饭了。

育儿随笔

宝宝学爬时怎样保护膝盖

宝宝在硬地板上爬行时，妈妈可以为他在膝盖处带上护膝，防止宝宝因为膝盖摩擦引起疼痛而不愿意爬。给宝宝带护膝的时候要注意，不能太紧，否则会影响宝宝膝盖的活动。如果方便的话，可以在地板上铺上一层泡沫软垫，上面最好有各种动物的图案，更能引起宝宝爬行的兴趣。

— 妈妈小常识 —

给宝宝买玩具的时候除了考虑玩具的质量，还要考虑到宝宝的发育特点，适合宝宝的能力。一般来说，太难的玩具不会引起宝宝的兴趣，也不要因为女宝宝喜欢布娃娃便将娃娃堆得满房间都是。给宝宝准备的玩具种类要均衡，让宝宝对各种玩具都有足够的认识。

育儿小贴士

一旦发现宝宝有要大小便的表示，一定要迅速做出反应，不能拖延，因为宝宝自我控制力只有很短的时间。爸爸妈妈用自然而豁达的态度对待宝宝不能自控大小便，这是每一个宝宝成长过程中的必经阶段，更不要流露出厌恶的态度。每当宝宝能自己控制住大小便时，应及时表扬，让他产生一种自豪感。

育儿随笔

温馨提示

宝宝最好每日1次大便，如果大便间隔时间较长，可以吃一些含乳酸菌的酸奶，另外两次喂奶间适量喂水，可减少便秘的发生。

乳酸菌能将牛奶中的乳糖分解为乳酸，而乳酸除了能帮助钙质吸收外，还能减少胃酸分泌，乳酸菌会利用氨基酸合成各种有益成分，有效中和有毒物质，以减少毒素的吸收。乳酸菌具有增加食物营养价值、建立肠胃正常细菌生态、增加免疫力与预防癌症等功效。

给宝宝安排合理的睡眠时间

宝宝现在还处于不能表达自己喜恶的时期，爸爸妈妈一定要为他安排好足够的睡眠时间。8～9个月的宝宝白天一般睡2～3次，持续时间2～6小时，夜间睡10个小时，共计12～16个小时。睡眠时间过少，影响宝宝身体发育；睡眠时间过长，影响活动时间，又会使宝宝智力发展延缓。为了养育一个健康的宝宝，爸爸妈妈可要合理安排宝宝的睡眠时间。

育儿小贴士

爸爸妈妈要注意宝宝锻炼活动的时间，量有了保证，不等于保证了质。不能形式化地帮宝宝做运动，这样只能让宝宝觉得厌烦。爸爸妈妈要根据宝宝自身的特点，从实际出发，选择恰当的形式，保证适当的活动量和运动强度，真正调动宝宝每一块肌肉、每一根神经，使宝宝得到真正的锻炼。

— 妈妈小常识 —

爸爸妈妈在为宝宝制订食谱时，应根据宝宝的需要量供给脂肪，不宜过多，也不宜过少。供给脂肪过多，会增加肠道的负担，容易引起消化不良、腹泻、厌食；供给脂肪过少，宝宝体重不增，易患脂溶性维生素缺乏症，如维生素A缺乏后的夜盲症、维生素D缺乏后的佝偻病等。

温馨提示

经常教宝宝将右手举起，并不断挥动，让宝宝学习"再见"动作。爸爸上班要离开家时，要鼓励孩子一起挥手，说"再见"。每天反复练习，经过一段时间宝宝见人离开后，便会挥手表示再见。在宝宝高兴的时候，还可以帮助他将双手对起握拳，然后不断摇动，表示谢谢，而后每次给他玩具或食物时，他都会拱手表示谢谢。这样有利于宝宝动作能力的发展和礼貌习惯的培养。

要注射疫苗啦！

8个月的宝宝体格发育有哪些标准

宝宝到了8个月时，体格发育应达到以下标准：如果是男宝宝，8个月时标准体重为7.2～11.3千克，身高标准为67.0～87.6厘米。如果是女宝宝，8个月时标准体重为6.6～10.5千克，身高标准为65.0～75.9厘米。

— 妈妈小常识 —

宝宝的味觉在半岁时发育比较敏感，此时如果他能够接触到更多食品，长大以后一般不会偏食、挑食。添加某种辅食时，在母乳喂养之前，让他尝一尝这种辅食的味道，但不给他吃，如果母乳哺喂后没有吃饱，再给他吃辅食。在母乳哺喂之前，宝宝处于饥饿的状态，那时让他尝辅食的味道，比较容易接受。

育儿小贴士

当宝宝会坐时，切不可让他单独坐在床上，如果将宝宝置于床上，床面最好与其身体呈垂直的角度，以防有外力或宝宝动作过大时，发生摔下床的危险。此外，父母可将宝宝坐的空间用护栏围起来，且可放置玩具让宝宝有兴趣坐起来。

温馨提示

妈妈如果要给宝宝换穿很久没用过的衣被，最好先把衣被晒一晒。冬季御寒的羊毛衫、厚棉被等都含有角蛋白，是蛀虫卵孵化为幼虫的理想食物。蛀虫在衣被里生长繁殖会产生大量病原体，危害人体健康。如果妈妈把衣被拿出来，又没经过高温消毒或者晾晒，直接给宝宝穿或盖，会引起宝宝的皮肤感染。

育儿随笔

疫苗

麻疹疫苗——第一针

宝宝大声叫嚷是因为什么

首先，宝宝可能是为了想得到自己喜欢的某种玩具或物品；也可能是为了强调自己兴奋快乐的情绪，成人可以暂时不予理睬，让宝宝尽情地叫嚷一会儿。一般情况下，宝宝的叫嚷是为了发泄自己的不愉快和被冷落的情绪，成人可以用有趣的玩具或宝宝喜欢的、色彩鲜艳的图画转移宝宝的注意力，还可以与宝宝一起玩一会儿，做他喜欢的游戏等，以满足宝宝希望与人交往和被他人重视的心理需要，使宝宝停止叫嚷。

育儿小贴士

婴儿时期许多疾病的早期症状与感冒症状相似，如麻疹、支气管肺炎、中毒性菌痢等，这些疾病的早期都有高热、寒战和上呼吸道不适症状，与感冒极为相似。但随着病情的发展，将出现其特有的表现。所以，当宝宝有感冒症状时，要细心地观察宝宝的各种表现和突然变化，发现与感冒不相符合的表现时，要及早送医院检查。

育儿随笔

温馨提示

笋中含有大量的草酸，很容易和钙结合成果酸钙，影响宝宝身体对钙、锌的吸收和利用。宝宝的骨骼尚在发育中，如果缺钙会造成骨骼畸形，患上佝偻病。而宝宝如果长期缺锌，就会造成生长发育迟缓，智力低下。因此，在制作辅食的时候不要给宝宝多吃笋。

宝宝认生怎么办

认生是宝宝发育过程中的一种社会化表现。对宝宝认生的表现不能斥责，否则会加重他的紧张和恐惧。可以由妈妈抱着让宝宝在远处观望生人，然后离得近一点让他与生人接触，以后逐渐增加强度，鼓励他与生人相处，慢慢地使他的焦虑或恐惧程度降低。家里来了陌生人，不要让他们一开始就抱或亲宝宝，而应在相互交谈中，宝宝与他们熟悉之后再亲热，以免引起不必要的恐慌。

— 妈妈小常识 —

为了宝宝的健康成长，爸爸妈妈一定不要让宝宝过早地学走路。婴儿时期的生理特点，骨骼中的胶质多，钙质少，骨骼柔软，容易变形，尤其是下肢肌肉和保持足弓的小肌肉群发育还不完整。如果过早地让宝宝学走路，身体的重量必然会加重脊柱和下肢的负担，时间长了容易使脊柱和下肢变形，形成驼背、X 形腿和 O 形腿，影响了体形的健美，还容易形成扁平足。

育儿小贴士

刚学爬的宝宝可能反应能力不太好，爸爸妈妈可以让宝宝趴在地板上，用手握住他的双脚脚踝上面的部位往前摆，借此来帮助宝宝前行。也许宝宝只愿意趴着玩，不能向前爬，或者是在原地旋转甚至向后退，爸爸妈妈可以有意识地教宝宝练习，将身体挡在宝宝后面，也可以在宝宝前面放些好玩的玩具，吸引宝宝的注意力。

温馨提示

宝宝在妈妈和家人的细心照料下会产生一种依恋之情，只要在妈妈或家人身旁就觉得安全。而生人的出现打破了原有的格局，宝宝就会出现焦虑，甚至恐惧。认生的程度（即对恐惧的耐受力）与宝宝的先天素质有关。性格内向、胆子比较小的宝宝，认生较严重；而性格外向、乐于交往的宝宝，认生较轻。

宝宝的房间应该布置得很花哨吗

花哨过头的儿童房布置，往往会点燃宝宝脑中的"兴奋灶"，让宝宝迟迟无法平静下来。所以，想让宝宝体会到全神贯注做一件事的乐趣，墙面和地面就应该肃静些，直接给予他安静、内敛的暗示。

育儿小贴士

一定要避免宝宝接触刺激性的气味及烟雾。例如，屋内尽量少用蚊香、燃香、油漆、樟脑丸、杀虫剂等有刺激气味的物质，甚至有些宝宝对香水味也会有反应；厨房内宜使用抽油烟机，以减少油烟散漫；厕所也要经常清洗，防止臭味产生。这些刺激性的物质很容易刺激宝宝的眼睛、呼吸道及胃肠，增加生病的机会。

— 妈妈小常识 —

人体四肢的运动多是前（腹）向式的，趴睡时手脚活动的空间就有限了。所以，习惯让宝宝趴睡的妈妈，切记一定要避免使用软床，也不要使用中央有凹陷的枕头，并应将宝宝头脸部周围的环境清理干净，以防有东西掩住脸部、口鼻。另外，最好让宝宝两手屈肘置于胸侧（切勿伸直放于腹侧），如此可减少胸部的压迫，呼吸会顺畅些。

育儿随笔

温馨提示

宝宝的听觉很好，父母、保姆最好经常与他聊聊、哼哼歌。也许，你还记得幼时妈妈哼的催眠曲。如有兴趣不妨将这些轻柔、宁静的曲子记录下来，在照料宝宝时你就可以经常随口哼唱。声音、音调、节奏的变换是转移烦躁不安宝宝的绝妙办法。同时，也可以将一些适合宝宝的流行歌曲记下来。例如，一个正噼噼啪啪地拍打着洗澡水的宝宝听到进行曲会更加活泼、有劲。父母也可以自编育儿曲，只要有创造性能启发想象力，宝宝就会喜欢。

为什么宝宝夜间醒来妈妈最好不应答

夜里，有的宝宝要醒来几次。但这种"醒"不是真正意义上的醒，是宝宝处在浅睡眠状态所表现出来的睁眼、吸吮、翻身、哭泣、抬头张望等动作，这些动作大多是无意义的，即使睁眼也是无神的。妈妈可以静静地等待5分钟以上，再去关心他，坐在宝宝的身旁或依偎在宝宝的旁边，而不要抱宝宝，让宝宝自行调节进入深睡眠期。千万不要应答或用大的声响惊醒宝宝。这种情况随着宝宝年龄增长和神经系统发育完善会慢慢调节好的。

— 妈妈小常识 —

妈妈可以缝制一个柔软的布球。在游戏时间里，妈妈和宝宝一起坐在地上，让宝宝面对着妈妈。首先妈妈把球滚给宝宝，然后拉着宝宝的手，告诉宝宝怎样把球再滚给你。宝宝会觉得很有趣。只要稍加鼓励，宝宝就会很快学会将球滚回来。一旦宝宝开始将东西抛出床外，就意味着宝宝已经开始喜欢上这种游戏了。这个游戏一方面可以锻炼宝宝的精细动作，一方面还可以锻炼宝宝的社交能力。

育儿小贴士

宝宝在饮食中过多吃糖、脂肪，这些酸性物质过多头发会变黄，主要是缺乏某些微量元素（铁、铜、锌等）。缺铜会使酪氨酸酶功能减低，而影响黑色素代谢。缺铁、锌影响毛发细胞发育、生长，使头发变黄。

温馨提示

宝宝排便前后要注意养成良好的卫生习惯：坐便盆时，不能养成喂饭、吃零食和玩玩具的不卫生习惯；擦屁股要坚持从前向后的原则，以妨造成尿道感染；每天晚上都要给宝宝洗屁股，保持肛门和外生殖器干净，减少感染的机会；每次便后，应立即将便盆刷干净；在倒便盆和给宝宝擦屁股后，家长都要用流动水将手洗净。

育儿随笔

宝宝感冒可以喝鸡汤吗

鸡汤，在宝宝感冒的时候大有用处。鸡汤利于消化，可以防止脱水，也不会刺激疼痛的喉咙。更重要的是，大多数的宝宝都能够接受，甚至很喜欢喝。妈妈可以在宝宝感冒的时候用新鲜的生姜和鸡一起熬汤，每天两次，有助于感冒宝宝的康复。

育儿小贴士

爸爸妈妈不要盲目地拿自己的宝宝与别人的宝宝比较，要仔细地研究自己的宝宝，了解他目前的发展水平和特点。爸爸妈妈也可以去专业机构定期给宝宝做发展水平测试，以确切了解宝宝的发展水平。但测评结果中给出的"发育商"或"智商"只代表宝宝目前的发育水平，而每个宝宝都有自己独特的发育时间表。宝宝的发展方向、速度和水平，在很大程度上取决于爸爸妈妈为他提供的成长环境。

温馨提示

激素的退热作用是一种假象，有害而无益。激素还会导致蛋白质、糖、脂肪及电解质代谢失常，严重的可引起肌肉萎缩、骨质疏松，影响宝宝的生长发育。

育儿随笔

— 妈妈小常识 —

宝宝到 8 个多月时，消化蛋白质的胃液已经能够充分发挥作用了，所以可多吃一些蛋白质食物，如豆腐、奶制品、鱼、瘦肉末等。但要记住，给宝宝吃的肉末，必须是新鲜瘦肉，可剁碎后加作料蒸烂吃。而且妈妈不必只给宝宝果汁了，可直接喂番茄、橘子、香蕉等水果。

可以给宝宝喝酸奶吗

半岁以下的宝宝不要饮用酸奶，应以母乳或配方奶为主，当添加辅食后，可适当给予酸奶，但每天不要超过100毫升。一定要遵循由少到多，由稀到稠的原则，即刚开始只给予10毫升左右，用温开水稀释1倍，观察宝宝无腹胀、腹泻等不良消化道反应，才可随着月龄的增加及个体的耐受情况，逐渐增加给予量。但1岁前每天不要超过100毫升。

一 妈妈小常识 一

酸奶中含有的半乳糖是构成脑、神经系统中脑苷脂类的成分，与宝宝出生后脑的迅速成长有密切关系。尤其腹泻是婴幼儿时期最常见的疾病，酸奶中含充足的乳酸菌，并且有适宜的酸度，常饮酸奶可以有效抑制有害菌的产生，提高免疫能力。因而能够预防腹泻或缩短慢性腹泻持续的时间，减少急性腹泻的发病率。

育儿小贴士

宝宝的好奇心强，喜欢东摸摸、西摸摸，无形中手上会沾上许多病菌。而爸爸妈妈的生活圈子更大，手所碰触的事物更多，手上的病菌当然也就更多。所以，全家人都要养成常洗手的习惯，才能减少宝宝感染病菌、降低生病的概率。

温馨提示

酸奶是用鲜牛奶通过特殊细菌发酵制成的，牛奶经酸化后，酪蛋白凝块变小，并且可使胃内酸性增高，对于宝宝的消化吸收很有帮助，宝宝适量食用酸奶是有好处的。需要注意的是一定要选购新鲜优质酸奶，家庭有条件的自制酸奶也可以，但是要注意酸奶容易变质，不宜久藏，一定要现买现吃，或现做现吃。

育儿随笔

....

....

....

麻疹疫苗要按照时间打

宝宝接种麻疹疫苗后所产生的免疫力会随时间延长而逐渐下降，这时若接触麻疹病人也会出麻疹，但病情较轻，并发症也少。为了解决免疫力下降的问题，有的预防针必须定期再次注射。因此，妈妈不要认为宝宝已经打过 1 次预防针就完全保险了，一定要按医生要求，定期按计划完成。有的预防针需要打 3～4 次，以巩固、加强其效果。

育儿小贴士

发热是宝宝出麻疹时的必然病理现象，有利于疹毒外达而透疹，所以妈妈不要一见到出麻疹的宝宝发热就盲目给吃退热药。这样对麻疹的透发不利，容易导致疹出不畅，使病毒内陷，继发肺炎、心力衰竭等并发症。如果宝宝发热在 39℃以上，可在医生指导下给小量退热药或用温水擦身，使体温降到 38.5℃左右即可，不要把体温降得太快、太低，出汗不要太多。

－ 妈妈小常识 －

宝宝在短时间内进食较多西瓜会造成胃液稀释，再加上宝宝消化功能没有发育完全，会出现严重的肠胃功能紊乱，引起呕吐、腹泻，以致脱水、酸中毒等症状，危及生命。如果宝宝有腹泻，更不要喂他西瓜吃。另外，宝宝吃西瓜时一定把西瓜子弄净，以免发生便秘或瓜子误入气管，发生危险。

温馨提示

瓶装纯果汁一旦被打开，就开始丧失营养，所以在冰箱里不要储存得太久。用柑橘、柚子、菠萝等制作的无菌果汁，营养成分可以保存 7～10 天。其他低酸性的果汁，像苹果、葡萄，在打开后能保存 1 周。如果妈妈买的是未经高温消毒的果汁，即使没有打开，1 周内也一定要喝掉。

育儿随笔

....

....

....

宝宝为何尿频

排尿次数过多即称尿频。宝宝尿频时要注意排尿的次数和尿量的关系，尿量多常与饮水多有关。分两种情况：一是多尿在先，多饮在后，即因排尿多引起口渴而更多饮水，越喝越尿，常见病如尿崩症及糖尿病。另一种多尿的原因是多喝在先，多尿在后，即因喝水多而排尿也多。后者是宝宝多尿的主要原因，这种情况往往是人为造成的，所以也叫精神性多尿。

— 妈妈小常识 —

妈妈可以和宝宝做一些培养逻辑能力的游戏。比如，妈妈和宝宝相对坐在地板上，把两个玩具分别放在宝宝左右手上，若他能很好地抓住这两个玩具，就给他第三个玩具。开始他会用已拿着玩具的手去抓，但很快知道需先放下手中的那一个再去拿第三个玩具。

温馨提示

宝宝多尿时要注意宝宝外阴部、尿道口是否发红，有无湿疹，包皮是否过长，这些都可以刺激局部，发生尿频。如果宝宝有发热现象或排尿时哭闹，说明感染的可能性更大。应该把宝宝的尿送到医院去进行化验，并及时治疗。

育儿随笔

育儿小贴士

宝宝的饮食主要是流食，所含的水分已经不少，在每次喂奶期间又加喂水，而且喝的多是含有糖分的各类饮料，这些甜水本身就有利尿作用，加上宝宝的肾脏浓缩功能差，就容易发生多尿现象。有些宝宝已形成习惯，非甜水不喝。这要引起爸爸妈妈的注意，含糖饮料未必有营养，多喝甜水会使宝宝排尿的次数更多。

宝宝打呼噜

不知道妈妈有没有注意过，宝宝在睡觉的时候是不是打呼噜。有时候宝宝打呼噜可能是因为白天玩得太累，或者睡觉的姿势不正确。但如果你的宝宝每天晚上都打呼噜，而且呼噜的声音很大，妈妈就该引起注意了，最好请医生为宝宝检查一下。

— 妈妈小常识 —

爸爸妈妈要经常给宝宝看图画书，告诉他图上画的是什么动物、植物或用品，这样做并不是为让他马上认识，因为宝宝的智力还没有发展到这一水平，而是为了引起他的注意和快乐，发展宝宝的视觉、听觉和注意力。

育儿随笔

育儿小贴士

当宝宝长期一侧身体无力，需要用另一条腿拖着向前移动，并伴有其他动作发展迟缓的现象时，爸爸妈妈要小心，最好去医院做个检查，看看是否为神经系统发育障碍。

为什么要让宝宝早早拿画笔

颜色能促进宝宝的智力发展。宝宝在出生后 4～8 个月开始学习看东西，眼睛与大脑的视觉中枢被接通，这时宝宝可以准确地观察其周围环境。不久后，宝宝就开始寻求表达方式，复述自己所看到的颜色和画面。有些宝宝很早就有良好的颜色感，父母应为宝宝购买画笔，让宝宝练习绘画。

— 妈妈小常识 —

在人体的脊椎周围有许多重要的神经、血管及重要的内脏器官，当脊椎的角度歪曲时，将会对它们造成压迫，进而引发神经、血管、内脏功能失调等疾病，或是造成骨刺、肌肉酸痛等病症。在成长阶段多爬的宝宝，肌肉、关节比较强壮，姿势比较挺拔，长大后脊椎的相关毛病也比较少或病痛的程度比较轻微。

温馨提示

爸爸妈妈可能发现宝宝有些对眼，可是到医院检查，医生却说不斜，这主要是由于人们习惯于根据黑眼球两眼白暴露得是否对称来判断眼球是否正位，而误认为是假性斜视。这种情况会随着眼睛的发育，逐渐趋于正常。由于宝宝的瞬目反射尚不健全，此时应特别注意眼内异物，一旦发现宝宝的眼睛红肿、流泪，应尽早到医院就诊。

育儿小贴士

与成人相比，宝宝皮肤的冷热调节能力较弱，更易出汗，而汗液中的乳酸对蚊子最具有吸引力，这也是宝宝更易遭蚊子袭击的原因。所以宝宝身上有汗，妈妈一定要及时为他擦干净，并注意勤洗澡、勤换衣，保持皮肤清洁。对蚊子特别敏感的宝宝，出门前一定要在身上，尤其是裸露在外的头、胳膊、腿上做些必要的护理。如果外出时间长，可在身上擦些防蚊时间长的蚊不叮；外出时间短，可往身上抹点花露水，也可洒在衣服上。

怎样训练8个月宝宝的动手能力

宝宝现在已经会自己用手抓食物吃了，妈妈可以把小块的鸡肉、香蕉、蛋黄、面包等放到他的旁边，让宝宝自己拿着吃。宝宝在这个阶段可以把一连串的动作一起完成，如伸手、拿起、转动、打开、关上。可让宝宝多玩积木和形状相对应的游戏，最初宝宝只能挑出圆形积木，放在合适的空位上，随着手腕技能的提高，宝宝可以挑出更复杂的积木了。

育儿小贴士

过年期间，家家户户都要放鞭炮，爸爸妈妈可能会担心宝宝会不会被鞭炮声吓着。父母要根据宝宝的不同表现，采取不同的措施，有些宝宝天生容易受惊吓，室外的鞭炮声容易扰乱宝宝的睡眠情况，建议父母关好门窗，尽可能将屋外的噪声降低到最小。如果宝宝对于鞭炮声反应不大，采用一般的安抚就可以了。

— 妈妈小常识 —

妈妈可以定一个时间，跟宝宝一起为满是灰尘的模型车、塑胶动物好好冲个澡。简单地为宝宝准备一个有喷头的瓶子、一块海绵或抹布、刷子和柔性清洁剂，一起动手清洗，就可以使失去光泽的玩具重新恢复崭新的面貌，之后你会发现，宝宝对这些玩具将会更有感情，而且将会发掘出更多新鲜有趣的玩法。

温馨提示

妈妈给宝宝制作香甜的甘薯饭。甘薯去皮切成0.5厘米的方块，加1大匙水。以微波炉加热约1分钟。吻仔鱼用热水烫过，将饭倒入小锅中，再将水、处理过的甘薯、吻仔鱼及绿色蔬菜放入小锅一起煮熟就可以了。

育儿随笔

为什么健康宝宝会有心脏杂音

儿童由于生长发育的需要，新陈代谢旺盛，血流速度较快，健康儿童可有一半以上有生理性收缩期杂音。如杂音性质为柔和吹风样，部位在肺动脉瓣区（胸骨左缘第二肋间）或心尖区，杂音强度在Ⅱ级以下，常常在卧床时清楚，而站立或坐位时减弱或消失，均属功能性杂音，没有病理意义。

— 妈妈小常识 —

奶糕是宝宝从吃母乳到吃稀饭的过渡食品，而且营养成分和稀饭没什么区别，都是糖类。如果断奶后，宝宝可以吃稀粥、软米饭，妈妈就不需要继续再给宝宝喂食奶糕。长期给宝宝吃奶糕，不利于宝宝牙齿的发育和咀嚼能力的培养。

育儿小贴士

对于8个月的宝宝，爸爸妈妈要重点发展其手的"抓""捏"能力，使乱抓乱捏发展到准确无误地抓捏。爸爸妈妈可以把鲜艳的小彩带、小塑料动物挂在宝宝小手能抓捏到的地方。要训练宝宝从不同侧面去抓捏玩具，所以挂在宝宝面前的玩具位置要不断地移动。鼓励宝宝把手伸远一些，以提高手的技能。注意小玩具一定要清洁，因为宝宝常常会把抓到的东西顺手放到嘴里。

温馨提示

- 木耳大枣粥 -

黑木耳味甘性平，能凉血止血，润肺益胃，利肠道；大枣和血养血。此粥凉血、和血、止血、和胃，适用于因血热鼻出血、大便出血的宝宝。先将木耳用凉水浸泡半天，捞出洗净并切碎，与粳米、大枣（去核）同煮为稀粥，加入冰糖，糖化即成。此粥应该早晚服用。

育儿随笔

为宝宝修剪指甲

妈妈应该根据宝宝指甲生长的情况，7～10天为宝宝修剪1次。如遇到指甲破裂，就要随时修剪。妈妈用的剪刀要小，刀面要薄，刀尖要稍圆，刀刃要快。修剪时动作要轻而快，捏住一个个小手指剪，不宜剪得太多，不然会产生疼痛感，也不要剪成棱角样，这样会刺伤皮肤。每个手指剪完后大人要用手摸一下是否光滑，如有棱角要立即修剪。

育儿小贴士

当家里有客人来访时，爸爸妈妈可以把宝宝抱在怀里，不要急于走近客人，要用你对客人热情的态度和友好的气氛去感染宝宝，使他学会"信任"客人。然后让客人逐渐接近宝宝，可以由客人递给宝宝一个漂亮的玩具。如果客人带着自己的宝宝，就可以让两个宝宝互相接触。如果客人靠近宝宝的时候，他很害怕，请爸爸妈妈立即把宝宝抱远些，与客人谈笑，待一会儿再靠近，给宝宝一个逐渐适应、熟悉的过程。

育儿随笔

— 妈妈小常识 —

在给宝宝吃新的辅食时，宝宝可能会出现呕吐现象。这时轻轻地安慰一下宝宝，抚摸宝宝的后背，宝宝便会咽下不想吃的东西。如果发现宝宝噎着了，爸爸妈妈一定要迅速做出反应，及时采取救护措施，情况严重的时候要立即送往医院。

宝宝龋齿要从什么时候开始预防

从乳牙萌出至第2颗恒牙萌出前的这段时期，称为乳牙期。一般是6个月至6岁的婴幼儿乳牙期龋齿的发病率较高，危害也比较大，乳牙萌出不久就可以患龋齿，而且发展速度很快。这时就要预防宝宝龋齿，由于宝宝年龄小，不能刷牙，故食物残渣、软垢常常滞留在牙面上，爸爸妈妈应该经常检查宝宝的口腔卫生情况，并协助宝宝清洁牙齿。

一 妈妈小常识 一

宝宝学爬行时最好的玩具是各种色彩鲜艳、大小不同的皮球。皮球之所以能够受到宝宝的青睐，是因为宝宝无须费什么力气，皮球就能滚出去很远。另外，因为每次皮球滚动的方向是无法预料的，而且可以失而复得，这就增加了宝宝玩耍的新奇性和趣味性。

育儿小贴士

虽然宝宝年龄小，能力差，但却总是希望什么事情都要自己做。他可能在尝试"自己来"时往往搞得一塌糊涂，这时爸爸妈妈应耐心指导，做好示范，教会宝宝"自己来"的技能，帮助宝宝进步、成功，从而使他获得足够的自信心。切忌苛求斥责，否则势必导致宝宝胆怯、消极、缺乏自信的不良心理。

育儿随笔

温馨提示

爸爸妈妈要经常给宝宝吃些有一定硬度的食物。增加咀嚼频率与力度，可促进宝宝视力的发育。研究发现，常吃硬食的儿童视力差的很少。这是因为咀嚼力可增强面部肌肉，包括眼肌的力量，使之具有调节晶状体的强大能力，避免近视眼的发生。胡萝卜、水果、甘蓝、动物骨、豆类等，这些食物既耐吃又富含养分，特别值得推荐。

如何为宝宝选择润肤霜

为宝宝选择润肤油、润肤膏、润肤露、洗发露，要选择含氨基酸和角质细胞间脂质的。并且能滋润宝宝幼嫩皮肤，不油腻，不影响皮肤呼吸、凉爽舒适，完全天然植物成分。接近婴儿皮肤的酸碱度，有良好的保湿功能。

育儿小贴士

宝宝的成长有很强的阶段性，假若爸爸妈妈能使宝宝成长的每一步都能从他的最佳起点出发，那么他的成长历程就会相对地缩短，质量也较高。确定发展目标是首要任务，如果我们为他确定的发展目标是他伸手可及的，其结果对他自身的发展也不会有太大的促进作用，反而是一些具有挑战的目标才能真正地促进宝宝成长。

— 妈妈小常识 —

妈妈可以拿着一件有趣的小玩具蹲在宝宝前面四五十厘米的地方，对宝宝说："宝宝你看，这个小鸭子会叫。"以此来吸引宝宝，当宝宝向这边爬来的时候，要一点点向后退，逗引宝宝向前爬得更多。当然不能总是逗引，宝宝总是得不到玩具，便会失去获得玩具的欲望。

温馨提示

冬天，妈妈为宝宝穿衣的原则是：薄衣多穿几件，而不要让宝宝穿太厚的衣服，不必担心薄衣服不抗寒，其实，薄衣与薄衣之间会形成隔绝冷空气层，同样能达到保暖作用，而且，薄衣多穿几件也不会使宝宝感觉累。

育儿随笔

如何帮8个月大的宝宝选鞋子

宝宝的足弓还未发育，要选择有利足弓发育的童鞋。没有学会走之前要选软底布鞋，鞋要比脚大1.5厘米，以插入一个指头为度。会走后要穿硬底布鞋，鞋底宽松，有足弓分开左右。鞋帮稍高才能穿稳。布鞋轻便透气且舒适，但无跟布鞋不利于维持足弓，宝宝小脚用力过多时会使肌肉和韧带劳损。故应将后跟垫高1.5～2厘米，垫成坡形最好。

— 妈妈小常识 —

宝宝会爬后，所接触的范围扩大了，由所躺的地方扩大到整个床，以至于整个房间，使宝宝的空间位置发生了变化，增加了更多的声音刺激和事物刺激，有利于发展宝宝的听觉、视觉、平衡器官，以及神经系统的发育。同时，大大地扩大宝宝的认知范围，为宝宝建立、扩大和深化对外部世界的初步认识创造了条件。

温馨提示

大枣、山药、大米、小米、糯米、高粱、薏苡仁、豇豆、扁豆、黄豆、甘蓝、菠菜、胡萝卜、红薯、土豆、南瓜、黑木耳、香菇及桂圆等食品，是宝宝上佳的暖胃食物。另外，妈妈在做菜的时候适当放些大葱、生姜、大蒜、韭菜、洋葱等温性食物，也能起到祛阴散寒的作用。

育儿小贴士

如果宝宝扁桃体肥大或鼻腔有病而使鼻子呼吸不畅，造成用口呼吸，睡觉时就要张着嘴。由于气流从口腔通过，上腭受到向上的压力而不能正常向下发育，使上腭向上隆起，上牙弓的左右两侧也随之变窄，上牙弓前部向前突出，萌出的前牙不仅向前倾斜，而且常排列错乱，会形成开唇露齿的面形。因此，患病时要及时治疗，以免造成不良后果。

育儿随笔

为什么宝宝会得化脓性汗腺炎

酷暑期间，除了易患汗疹外，有些宝宝甚至在头部、脸部、臀部等位置出现许多豌豆大小或更大的结节、半球状隆起的皮下脓肿，这是由汗疹并发葡萄球菌的感染所造成。化脓性汗腺炎的外观虽然吓人，所幸大部分宝宝不会有全身症状或疼痛感。只要口服抗生素，脓肿切开排脓后即可快速痊愈。值得注意的是，这个疾病常常会再发，预防之道在于防止汗疹的产生，如降低室温、衣服宽大吸汗等。

育儿小贴士

宝宝会独走数步后，可在宝宝的前方放一个他喜欢的玩具，训练他迈步向前取，或让宝宝靠墙独自站稳后，爸爸妈妈后退几步，手中拿玩具，用语言鼓励宝宝朝父母方向走。宝宝快走到父母身边时，父母再后退几步，直到宝宝走不稳时把他抱起来，夸奖他走得好并给他玩具。

妈妈小常识

在冬春传染病流行时期，将室内的门窗关闭后，在火上煎煮米醋，使它形成醋蒸气，便可对室内的空气消毒，从而预防呼吸道传染病。如果宝宝因过食油腻而消化不良或肚子受了凉，妈妈可把1勺米醋放在温开水中给宝宝喝，可起到止痛、止泻、助消化的作用。

温馨提示

当天气越来越暖和的时候，很多大人都开始减衣服，也有心急的妈妈要给宝宝减衣服。然而专家提醒：天热了，要再给宝宝捂几天。妈妈在早晨起来给宝宝穿上的衣服不要随便脱掉，尤其是宝宝感觉到热或者已经出汗时，更不能马上将衣服脱掉，要让宝宝安静下来，等待自行消汗。

育儿随笔

第260天

不要让宝宝摄入过多糖分

有些食物虽然从表面上看并不含有糖分，如沙拉酱、热狗、汉堡包、罐头及一些冷藏蔬菜，但其中可能含有蔗糖、葡萄糖、蜂蜜或玉米糖，进食时应留心看包装上的标注，以免不明不白地吃进去很多糖分。

育儿小贴士

宝宝仰躺时，口鼻腔的分泌液流向咽喉部存积着，隔一会儿借助不由自主的吞咽动作会将其吞入食管。气管开口也位于咽喉部位，过多分泌液积留在此，除了呼吸时会产生气水交杂的浊音外，还可能会渗入敏感的气管内，从而引发咳嗽现象。因此，爸爸妈妈要注意帮助宝宝清理口鼻腔的分泌物。

温馨提示

蔬菜豆腐泥，健康又有营养，是宝宝辅食非常好的选择。妈妈先将去皮胡萝卜及豌豆烫熟后切成极小块，然后放入小锅加水，嫩豆腐边捣碎边加进去，加少许酱油，煮到汤汁变少。最后将蛋黄打散加入锅里煮熟就可以了。

育儿随笔

宝宝为什么会"鼻涕倒流"

宝宝感冒时，鼻腔内的黏膜因受细菌、病毒或其他敏感原的刺激而肥厚，黏膜上的分泌腺就会大量分泌黏液。当宝宝直立时，鼻涕就会顺着鼻腔向下流出鼻孔，这就是一般可见的鼻涕。当脸部向上仰躺时，因姿势的改变鼻涕不再由鼻孔流出来，而是往后流向咽喉部位，这就是所谓的"鼻涕倒流"。由于早晚气温较冷，鼻黏膜受到刺激分泌量较多，此时宝宝若多躺在床上，会使得鼻涕倒流更严重。

育儿小贴士

在牙齿将要萌出时，宝宝的牙床会有轻度的不适或发痒，有的宝宝就爱吐舌、舔牙床或咬舌头。久而久之，就形成吐舌、咬舌习惯，使正在萌出的牙齿受到舌阻挡，上下门牙不能互相接触，形成门牙开口的畸形。因此父母要常帮助宝宝按摩牙床，缓解宝宝的不适。

— 妈妈小常识 —

妈妈可以教宝宝做"抓挠"的游戏。单手做，双手做，左右手交替做，也可以将奶瓶放在宝宝手中，让他玩耍，或有意识地让他做抓、扔塑料和布制的玩具，还可以将两种或几种不同的玩具，依次递给宝宝，引导宝宝主动抓拿。

温馨提示

在给宝宝制作碎菜辅食时，妈妈可以先将洗净的青菜叶除去粗茎，再用刀切碎至细末状，加入少量水煮烂，放入少许食盐调味后喂给宝宝，也可用植物油炒片刻后直接调入稀粥或烂面条中混合食用。每次 30～40 克，以后可逐渐增加到每次 70～80 克。

育儿随笔

不要忽视宝宝的手指活动

在婴儿时期，手的运动是全身活动的一个环节。手部精细动作指手部小肌肉群的活动能力，它是由人脑的高级神经中枢发送指令来完成的动作。激发和控制手指精细运动的信号源于脑的最高区域——皮质的条形区，这一区域横跨脑，有点像束发带，称为运动皮质。运动皮质直接向手指发送信号，控制手的精细运动。手指在操作过程中，刺激大脑中手指运动中枢，反过来大脑的运动中枢又调节了手指的活动，大脑运动中枢和手指动作反复地相互作用，手指运动促进了大脑的迅速发育，大脑的发育又促进了手指运动更加灵巧，从而形成手脑相互促进的良性循环。

宝宝手的动作出现在语言发育之前，因此有人认为，宝宝的手比嘴早"说话"。手的动作能表达宝宝幼小心灵极其微妙的变化，它是宝宝接触、感知、认识世界的重要器官。每天按摩宝宝手部，从指尖到手腕，然后轻柔地帮助每个手指做屈伸运动，经常锻炼可以促进大脑的成熟。

— 妈妈小常识 —

宝宝患上舌炎后，早期舌干燥，有烧灼感或刺痛感。然后舌体肿大，呈鲜红色（品红），同时菌状乳头肿胀、充血。接着丝状乳头、菌状乳头萎缩继而消失，使舌面变得光滑、发亮，呈萎缩性舌炎，有时呈地图舌，有时有舌面裂纹或小的溃疡，有的患病宝宝有口腔黏膜溃疡。

温馨提示

宝宝夜里总醒，少数是由宝宝的先天气质决定，多数是因养育不当而引起，如突然换保姆、搬新家，或者妈妈临时离开等。不过，每个宝宝睡眠时间存在很大的个体差异，只要宝宝醒时精神状态好，即使他睡眠少些也不用过分担心。因此，睡前妈妈最好有3～4小时的时间让宝宝保持清醒，给宝宝喂饱后，最好把把尿，然后将他放在小床上，以免因为有尿总醒。

育儿随笔

宝宝需要防晒吗

皮肤受损害，紫外线是最主要的外部因素。宝宝的皮肤发育是不成熟的，黑色素的生成很少，而黑色素正是用来抵挡紫外线的，所以宝宝皮肤抵挡紫外线的能力极差，容易受到紫外线的伤害。人的一生中都会不同程度地受到紫外线的伤害。所以，宝宝的防晒保护非常重要。

育儿小贴士

爸爸妈妈要尽量避免在紫外线辐射最强的时间（中午）外出，如果外出需使用防护性的衣服和防晒品。防护性穿着包括不透光的宽檐帽和太阳镜、长袖衬衫和长裤等。防晒品一定要是婴儿专用的，是医学证明纯净温和的，防晒指数为15比较合适。切记不要让宝宝使用成人的防晒品。

— 妈妈小常识 —

宝宝被太阳晒伤以后，可以采用"自然疗法"治疗晒伤的皮肤。用新鲜的酸奶敷在伤处比较有效。红茶和橡树皮煮出的汤药效果也不错，不过皮肤可能会因为汤药的颜色暂时变黑。但如果是大面积晒伤，就应该立即带宝宝去看医生。

温馨提示

宝宝日光性皮炎，是在外出途中或返家后，在皮肤暴露部位出现皮损，可表现为红斑、丘疹、风团、水疱，还可以发生脱屑、色素沉着斑，严重者可发生皮肤感染等。对暴露部位的红斑，可以外搽炉甘石洗剂或振荡洗剂，也可用鲜芦荟的汁液涂抹（如果宝宝对芦荟不过敏）。如果手头没有这些药物，也可用冰块和冰水敷在红斑处。

育儿随笔

....

....

....

什么是宝宝异位性皮肤炎

先天性过敏皮肤炎是最常见的异位性皮肤炎，这种皮肤炎症状多发于两颊、脖子、肘部、手腕、膝盖屈侧，宝宝会有痒的感觉，这种病症可能会持续到儿童期。父母若有过敏的病症，如皮肤过敏、哮喘，宝宝有过敏病症的比例就会偏高。当宝宝身上出现红疹，常常有无故哭闹、厌食、情绪不佳的情形，即可怀疑宝宝有过敏状，应尽快就医诊治。

— 妈妈小常识 —

我们经常用到的陶瓷类制品中，彩釉陶瓷制作的餐饮用具及水晶器皿是形成铅污染的源头之一。陶土及彩釉中可含有大量的铅及其他金属化合物，如果用这类器皿盛酒或饮料，彩釉中的铅元素就会被浸出，进而溶解于食物或饮料中，"日积月累"就会引起铅中毒。因此，妈妈在给宝宝选购餐具的时候一定要避免这一类质地的物品。

育儿小贴士

爸爸妈妈可以把宝宝放在家中桌子前或是茶几前，最好选择高度与宝宝适当的家具，再将宝宝喜爱的玩具放置在桌面上，让他站着玩玩具，借此训练他的耐力及稳定性。仰卧起坐及蹬腿运动也非常适合此阶段的爸爸妈妈与宝宝一起进行。

育儿随笔

温馨提示

白天，妈妈要让宝宝在有光线的屋子里小睡。在这里，他可以听到白天的各种动静，以此来缩短白天多余的睡眠；晚上让他在黑暗、安静的房间里睡觉，不要让屋外的灯光照射进来。每天晚上睡觉前给宝宝洗个澡，换上干净的睡衣裤，让他明白夜间睡眠和白天小睡的区别。晚上喂奶时保持安静，不要在半夜里对着小宝宝说话或唱歌。把这些活动留在白天进行。

宝宝的睡姿要变化

趴睡、侧睡和仰睡，宝宝的这 3 种睡姿各有长短。对宝宝的睡姿，特别是 1 岁以内的宝宝，最好是仰卧、俯卧、侧卧 3 种姿势交替睡，每天不能总固定一个姿势。爸爸妈妈要根据宝宝的特点和不同的情况，交替选择适合宝宝的睡眠姿势，这样不仅可以使宝宝有优质的睡眠，而且宝宝的容貌也会长得更漂亮、更端正。

育儿小贴士

从宝宝牙牙学语阶段开始，爸爸妈妈就可以循序渐进地训练宝宝的语言能力，此时的宝宝能注意大人说话的声音、口形，开始模仿大人发出的声音和做出的动作，这时主要是训练宝宝的发音，尽可能使其发音正确，对一些含糊不清的语言要耐心纠正。在训练宝宝发音及说话时，引导宝宝把语音与具体事物、具体人联系起来，经过多次反复训练，宝宝就能初步了解语言的意思，如宝宝在说"爸爸""妈妈"时，就会自然地把头转向爸爸妈妈，再经过一段时间的训练，就有初步的记忆，看到爸爸妈妈时就能发出"爸爸、妈妈"的言语。

育儿随笔

一 妈妈小常识 一

带宝宝到草地或草坪上玩耍，如果回家后他出现腹泻、皮肤潮红等过敏现象，那很可能是草地上残留的杀虫剂或除草剂所致。我们生活的环境周围会有好多杀虫剂残留的污染，这些污染对宝宝的伤害不可轻视。

为什么要少带宝宝去逛街

用婴儿小推车带宝宝出门很方便，但小推车的高度正好让宝宝处于汽车尾气排放最密集的区域，汽车尾气里含有铅等有害气体。如果经常长时间逛街，宝宝就像一个流动的小"吸尘器"，这无疑会伤害到宝宝的健康。在马路上、商场和大型超市里，人多嘈杂、细菌繁多，宝宝抵抗力本来就弱，很容易感染细菌，导致疾病发生。

一 妈妈小常识 一

宝宝通过亲身实践和亲身体验得到的直接经验是很宝贵的，对比机械记忆的间接经验，直接经验更能被宝宝掌握，并内化成个人能力的一部分。比如说，妈妈为阻止宝宝吃生饺子，可以很亲切地告诉宝宝生饺子不能吃的原因，但这远远比不上让宝宝亲自尝试一下来得印象深刻。

育儿小贴士

如果宝宝在开始学习爬行的时候，碰到的天气是冬天，衣服穿得过于厚重，手脚没法伸展，就会造成爬行晚，甚至不会爬行的现象。爸爸妈妈可以将家里的空调开到合适的温度，在不引起宝宝感冒的前提下，适当减少宝宝的衣物，让宝宝可以自由活动，宝宝会很快学会爬的。

育儿随笔

温馨提示

有些爸爸妈妈喜欢给宝宝吃黑鱼，特别是宝宝生病的时候，因为民间普遍认为黑鱼的营养价值更高，其实不然。在自然界中，存在着生物链，如黑鱼吃小鱼，这就构成了一条生物链。由于现代社会污染日益严重，很多小鱼体内都可能有重金属、有机毒素等有害物质，如果黑鱼吃了这些小鱼，这些有害物质就很可能在它体内堆积，而宝宝如果吃了这种黑鱼，不仅不会受益，反而会受害。

宝宝的房间里可以喷洒杀虫剂吗

家里有宝宝的时候，爸爸妈妈最好不用或少用杀虫剂。杀虫剂所含的有机污染物会使宝宝大脑和神经系统发育出现障碍。杀虫剂污染严重地区的儿童，从2～4岁起就可能开始出现记忆力差、注意力难以集中、学习困难等不良现象。如果一定要用杀虫剂的话，一定要开窗通风，至少在24小时后才能让宝宝触摸被施过药物的生活用品，桌子和用具要先用水擦洗一遍。

育儿小贴士

妈妈给宝宝喂饭时，可以让宝宝自己拿一把勺子随意舀取碗里的食物，使他偶然能自己舀到一两勺放到嘴里，为以后自己吃饭打基础。开始的时候宝宝可能左右手不分，妈妈没有必要强迫宝宝纠正，甚至还可以鼓励宝宝两手都用勺。两手同时并用有助于宝宝左右脑的发育。

育儿随笔

温馨提示

有的爸爸妈妈喜欢用手捏摸男宝宝的生殖器，借此来逗弄宝宝，要知道，这种逗乐不仅助长宝宝以后出现手淫的坏习惯，而且由于宝宝的生殖器和尿道黏膜比较娇嫩，容易损伤，大人手上沾染的病菌便会乘机侵入，造成感染。所以，为了宝宝的健康，爸爸妈妈一定不要采用这种逗弄的方式。

怎样帮宝宝克服乱咬东西的习惯

如果妈妈把宝宝爱啃咬的玩具洗净，用大蒜汁涂擦，当宝宝拿近嘴边时，妈妈说"臭"，宝宝闻到一种特殊气味，便会将玩具拿开一点。但是他仍不甘心，还想再放到嘴里。妈妈再说"辣"，宝宝伸出舌头来尝味道，懂得什么是"辣"，就再也不把玩具放入嘴里了。以后只要妈妈说"臭"和"辣"，宝宝就都不会把手里的东西放进嘴里了。

一 妈妈小常识 一

有晚睡习惯的妈妈，很晚喂奶或者打断宝宝睡眠，这样就会使宝宝也养成晚睡的习惯。晚睡可给体质的发育、情绪、行为和认知能力造成不良影响。睡眠减少不仅对大脑的结构和功能有影响，而且可降低对感染的抵抗力。重要的是，宝宝体内的生长激素一般在夜间22：00至凌晨2：00时发挥作用，如果晚睡会影响他的生长发育。通过观察显示，晚睡的宝宝易注意力不集中，不与人合作，难以管教，身高普遍比同龄儿童矮小。

温馨提示

户外活动时间过长，宝宝就容易玩"野"而不愿回家。要合理地安排宝宝的一日生活，注意动、静交替，室内外相结合，适当地带宝宝出去玩。宝宝一旦生活有规律，心情愉快，就不会老闹着出去。

育儿随笔

育儿小贴士

爸爸妈妈的脾气要不急不躁，说话慢条斯理，做事有条不紊，动作轻手轻脚，情绪不大起大落，即使宝宝哭闹也要保持平静，设法通过转移宝宝的注意而结束哭闹。宝宝稍大会任性撒野时，要对他严肃，甚至表示不满，这样宝宝的潜意识中就能分清是非。宝宝对爸爸妈妈的表情是最敏感的，它的渗透力比语言的渗透力强百倍。

妈妈应该如何称赞宝宝

对宝宝的每一个小小的成就，爸爸妈妈都要及时给予鼓励。不要吝啬你的赞扬话，要用你丰富的表情、喝彩、拍手、竖起拇指的动作及一人为主、全家人一起称赞的方式，营造一个"强化"的亲子气氛。这种"正强化"的心理学方法，能使宝宝愉快地成长，促进宝宝良好品质的形成。

育儿小贴士

9个月大的宝宝最喜欢接受爸爸妈妈的表扬了。一方面他已能听懂爸爸妈妈常说的赞扬话，另一方面他的言语动作和情绪也有了进一步发展。他会为爸爸妈妈表演游戏，如果听到喝彩称赞，就会重复原来的语言和动作。这是他能够初次体验成功快乐的表现。成功的快乐是一种巨大的情绪力量，形成了宝宝从事智慧活动的最佳心理背景，维持着脑的最佳活动状态。

育儿随笔

— 妈妈小常识 —

每当看到宝宝有危险动作的时候，妈妈一定要重复告诉宝宝"不可以"，语气一定要严厉，态度要严肃，让宝宝觉得这样做是绝对不可以的。慢慢地，宝宝就不会再尝试了。

宝宝不愿待在家里怎么办

爸爸妈妈要在家中给宝宝创造一个丰富的活动天地，充实宝宝的生活。父母可以为宝宝买一些他喜欢的玩具、色彩鲜艳的图书，以及爱听爱唱的歌曲磁带等，也可以亲自为宝宝制作玩具。给宝宝买个小书架，放上他喜欢看的图书等。还可以请邻居朋友的宝宝到家里和宝宝一起玩。这样，宝宝就不会感到无聊寂寞，而愿意待在家里了。

— 妈妈小常识 —

从腹部爬行学会四肢爬行，宝宝进入重要的爬行期了。不少父母很重视训练宝宝站立、走路而忽视爬行。其实，爬是锻炼宝宝体力和训练走步等运动能力的基础。如果居住的房子不那么宽敞，可设法收起一些家具，腾出空间让宝宝爬。经过练习，宝宝至少能爬出半米远。学会了爬行，宝宝就可以自由自在地在屋子里四处活动，主动探索，好奇心和自信心得到满足。

温馨提示

紫苏叶辛温，有散寒解表、行气宽中的功效。紫苏叶能扩张毛细血管，刺激汗液分泌而发汗，其浸液对流感病毒有抑制作用。紫苏叶与粳米同煮，有和胃散寒作用。对偶感风寒易患感冒的宝宝有效。

要注射
疫苗啦！

育儿小贴士

水泥、水磨石、瓷砖等所铺设的地板，对学习爬行的宝宝来说，都容易因一不小心跌倒，而造成无可弥补的遗憾。为避免发生危险，可在硬地板上面铺软垫，不过注意要使用较厚的软垫才能发挥功用，并且避免买有很多小花纹的软垫，以防宝宝将小花纹抠起来吃。

9个月的宝宝体格发育有哪些标准

宝宝到了9个月时，体格发育应达到以下标准：如果是男宝宝，9个月时平均体重为9.12千克，平均身高为71.51厘米。如果是女宝宝，9个月时平均体重为8.49千克，平均身高为69.99厘米。

育儿小贴士

爸爸妈妈应该尽量让家里的环境整洁美观。多学习欣赏一些艺术品、美丽的色彩，跟宝宝一起认颜色，认图形，认真地玩玩具。这样宝宝的潜意识里就会爱美，有条理，做事就会认真、细心、耐心。

温馨提示

麦冬味甘、微苦，性微寒，有润肺止咳，益胃清心等作用，还含有葡萄糖、果糖、蔗糖、维生素A等成分。可用于夏日给宝宝解热、消炎、镇咳、强心。与米同煮，明显增强其益胃养阴、清热除燥的功效。

疫苗

A群流脑疫苗（第二针）

育儿随笔

— 妈妈小常识 —

宝宝从6个月以后，其体内从母体获得的免疫球蛋白逐渐减少，并开始产生自己的免疫球蛋白。6个月至2岁的宝宝产生免疫球蛋白的能力比较低，因此抗病能力比较差。在正常情况下，2岁以内的宝宝每年要患5～6次感冒，而且还容易并发肺炎。如果宝宝未注射过疫苗，还容易患麻疹、百日咳、猩红热等传染病。2～5岁的宝宝抗病能力逐渐增强，但每年仍要患3～5次感冒。5岁以后，宝宝体内产生免疫球蛋白的能力明显增强，抗病力越来越强，到了8～9岁，儿童的抗病能力基本上与成年人是一样的。

271

怎样避免损失蔬菜中的维生素

蔬菜要先洗后切，否则会使水溶性的维生素及矿物质受到损失。妈妈要注意不要把菜切得太碎，能用手撕的就用手撕，尽量少用刀，因为铁会加速维生素C的氧化。避免长时间炖煮，而且要盖好锅盖，防止溶于水的维生素随蒸汽跑掉。炒菜时应尽量少加水。炖菜时适当加点醋，既可调味，又可保证维生素C少受损失。

一 妈妈小常识 一

麦粒肿又叫"针眼"，是眼睑的一种急性化脓性炎症。在开始的时候，局部会有红肿、疼痛，随后眼睑会隆起一个比米粒小的疱，触压时会感到疼痛。红肿后经过一段时间会化脓，数天后会溃破出脓。当脓肿成熟自行破溃后，用消毒纱布拭去脓液；大的需要到医院切开排脓。脓出后再涂上抗生素眼药水或眼膏。

育儿小贴士

宝宝在到处爬行的过程中，可能会爬到插座附近，如不留意将有触电的危险，父母可使用电插座的防护盖，在未使用的插座上加装此装置或是使用安全插座。

育儿随笔

温馨提示

现在不少家庭都采用大理石装饰客厅，尤其是一些宝宝经常在大理石上爬行与玩耍，这对宝宝的发育是极为不利的。因为大理石材料中含有一定量的放射性物质。因此，年轻的爸爸妈妈在宝宝活动的空间里，尤其是卧室内千万不要用大理石作为装潢材料，以免宝宝受到伤害。

为什么妈妈不能干预宝宝"自得其乐"的玩耍

9个月的宝宝，最大的忌讳是妈妈过多地干预和强迫。当宝宝以自己的方式玩游戏的时候，可能会显得"手脚笨笨""脑子转不过来"，妈妈很想插上一手。千万不要，这样反而会使宝宝玩兴大减，甚至恼怒。最好让宝宝自己在玩耍中发现游戏的方式。万一宝宝对新玩具和新游戏不感兴趣时，妈妈可示范着玩给他看，激发他的兴趣。一定要避免强迫宝宝去玩他不喜欢或不会玩的玩具。

育儿小贴士

爸爸妈妈应该每天晚上注意看天气预报。如果气温有明显升高，早晨起床时就不要给宝宝多穿，因为半途给宝宝脱衣服很容易导致宝宝受凉感冒。另外，在冷热不均的环境中，假如宝宝从冷的房间进入比较热的房间，你要提前帮宝宝把衣服脱掉，否则等到出汗再脱就很容易感冒。

温馨提示

有许多食物和营养素在适量摄取之后，能使宝宝更聪明。例如，深海鱼类、贝类、海带、亚麻子油、特级橄榄油、洋葱、姜等食物，都对宝宝大脑有好处。又如，黄豆、胡萝卜、菠菜、茼蒿、蒜头、薏苡仁、芦荟等，也对大脑发育有益。

育儿随笔

— 妈妈小常识 —

摇篮摇摆是极轻的，是左右的摇动，而不是旋转。人脑在颅腔内是处于相对固定的位置，它不是像一个不着边的球，放在水里，随摆动而左右晃荡。摇篮摇动时，宝宝全身，包括头部，都随摇篮有节奏地摇动，而不是左右冲撞。一些大人整天把宝宝抱在怀里，还不断地抖动，宝宝还能入睡或不哭闹，这样的摇动强度可能要比摇篮还要大。所以说，宝宝睡在摇篮里是很安全的。

可以给宝宝服用保健品吗

对食物进行营养强化，加入了一定量的氨基酸、维生素及无机盐等，提高食品的营养水平，如维生素 A 和 D 强化牛奶、赖氨酸饼干、魔芋面食等。保健食品对改善食品结构、增强人体健康可起到一定作用。但滥用保健品就会破坏人体内营养平衡，影响人体健康。对宝宝更应该注意，如果妈妈觉得一定要补的话，必须按不同年龄、不同需要，有针对性地选择，缺什么补什么，并要合理搭配、对症使用、适量食用。健康宝宝不要吃疗效食品，需要滋补的宝宝要在医生的指导下服用补品。

— 妈妈小常识 —

现在的宝宝摄取的咸、甜之味过多，并已引发许多疾病，造成宝宝体质不佳，抵抗力下降。为了改变五味失衡状况，应给宝宝吃些苦味食品。如莴苣叶、莴笋、生菜、芹菜、茴香、香菜、苦瓜、苜蓿、蕹菜等。在干鲜果品中，有苹果、杏、荸荠、杏仁、黑枣、薄荷叶等。此外还有荞麦、莜麦等。

温馨提示

爸爸妈妈不要给宝宝喝成人的饮料。尤其是碳酸饮料，内含小苏打，可中和胃酸，不利于消化。宝宝胃酸减少，就容易患胃肠道感染。碳酸饮料中还含有磷酸盐，影响铁的吸收，也可成为宝宝贫血的原因。

育儿小贴士

尖锐的桌角或者是柜子角，对家有学爬的宝宝来说简直就是个"危险地带"，其改进的方式为：最好一律将所有的桌角或柜子角套上护垫，就算宝宝不慎撞到，也能将伤害降到最低。

育儿随笔

可以给宝宝用牛奶服药吗

牛奶中含有较多的无机盐，如钙、铁、磷等物质。由于这些物质会与某些药物发生作用，从而影响药物的吸收，降低药效。例如，土霉素、四环素等药物会与钙、铁等物质形成络合物，影响这些药物的吸收，因而治疗效果大受影响。此外，牛奶含有的脂肪、蛋白质等物质，对某些药物也会产生影响。因此不能用牛奶给宝宝喂药。

育儿小贴士

宝宝一出生就对响声有反应，说明已有听觉。当处于浅睡状态时，可以听到响声而出现惊跳。由于宝宝的神经系统尚未发育完善，易于兴奋，对声音易引起反应，所以惊跳并非有病。当宝宝缺钙时，神经肌肉的兴奋性增高，也易惊跳。胖宝宝比瘦宝宝容易缺钙，所以胖宝宝惊跳时就应想到缺钙的可能。

温馨提示

苦味食品可使宝宝肠道内的细菌保持正常的平衡状态。这种抑制有害菌，帮助有益菌的功能，有助于肠道发挥功能，尤其是肠道和骨髓的造血功能，改善宝宝的贫血状态。

妈妈小常识

妈妈可以把一个有趣的小东西（比如小积木）握在手里，张开手给宝宝看。然后再握紧拳并问："积木哪儿去了？"使用另一只手重复上述动作。几次后，宝宝就会开始抢你手中的东西。这个游戏能帮助宝宝理解放在容器里的物体不会消失。

育儿随笔

宝宝爬行时撞了头怎么办

爬行最容易发生的是头部的外伤，当宝宝撞到头部时，不管当时有无出现不舒服的情形，父母都应仔细观察宝宝。最好在宝宝睡觉时，也能叫醒他 2～3 次，看看是否有异常。如果宝宝出现严重头痛、呕吐、昏睡、抽搐等症状就要立即送医院，特别提醒爸爸妈妈在宝宝发生头部伤害的 3 天内，都应细心观察。

— 妈妈小常识 —

妈妈要想保证宝宝大脑的正常发育，首先一定要保证宝宝大脑生长发育所需的各种营养物质的供应。还要让宝宝多接触外部事物，多些感官方面的刺激。另外，也要让宝宝多听音乐，因为音乐可提高大脑的推理能力和空间想象力。

育儿小贴士

对于刚刚学会站的宝宝，切勿让宝宝独自站在盖有垂落桌巾的桌脚旁边，因为宝宝可能会去拉桌巾而扯下桌面上的东西，造成危险。建议家有学站时期的宝宝，最好不要在桌子上铺垂落于桌脚的桌巾。

温馨提示

山茱萸味酸，性涩，微温，为滋补肝肾的良药。其含有苹果酸、酒石酸及维生素 A 等成分，与米成粥，有补益肝肾，健胃敛汗的功效。尤其对肝肾不足、发育迟缓、体弱多病、虚汗常出的宝宝有一定辅助治疗作用。此粥制法简单，先将山茱萸洗净，去核，与洗净的粳米入砂锅注水煮，待粥将熟时，加入白糖再稍煮即成。

育儿随笔

宝宝断奶期会缺铁吗

断奶期，宝宝每天的喝奶量自然逐量减少。因此，很有可能发生缺铁现象，这时爸爸妈妈在为宝宝准备辅食时，要尤为注重选择含铁量较高的食物，菠菜、猪肝等食物都是此时的首选。其实，有很多较大婴儿配方奶粉中也注重了铁的补充。

育儿小贴士

会站的宝宝也可能会去开冰箱的门，宝宝随意去开启冰箱可能会导致危险。爸爸妈妈在冰箱上可加贴安全的装置，以防止宝宝随意去开启冰箱。还要防止宝宝的手因一时好奇而伸入电扇中，爸爸妈妈在选择电扇时，宜选择有加装安全防护设计的，当宝宝一碰触时电扇就会停止，或者选择套有较细间隔防护网的款式。

— 妈妈小常识 —

9个多月的宝宝，自己已经能将整个水果拿在手里吃了。但妈妈要注意在宝宝吃水果前，一定要将宝宝的手洗干净，将水果洗干净，削完皮后让宝宝拿在手里吃，1天1个。

育儿随笔

温馨提示

- 豆腐软饭 -

原料：大米50克，豆腐30克，菠菜25克，排骨汤适量。拣洗干净大米，放入碗中加入适量水，用笼屉蒸成软饭；把豆腐在开水中氽一下捞出，控去水分后切成碎末；择洗净菠菜，控去水分，切成碎末，将软饭放入锅中，加排骨汤一起煮烂时，放入豆腐和菠菜末，再煮3分钟左右即可。

总是担心宝宝的腿会畸形，怎么办

　　O形腿、X形腿、内八、外八、扁平足这些问题常令妈妈十分忧心，但是这些都属于正常的生理状态，无关疾病问题，而是与个人差异有关，会随着时间而渐渐获得改善。对于扁平足，只要宝宝在垫脚时出现弓状，父母就不需担心。对于O形腿，通常99%都是属于生理情况，通常在宝宝1岁半至2岁半时会渐渐修正，但如果过了3岁之后仍有此问题，就该考虑是否属于病态。

温馨提示

　　如果爸爸妈妈发现宝宝鼻腔内黏稠涕液增多，千万不要硬掏，会损伤宝宝细嫩的鼻黏膜。爸爸妈妈可以用细棉签蘸香油轻轻顺着鼻孔点一下。宝宝一打喷嚏，黏液就可以滑出了。当然，其他一些磨制精细的食用植物油，也能起到同样作用。

育儿小贴士

　　爸爸妈妈在与宝宝交流的时候还要学会使用"手语"。比如，"书"可以用手掌一开一合来代替，如同翻开或合上书本；"鸟"可以用食指和拇指放在嘴边一张一合来表示，就好像鸟嘴的形状。

育儿随笔

可以给宝宝吃购买的鱼松吗

市场上出售的鱼松中氟化物的含量非常高，并且宝宝食用后的吸收率也很高。如果宝宝每天食用 10 ~ 12 克鱼松就会从中吸收氟化物 8 ~ 10 毫克。再加上每天从水或其他食物中摄取的氟化物，数量就相当可观了。如此超标，氟化物就会在宝宝体内蓄积，容易导致食物性氟化物中毒。一旦发生氟中毒，7 岁以上的宝宝可出现氟斑牙，严重的可出现牙齿早脱或氟骨症。

育儿小贴士

吃东西对于帮助小宝宝说话有很好的作用。大量的咀嚼运动，会加速宝宝语言表达能力的发展。在宝宝 7 个月左右的时候，可以给他吃些可以手拿的食物，小宝宝 11 ~ 12 个月大的时候他就不再流口水了，这是宝宝能够很好地控制自己的舌头、嘴和嘴唇的好信号。

温馨提示

妈妈在带宝宝出去散步的时候，可以用小车推着他，或将他舒服地抱在怀里。一路上向他描述妈妈看到的一切，如"那个小朋友跑过来了"。"看，小草是绿色的"。"宝宝能听到小轿车的喇叭声吗"？妈妈这样的描述能帮助宝宝发展语言和词汇量。

育儿随笔

— 妈妈小常识 —

在哄宝宝睡觉时，妈妈要注意宝宝的情绪变化。如果宝宝总是不时地打哈欠，尽管他还是舍不得合起眼睛入睡，那也表明宝宝已经很困了，这时你只需要轻轻拍拍宝宝就行了。如果宝宝情绪很高，没有一点儿倦意，你也不必着急，首先选择一首节奏轻快的歌曲吸引他的注意力，使他的情绪稳定下来，然后再唱慢节拍的摇篮曲。

注意宝宝睡觉张口呼吸

如果发现宝宝在睡觉时总是张着口呼吸，你应该注意，尤其是宝宝还伴有阵阵鼾声时，更要予以重视。张口呼吸是一种不良口腔卫生习惯，会对宝宝的生长发育带来不良影响。

— 妈妈小常识 —

宝宝在同爸爸妈妈一起吃饭的时候，会比较容易学会自己吃饭。如果大人吃完了，宝宝还没吃饱，不要急着收碗筷。宝宝餐后不要再给其他主食，如果在宝宝餐后给点心，宝宝就会专门等着吃点心而不好好吃饭。此外，不要让宝宝喝甜的饮料，否则会使宝宝血液中糖分升高，不易产生饥饿感，降低宝宝食欲。

温馨提示

长期的张口呼吸，可能影响宝宝面部的正常发育，形成一种较为特殊的面容——鼻根下陷、上嘴唇肥厚、鼻唇沟变浅、牙齿排列不整齐等，而且宝宝面部表情呆滞，这是一种叫作增殖体面容的表现。

育儿小贴士

宝宝张口呼吸并不是有意的行为，而是由某些病变所引起的，常见的病因有鼻炎、鼻窦炎、扁桃体肥大、增殖体肥大等。患这些病症，常常会使鼻腔阻塞，妨碍正常的鼻呼吸。发现宝宝总是张口呼吸，应及时去医院，配合医生做医治，改善鼻腔呼吸道的通畅程度。需要时，可做增殖体切除手术，这种手术应争取尽早做，减少对宝宝带来的不良影响。

育儿随笔

突然给宝宝断奶好不好

给宝宝断奶要慢慢来，让他有一个适应的过程。从宝宝4～5个月开始就要添加辅食，5～6个月逐渐使辅食变为主食。开始每天先少喂一次奶，用其他食品来补充，在以后的几周内慢慢减少喂奶次数，逐渐增加辅食，最后停止夜间喂奶，以致最后完全断奶。有的父母给宝宝强行快速断奶，结果婴儿哭闹不停，很容易上火，吃不好，睡不好，就会影响健康。

— 妈妈小常识 —

天真快乐效应是宝宝与他人交往的第一步，在精神发育方面是一次飞跃，对大脑发育是一种良性刺激，被誉为智慧的一缕曙光。无人自笑，是宝宝在生理需要方面获得满足后的一种心理反应，这两种笑均有益于大脑的发育。妈妈多与宝宝接触，并用欢乐的表情、语言及玩具等激发宝宝天真快乐效应，同时注重喂养，保证他吃饱睡足，促使其早笑、多笑，是开发宝宝智力的一大妙招。

育儿小贴士

维生素 B_2 和维生素 E 具有帮助人体抵御寒冷的作用，可以增强人体在寒冷环境中的适应能力。单纯补充维生素 B_2，可以使人体耐受的寒冷温度降低 $2℃～3℃$。一般人在零下 $5℃～6℃$ 时可能发生冻伤，而补充维生素 B_2 之后，零下 $7℃～9℃$ 时才发生冻伤。如果能给宝宝同时补充维生素 E，那么耐受寒冷的能力更强。

温馨提示

断奶过程应该是循序渐进的。有的妈妈采取"突然断奶"的方法并不可取。这样做不但妈妈自己会遭遇乳房胀痛的痛苦，甚至还会患乳腺炎。宝宝也很难适应从温暖柔软的乳房到冰冷的杯子和碗的转变。宝宝会因为失去了"他的"乳房而非常伤心。

育儿随笔

....

....

....

第282天

宝宝现在为什么会偏食

9个月的宝宝已对食物表示出喜厌，这就是最初的"偏食"。但这种现象是暂时的，不能同真正的偏食相提并论。因为，宝宝在这个月龄不喜欢吃的东西很可能过一阵儿又爱吃了，这一阶段的宝宝常会发生这样的事。爸爸妈妈不要非常在意，以致采取强硬态度，应正确对待最初出现的"偏食"，不然会在宝宝的脑海中留下不良刺激，以后很难再接受这种食物，导致真正的偏食。

育儿小贴士

营养专家指出，宝宝也同样需要脂肪，它是生长发育离不开的三大营养素之一，对人的健康有很重要的作用。如果缺乏脂类营养，就会影响宝宝的脑和组织器官发育，还会反复发生感染及皮肤湿疹、皮肤干燥脱屑等脂溶性维生素缺乏症。

— 妈妈小常识 —

婴幼儿时期是人体长高的一个高峰期，增长速度最快，宝宝到1岁时，几乎长到出生时的1.5倍。人的个子长高，是由于长骨两端的骺软骨不断生长的缘故。而人的骺软骨生长，一方面要靠身体吸收足够的营养，包括无机盐、钙、磷等；另一方面要靠身体中的内分泌激素，包括生长激素、催乳素和黄体化激素及性激素的调节。

温馨提示

豆腐及大豆制品营养丰富，价格便宜，能补充人体需要的优质蛋白质、卵磷脂、亚油酸、维生素B_1、维生素E、钙、铁等。豆腐中还含有多种皂苷，能阻止过氧化脂质的产生，抑制脂肪吸收，促进脂肪分解，但皂苷又可促进碘的排泄，容易引起碘的缺乏。海带含碘丰富，将豆腐与海带一起烹调，煮成羹或汤，非常适合未满周岁的宝宝。

育儿随笔

宝宝的辅食中应该加食用油吗

脂肪也是宝宝需要的营养素之一。给宝宝添加辅食后，妈妈应逐渐在饮食中加一些"油水"。应以植物性脂肪为主，因为它的吸收率高，必需脂肪酸含量高，较适宜宝宝，动物性脂肪中奶油和鱼肝油富含植物性脂肪中缺乏的维生素A和维生素D，可适当加一点儿，但不要多吃。

— 妈妈小常识 —

促进长高，营养是基础。要供给宝宝充足、合理的营养，以满足宝宝生长发育的需要。要给宝宝多吃些富含各类营养的食物，如豆类制品及蛋、鱼虾、奶类、瘦肉等动物性食物，富含维生素C和维生素A及钙等无机盐的蔬菜、水果等。尤其是钙，宝宝对它的需要量大，所以给宝宝添加适量的钙质和鱼肝油，对长个子是很有益处的。

温馨提示

乌梅生津降逆，冰糖和中暖胃。本品可和胃降气，生津止呕。宝宝有呕吐时，可用乌梅煮水频频服用，定能见效。除适用于恶心呕吐外，也适用于慢性炎症所致的恶心欲吐的生病宝宝。先将乌梅洗净，然后放入锅中加水适量煎煮，煮沸后10分钟，再加入冰糖煮20分钟，糖化后即成。

育儿小贴士

宝宝总是发热，很可能是蛋白质摄取过多所致。过多食用这种食物，不仅逐渐损害动脉血管壁和肾功能，影响主食摄取而使脑细胞新陈代谢发生能源危机。还经常会引起便秘，使宝宝易"上火"，引起发热。

育儿随笔

怎样给宝宝晒日光浴

日光浴有益于健康，但要得法。日光浴应在阳光不强的时候进行，并且时间不能过长，强光日晒对于宝宝皮肤可能非常有害。皮肤暴露在太阳下 6～12 小时后，皮肤会发红、剧烈的触痛、肿胀及起水疱。日光暴晒事实上也是一种烧伤。日光灼伤的部位，要敷清凉湿润的纱布并给予少量止痛药。

育儿小贴士

吃水果一定注意讲究时间，特别是对快速生长发育的宝宝。如果在饱餐后马上吃水果，若堵在胃中就易形成胀气，以至于引起便秘。餐前给宝宝吃也不适宜，因为宝宝的胃较小，餐前吃水果会占据胃的空间，影响吃正餐。所以不宜在餐前和餐后吃，最好放在两餐之间。

温馨提示

栗子味甘、咸，性温，补肾强腰，益脾胃，止泻，而且含有蛋白质、脂肪、淀粉、糖类、维生素 B_1、脂肪酸等成分。可以治疗宝宝脾胃虚弱或久泻不止。一般可吃 3～5 天，暂停 3 天再继续食用。

一妈妈小常识一

妈妈拿一只大小适合的纸盒或塑料筐，质地要较轻，光洁不毛糙。让宝宝坐下，将纸盒或塑料筐放在宝宝面前，确认宝宝正在注意妈妈的动作。妈妈把玩具、积木等各种东西一一放入盒子里，然后把着宝宝的手，倒空盒子或塑料筐，诱导宝宝反复做填装倒空的动作。如果开始时宝宝不会，别勉强，很快他就会热衷于玩"填装倒空"的游戏。"纸袋填满倒空"他也一样喜欢。

育儿随笔

....

....

....

左撇子宝宝更聪明吗

左撇子并非更聪明。一般情况下，左脑抽象思维功能较发达，右脑形象思维功能较发达。两个半脑的功能大体是对称的，可以互相交通，所以"左撇子更聪明"的民间说法过于片面。

通常习惯使用右手的人，左脑功能较发达，右脑功能有待开发利用；而左撇子的右脑更发达，左脑有待开发。但是人的大脑发育必须要全面，这就意味着左、右脑应同时开发。所以，双手并用，左脑的"抽象思维功能"与右脑的"形象思维功能"合二为一才是开发大脑的最佳途径，这时的宝宝才是聪明的，而不是单纯地认定使用哪只手才最聪明。

一 妈妈小常识 一

生活中，不少家长采取强制的手段，强迫左撇子宝宝改用右手。这样会造成左脑负担过重，使脑功能失调，导致右脑功能混乱，以致阻碍宝宝创造力的发展。如果强迫"左撇子"改为用右手，会让已经建立的右侧优势半球改为左侧，可造成宝宝原来的语言中枢功能紊乱，甚至出现口吃等现象。而且会更多地造成宝宝生理和心理的不适与混乱，影响宝宝的智能发展。

育儿小贴士

宝宝知觉发育的早晚与外环境的接触有密切关系。把6～7个月还不会爬的宝宝放在"视崖"（一种模拟的观察场景）上，他并无害怕感觉；而会爬的宝宝即便有妈妈保护，也不肯从"崖"壁往下爬，而是设法后退或回避。这说明，后一类宝宝已经有了深度知觉。在知觉的基础上观察力逐步发展。年龄越小，观察越短暂，空间越狭窄，观察的目的性和时间性越缺乏。

温馨提示

训练宝宝时，要给左撇子宝宝特别的防护。爸爸妈妈可注重同时发展宝宝左右手的活动功能，在宝宝左手挥洒自如的同时，有意识训练宝宝使用右手，使左右脑的功能都能得到有效的开发利用，从而使宝宝的智能得到充分的发展。

如何通过饮食帮助宝宝预防感冒

预防感冒最主要需注意节制饮食。现在生活中不用担心宝宝吃得少、吃不饱，实际上宝宝更容易吃多，几天下来形成食积便秘。选择适当和适量的饮食，可避免"美食"的副作用，减轻胃肠负担，使肠蠕动始终处于一种活跃状态，有利于大便的通畅，同样也就减少了感冒的机会。平时可让宝宝多吃一些富含粗纤维的蔬菜水果及一些具有润肠通便作用的食物，有助于排便。

育儿小贴士

根据实际条件，给宝宝放一些儿童乐曲，提供一个优美和宁静的音乐环境，提高其对音乐歌曲语言的理解。念一些儿歌，激发他的兴趣和对语言的理解能力。在此基础上，还可试着讲个适合宝宝生活的故事，最好是结合宝宝的生活环境，自编一些短小动听的故事。

— 妈妈小常识 —

给宝宝穿衣时，如果他不愿意让妈妈穿，妈妈可以对他说："把小手伸过来让妈妈亲一下。"这时宝宝伸过手来，妈妈就真的亲一下小手，然后趁机把胳膊放入袖子里，夸奖他做得真好，宝宝会因此感到高兴，觉得穿衣服是件快乐的事。另外，妈妈可以让宝宝自己来选择今天要穿什么衣服，让宝宝穿自己喜欢的衣服，宝宝会觉得穿衣服是一件自助式的乐事。

温馨提示

— 清蒸鱼丸子 —

取鲜鱼肉50克，洗净去皮、去骨刺后研碎，放入1个鸡蛋白和淀粉，用手拌匀做成小丸子，放入盘里上火清蒸20分钟左右停火。将25克胡萝卜洗净，研碎，把15克莴笋去皮，切成细短丝；15克香菇用开水泡发，切成小丁；把海味汤倒入锅内，将加工好的三样放汤内煮开，加入适量酱油，把调好的淀粉倒入汤里，勾芡后将此汤浇在蒸熟的丸子上即可食用。

现在起应该让宝宝学用勺子吗

现在起训练宝宝用勺子，可以锻炼宝宝动手的能力。妈妈可以为宝宝准备一把容易抓握的、有一定的弯度、方便宝宝舀食物的勺子，并提供宝宝勺子容易舀的食物。比如糊状食物就容易舀，且略带黏性不容易洒出来，还方便宝宝吞咽，不会因为咽不下去而对自己吃饭产生抵触。妈妈可以让宝宝自己持勺，开始时可以帮助他送入口中。在宝宝熟练后，要逐步减少半流质食物并增加固体食物的提供。

－ 妈妈小常识 －

宝宝吃饱饭后，在他的碗里装一些容易压碎的大块食物，如豆腐、鸡蛋黄等，让他拿着勺子在碗里戳着玩。虽然用勺子对他来说还是一件费力的事，但宝宝却可从挤压食物中找到一些乐趣。通过一段时间的训练，宝宝就会知道勺子是一种用餐工具，为以后用勺子打下基础。

温馨提示

父母要注意一定不能把花生、瓜子和一些带核的食物，以及吸水后容易膨胀的食物给宝宝吃，这些食物会给宝宝带来极大的危险。

育儿随笔

....
....
....
....
....
....

育儿小贴士

宝宝的耳朵每天都在接受来自电视、收音机、街道上的车辆、不断地叫嚷、各种各样玩具的哨声、笛声及响亮的音乐声等各种声音。虽然大部分的声音是无害的，但是那些超过一定分贝，并且持续长时间的噪声，则会永久性地损伤宝宝的听力。宝宝听觉受损的表现不只是丧失听力，语言和表达能力也要比那些听力正常的宝宝发育迟缓。

怎样防治宝宝百日咳

百日咳是一种由百日咳嗜血杆菌引起的急性呼吸道传染病，常见于婴幼儿，1岁以内宝宝占1/3以上。主要特点：阵发性痉挛性咳嗽，一经发作持续不断，脸憋得通红甚至发绀，最后以一次深长吸气而止。深吸气时产生鸡鸣样吼声，直至眼泪、鼻涕、痰液，甚至胃内容物一起咳出才算完毕。如此间断性反复发作，面部水肿，皮肤黏膜可见细小出血点。

本病轻重和病程长短差别很大，潜伏期3～21天，临床可分为3期。

前驱期：可见咳嗽、喷嚏、低热等上呼吸道症状。3～4天后，上述症状减轻，低热消失，咳嗽日见加剧，逐渐发展至阵发性痉挛期，本期传染性强。

痉咳期：一般为2～6周，特点为阵发性痉挛性咳嗽。发作时频频短促咳嗽呈呼气状态，伴1次深长吸气，此时产生高音调鸡啼声或吸气性吼声，然后又是1次痉咳，如此反复多次，直至咳出大量黏稠痰或呕吐为止。痉咳时面红唇绀、舌外伸、颈静脉怒张，躯体弯曲作团状。可有眼睑水肿、眼结膜出血、鼻出血，重者可发生颅内出血，因摩擦舌系带而有溃疡。病情轻者，多数痉咳后一般情况尚好，神态、活动及饮食均如常。

恢复期：咳嗽逐渐减轻，吼声消失至咳嗽停止，精神、食欲恢复正常。遇烟、气味、上呼吸道感染，痉咳可再次出现，但较轻。上呼吸道感染和支气管炎愈后，痉咳随之消失。

— 妈妈小常识 —

这时候的宝宝不仅体格生长迅速，而且动作发育也渐成熟。已能独坐，逐渐会爬，扶着栏杆站起来。因此，一套合身的衣服显得非常重要。给这个月龄的婴儿选择衣裤时，应尽量选择宽松的背带裤或连衣裤。尽量避免束胸的松紧带裤。上衣、内衣也尽量不用带子绕胸打结，穿一件合适的开衫就可以了。选择的衣服应是棉质、浅色的布料。

温馨提示

鸭肉含丰富的蛋白质、脂肪、糖，以及维生素B_2、烟酸、维生素B_1、无机盐等，可补身体，增强营养。鸭汤和粳米做粥，更具有健脾和胃作用。用于营养不良，久病体弱，食少消瘦，尤其适宜小儿疳积见水肿者。

怎样为宝宝挑选洗护用品

妈妈在给宝宝买洗护用品时，一定要买婴儿专用的洗护用品，即经过严格医学测试的品质纯正温和，其中的成分符合婴幼儿皮肤特征、无刺激性、不会引起过敏反应的安全性高的洗护用品。另外，妈妈在选购时还要注意产品的保质期。宝宝的润肤品中，润肤霜和润肤膏较润肤露的效果好，因为它们油脂含量高，而水分含量少。皮肤干燥的宝宝可以用润肤膏，较轻者用润肤霜。

ー 妈妈小常识 ー

待宝宝长出 8 ～ 11 个牙齿后，可选择一把尖形刷毛的硅质固齿牙刷，便于宝宝小手握持牙刷柄，而且刷头弹性良好，软硬适中，就是为让宝宝能咬而设计的。它不仅能清除牙上的残渣，还能按摩和保护牙床，可满足宝宝这一时期总想咬东西的欲望，并让他咬得满足而又安全。但是，牙刷的刷头大小要适合宝宝口腔大小，刷毛一定也要柔软，如果太硬会擦伤宝宝娇嫩的牙龈。

温馨提示

爸爸妈妈在给宝宝揩净尿、便之后，可以试着用棉签蘸点香油涂在宝宝臀部、会阴处。男宝宝一定要涂到睾丸下部及两侧，最后再涂肛门。一层薄薄的香油犹如塑料膜，能够避免或减少宝宝皮肤被尿渍淹伤。

育儿小贴士

在宝宝拿到玩具之前，爸爸妈妈应该先把它放在距离自己头部大概 30 厘米的地方听一听。如果你都被吓了一跳，那么它的音量就肯定超标了。另外，还可以找到玩具的开关和音量控制，如果它太吵，就用胶条把它的喇叭粘住以减小音量，或者干脆把电池拿出来。

育儿随笔

要不要为宝宝购买学步车

宝宝早期心智的发展都有个最佳时期，在这时期给宝宝施以适当的刺激，能促进宝宝身心的成熟。有些爸爸妈妈心疼宝宝，怕宝宝摔痛、摔伤，用"学步车"来代替教宝宝走路。殊不知，这样省去或缩短宝宝锻炼的过程，宝宝的大脑和神经得不到相应的刺激，没有通过四肢的主动运动，达不到刺激大脑神经细胞发育的目的，宝宝的各方面能力反而会受到明显的影响和阻碍。

育儿小贴士

爸爸妈妈要在合适的时候给宝宝不同种类和触感的食物，比如煮熟的花生、粥、面条和切成大块的水果等。不要怕宝宝弄脏衣服，他将会在与这些食物的游戏中很好地练习抓握的能力，同时培养自己的感觉器官。

— 妈妈小常识 —

腺病毒肺炎是宝宝冬春季的常见病，可散发或流行，尤其是在北方地区多见，这种肺炎比其他原因引起的支气管肺炎病情要重，而且容易发展为迁延性肺炎或慢性肺炎。宝宝患病时一般都有高热，体温39℃～40℃，持续数天不退。咳嗽严重，开始为频繁干咳，无痰，3～6天后痰多。由于肺部大片炎变，呼吸面积减少，因而呼吸困难，缺氧严重，全身出现中毒症状。宝宝起病3～4天后出现精神萎靡、不进饮食、面色苍白发灰、四肢冰凉、腹胀，有时呕吐、腹泻。重症多合并心力衰竭、心音减弱、肝脏增大等。

温馨提示

蔬菜中的维生素C最为丰富，然而却经常会因为烹调而损失惨重，甚至损失达到100%。如果妈妈在烹调蔬菜时往菜里面稍稍加入几滴米醋，同时再用大火炒，就会使蔬菜中的维生素C损失降到最低。

育儿随笔

....

....

....

怎样教宝宝把东西交给别人

对宝宝来说，把东西交给别人就像东西被抢一样。妈妈可以和宝宝做模仿游戏，让宝宝认识到"把东西交给别人，别人会很高兴；而交出去的东西又会回到自己手里"。妈妈把苹果递给爸爸，爸爸说"谢谢"；爸爸把饼干递给妈妈，妈妈说"谢谢你"；"宝宝把苹果给妈妈，好吗？"若宝宝不会，妈妈轻轻取过来，然后说："谢谢，宝宝真乖！"经常做这个游戏，宝宝就会渐渐明白，交给别人的东西最后还会回到自己手中的道理。

— 妈妈小常识 —

这时，宝宝可用食指去抓东西，能够有意识地放开手里的东西。他会很起劲地玩发声的玩具，如用手去捅铃铛的铃舌。把多种玩具放在他手里，宝宝就会把它们扔出去，从而练习放手。也可以把它们绑在推车的旁边，在宝宝放手的时候，对他表示赞许，鼓励他把一个球滚给你；当他坐着的时候，把球滚到他的两腿之间，让他去抓球。演示动作给他看，怎样把小的东西从容器里取出来和放进去。当他模仿你的时候，要对他表示赞赏。

温馨提示

土豆去皮洗净，切成小块，放入锅内，加入适量的水煮烂，用汤匙捣成泥；火腿去皮，去肥肉，切碎。把土豆泥盛入小盘内，加入火腿末和黄油，搅拌均匀。宝宝食用这道辅食可获得较全面的营养，有利生长发育。

育儿小贴士

宝宝支气管肺炎若是由肺炎双球菌、葡萄球菌、B族链球菌引起的，这些细菌对青霉素都敏感，所以打青霉素有效。而有的肺炎是病毒或对青霉素不敏感的病原体引起的，这时打青霉素就无效。但宝宝常因在病毒性肺炎的基础上合并细菌感染，所以可以用青霉素来防治这种继发性感染。

育儿随笔

妈妈可以给宝宝玩橡皮泥吗

普通橡皮泥对于爱啃咬玩具的宝宝来说未必安全，所以爸爸妈妈可以为宝宝准备用小麦粉做成的"有色黏土"，爸爸妈妈陪着宝宝一起玩黏土。由于黏土可以配合自己的想象塑成各种形状，好似一种很有趣又能长久使用的玩具。这种游戏可以使宝宝手部的活动能力提高，爸爸妈妈与宝宝一起玩黏土，对宝宝来说将是一件非常快乐的事。

育儿小贴士

宝宝能够表现出勇于开拓的性格，绝对不是从"不可以这么做""不可以那么做"这类对行为的禁止或阻碍宝宝伸展认知求知欲中产生的，如果什么事情都不可以做，宝宝就会丧失一切探索的兴趣，这样宝宝就会变得消极、冷漠。要培养性格健全的宝宝，爸爸妈妈应该让宝宝做他感兴趣的事情，让宝宝从中找到生命的原动力。

温馨提示

秋冬季节宝宝的皮肤容易干燥、瘙痒，如果能在洗澡水中加一些燕麦，皮肤瘙痒的问题就会迎刃而解了。用半杯燕麦片、1/4 杯牛奶、2 汤匙蜂蜜混合在一起，调成干糊状，然后将这些原料放入一个用棉布等天然材料做成的小袋子中，把燕麦袋放在宝宝的浴盆中，片刻之后就可以给宝宝洗澡了。

妈妈小常识

宝宝在语言上的智商，与他在婴儿时期听到的词汇量之间存在一定的联系。妈妈和宝宝说的话越多，他的词汇量就越丰富。由于宝宝的思想还局限在具体的事物上，所以话语要尽量简短，多说些与宝宝有关的话题，比如他的婴儿车或他的玩具等。在宝宝试着和妈妈交流时，妈妈也可以用话语描述出他的意图。

育儿随笔

妈妈怎样帮宝宝度过出牙期

刚开始长牙期间，宝宝更需要父母的呵护及关怀，适时的呵护与关怀可缓和宝宝的情绪，让宝宝感觉温暖与舒适。如果宝宝不愿意吃东西、没有胃口，可以为宝宝准备一些柔软的食物。爸爸妈妈也应该带宝宝到医院牙科检查牙齿，了解宝宝长牙的情况，向医生请教如何保护宝宝的牙齿。

— 妈妈小常识 —

每天用纱布蘸点凉水擦拭宝宝的牙龈，如果是夏天，可以用棉纱布包一小块冰块给宝宝冷敷一下，能够暂时缓解长牙带来的不适。

进行牙床训练。现在市面上有很多牙胶之类的产品，就是为了缓解宝宝牙齿不适而设计的，可以买一些牙胶或磨牙棒之类的产品让宝宝咬，一来可以缓解不适，二来还能训练宝宝的咀嚼能力，一举两得。

因为牙龈不适，宝宝可能会咬自己的嘴唇和舌头，甚至在喂母乳的时候咬妈妈的乳头，这样不但会咬伤自己，还会影响牙齿的生长，引起龅牙。妈妈应该多留心宝宝的一举一动，一旦发现宝宝咬嘴唇就要及时制止。如果宝宝咬着不肯放也不能硬来，可以轻轻挠挠宝宝的小嘴唇使他松开。

温馨提示

随时帮宝宝擦干净口水，因为唾液中含有消化酶和其他物质，对皮肤有一定的刺激作用，会造成皮肤发红，甚至糜烂、脱皮。可以准备一块柔软的棉布，擦的时候动作一定要轻柔，因为流口水的部位皮肤比较娇嫩，如果动作太重，容易擦破皮肤引起感染。

准备一个小围嘴围在宝宝的脖子上接纳宝宝流的口水，以免口水弄湿衣服。

育儿小贴士

如果流口水的部位有发红的现象，那么可以涂抹一点有收敛作用的药膏，尤其是嘴角部位，能够在一定程度上减轻口水对皮肤的刺激，保护宝宝的皮肤。不过如果皮肤已经有点溃烂，则不宜自己用药，一定要带宝宝去医院看医生。

为什么不要大声呵斥宝宝

当宝宝要动什么东西时，家长突然大声呵斥，会吓得宝宝不敢去动了，这种做法是错误的。因为这样做会使宝宝受到惊吓。正确的方法是：告诉他为什么不能动这东西，并且拿其他的东西代替它，比如一个玩具等。另外，经常呵斥宝宝等于给宝宝做了一个坏榜样，等宝宝长大一点，也会学着呵斥别人，并且吵闹、发脾气。因为婴儿的模仿能力特别强，所以父母想让宝宝学好，必须言传身教。

育儿小贴士

爸爸妈妈不要时刻都拿个玩具在宝宝眼前晃来晃去，这样做不但不能激发他学习的兴趣，反而会令宝宝疲惫不堪，甚至会让宝宝的观察范围缩小，只注意自己眼前的玩具，而减少对其他信息的摄取。宝宝虽然需要爸爸妈妈夜以继日地关怀和照顾，但也需要一些自我空间，一个人玩玩具，或者到处爬一爬。

— 妈妈小常识 —

不但要教宝宝听懂词音，而且也应教他听懂词义。妈妈要训练他，把一些词和常用物体联系起来，因为这时宝宝还不会说话，但是已经会用动作来回答大人说的话了。比如，家长可以指着电灯告诉宝宝说"这是电灯"。然后再问他："电灯在哪？"他就会转向电灯方向，或用手指着电灯，同时可能会发出声音。这虽然还不是语言，但对宝宝发音器官是一个很好的锻炼，为模仿说话打基础。

温馨提示

鸡肉一直被认为是滋补佳品，它的脂肪含量比较低，而且口感也比较好。但是要注意的是，在给宝宝吃鸡肉时，最好不要让他吃鸡皮，因为鸡皮含有很多皮下脂肪，多吃无益。不过也有例外，如鸡翅膀上的皮就可以给宝宝吃。因为翅膀是经常运动的，所以它上面的皮所含皮下脂肪很少。

育儿随笔

为什么宝宝要多品尝一些味道

婴儿期是儿童早期口味培养的敏感期。6～12个月时，宝宝的神经系统发育得更成熟。随着动作、语言、社交的进一步发展，是培养良好饮食行为的关键期。要在1岁前尽可能多地让宝宝品尝更多食品的味道，1岁前口味基本就固定了。要让他的味蕾敏感起来，如果只吃几种，长大后口味也会单调。当第一次让宝宝接触某种新食物时，应提供不同的口味，如咸的、酸的、甜的等。研究证实，这样可以增加宝宝对新食物的接受程度。

— 妈妈小常识 —

你或许认为宝宝不会在乎你选择什么样的玩具给他，只要是柔软的、能抱在怀里的或者能发出有趣声音的就行。然而，一定的玩具能帮助婴儿早期技能的开发。例如，第一个玩具应该包括那些刺激视觉的玩具，因为宝宝的眼睛正在学习处理结构、线条、形状和颜色。汽车模型和高对比度视觉显示的玩具是不错的选择。

温馨提示

为了防止宝宝把小玩具吞入肚内，爸爸妈妈一定要注意别把小玩具放在童床内，另外，也不要把安抚奶嘴或磨牙用具系在宝宝的脖子上。到了宝宝能扶着站立起来的年龄，爸爸妈妈应注意拿掉放在童床周围的那些随手可取的物品，以防被宝宝拖入自己的"势力范围"。

育儿随笔

育儿小贴士

在户外，让宝宝观察小鸟和飞机，并反复学它们的声音。在室内，爸爸或妈妈可以与宝宝坐在一起，将他的胳膊展开，让他的手臂上下扇动学小鸟飞翔，并学小鸟啼叫。然后，停止扇动胳膊，学飞机的"隆隆"声，让宝宝像飞机一样飞翔。这个游戏可以培养宝宝的创造力，发展宝宝的听觉和语言，以及肢体动作。

夏季应该怎样刺激宝宝食欲

夏季一到，宝宝都很容易因为炎热而变得没胃口，一个很好的办法就是让宝宝多运动。早上和晚上，可趁着凉爽带宝宝到户外看看风景；上午10：00～14：00点，天气比较热，不妨在室内地板上铺上席子，让宝宝在席子上玩，或者把地板擦干净，干脆让宝宝光脚在地板上爬、滚、跑、跳。总之，每天让宝宝大玩一场，出身大汗，宝宝胃口就会大开。

育儿小贴士

秋燥，是指宝宝在秋天出现的各种不适，如皮肤干燥或发生皲裂、口鼻干燥、咽喉干渴、舌干少津、大便燥结、毛发无光泽。虽然秋燥让宝宝不舒服，但也不是那么难对付。只要妈妈掌握一些科学饮食之道，多给宝宝喝水，多吃润肺的蔬菜和水果，就会驱走宝宝身体里的燥邪。

温馨提示

给宝宝梳理头发时，一只手要抓住发梢，尤其是头发很乱时。这样可减少宝宝头皮受力，避免头发因受力脱掉，并可减轻梳理时的疼痛。如果要给宝宝扎小辫子，不要将宝宝的头发使劲扯紧，更不要用橡皮筋扎，否则会很容易使被拉扯的部位变秃，并使头发变细。

育儿随笔

一妈妈小常识一

"吹"的动作对宝宝说话发音有帮助。这个时期，大多数宝宝已经开口学说话了。我们应该进一步训练宝宝的说话能力。日常生活中，宝宝有机会经常练习张、闭、吸、吞、咀嚼等口舌运动，而很少有"吹"的动作。因此，能训练"吹"这个动作的就是吹喇叭了。当宝宝第一次拿到喇叭，不知道如何去吹，妈妈可对着宝宝的脸轻轻吹气，然后再吹喇叭给宝宝看。

足浴可以减轻宝宝的感冒症状吗

宝宝感冒了，如果不严重的话，妈妈不妨给宝宝洗个热水足浴，因为脚上的穴位丰富，对感冒的康复有好处。热水足浴在睡觉前进行，妈妈先在盆里倒上热水，然后将水温调至有些烫手即可。妈妈用一只手托着宝宝的两只脚，另一只手蘸上水往宝宝脚上焐，待宝宝逐渐适应水温，再慢慢让宝宝把脚泡在水里。在冬季，水温下降很快，因此，妈妈还要不断添加热水以保持水的温度。半个小时后，宝宝便会开始出汗，这时要赶紧替宝宝擦干脚，让宝宝睡觉。

— 妈妈小常识 —

妈妈平时要注意收集一些香水瓶、香味蜡烛、松果、芭蕉、咖喱粉、辣椒粉、柠檬汁等具有芳香或刺激气味的物品，帮助训练宝宝的嗅觉功能。为了防止宝宝被浓烈的气味刺激，一定要使这些气味物离宝宝有一定距离，仅用手向宝宝鼻的方向扇一点儿味道即可，千万不要直接放在宝宝鼻子下面。

温馨提示

宝宝腹泻时，取苹果1个，连皮带核切成小块，放在水中煮3～5分钟，待温后食用，每日2～3次，每次30克左右即可。苹果含有丰富的糖分、胡萝卜素和B族维生素及钙、苹果酸、果胶等，除了止泻外，还有补心益气和生津止渴，以及健脾胃、防止胆固醇增高等功效。

育儿小贴士

有的爸爸妈妈会因为担心宝宝爬行时擦伤皮肤，而刻意减少宝宝爬行的机会，这样做是不对的。其实爸爸妈妈完全可以给宝宝买来膝盖护套，让宝宝的柔嫩皮肤不至于因为摩擦而生茧。或者爸爸妈妈也可以自己做一个，要知道，这样的护膝套在秋冬季节还可以为宝宝保暖。

育儿随笔

父母先尝食会引起宝宝龋齿吗

口水是细菌传递的途径之一，因此爸爸妈妈必须改掉一些不良的喂养习惯。比如在喂宝宝食物之前，先把勺子放在自己嘴里尝尝，或把宝宝的手放在自己的嘴里逗他玩。在这种情况下，如果你是细菌的携带者，尤其是引起龋齿的链球杆菌携带者，就很有可能会把细菌传给宝宝。爸爸妈妈要按时、正确地刷牙，定期看牙医，每年至少1次。如果有龋齿，要尽快去接受治疗。为了有效地减少传染的可能性，也可以用漱口水来清洗口腔。

育儿小贴士

如果爸爸妈妈想要培养一个见多识广的宝宝，就让他多接触不同形状、质地、颜色、大小、气味的东西。妈妈不妨抱着宝宝逛超市，让宝宝看看、摸摸货架上的物品，耐心清楚地告诉宝宝都是些什么东西。妈妈还可以带宝宝去看他平常熟悉的东西，比如宝宝常吃的苹果、用的奶瓶等。

— 妈妈小常识 —

妈妈在带宝宝去公园散步的时候，如果碰到有其他小朋友的时候，就要抓住这个机会训练宝宝的交际能力。例如，妈妈拉着宝宝的小手跟其他的小朋友打招呼："你好，我叫淘淘，你叫什么名字？"这种方式会让宝宝感觉到通过语言和动作与人互动的快乐。

育儿随笔

温馨提示

爸爸妈妈可以把微笑当成奖励宝宝的方法。宝宝的行为和爸爸妈妈的表情有密切的联系。例如，当爸爸妈妈生气时，宝宝会因此受到惊吓；当爸爸妈妈高兴时，宝宝会手舞足蹈。微笑对宝宝来讲，不仅是一种感情奖励，而且是一种行为导向。当宝宝出现错误行为时，如果爸爸妈妈没有给予及时纠正，甚至放声大笑。这种笑会让宝宝感到那是成人对自己"规范"行为的奖励，这样无形中就强化了宝宝的错误行为。

小宝宝也需要看牙医吗

宝宝 2 岁之前，爸爸妈妈应该每年带宝宝去看 1 次牙医。牙医会给出这个阶段保护宝宝牙齿的方法和建议，如不要夜里给宝宝喂糖水。等宝宝到了 3 岁以后，最好每 6 个月带宝宝去看一次牙医，检查有没有龋齿。这个年龄段，两侧的牙齿容易发生龋齿，在临床检查中较难发现。同时，由于宝宝的牙间距很小，有时医生会建议做透视检查。

－ 妈妈小常识 －

当给宝宝添加了某种新的辅食后，妈妈要注意观察宝宝的皮肤颜色、光泽等反应。当宝宝发生营养不良时，皮下脂肪会立即减少，其消减的次序首先是腹部，其次是躯干、四肢，最后是面颊部。如果宝宝发生了贫血，面色、指甲、眼睑都会苍白。有的宝宝皮肤上还会出现疙瘩或湿疹，这往往是消化不好或对某种食物过敏引起的。

温馨提示

牛奶、乳酪含有丰富钙质和蛋白质等；香蕉含蛋白质、脂类、糖、果胶、钙、磷、钾及维生素 A、B 族维生素、维生素 C、维生素 E 等。将牛奶、乳酪和香蕉一起做成糊，适宜宝宝食用，有利于骨骼等各器官的生长发育。

育儿随笔

....

....

....

....

育儿小贴士

爸爸妈妈在教宝宝模仿动作时，他只顾着自己玩，就是不学习，很多爸爸妈妈都会非常着急。其实，爸爸妈妈在教宝宝学动作的时候，可以把宝宝放进围栏里，在温度适宜的地板上放些会动的、有趣的玩具，逗引他用手抓握或向前爬行的兴趣。宝宝会用手抓握东西的时候，就能自如地做出各种动作。同时，爸爸妈妈还要加强宝宝的语言训练，给宝宝创造良好的语言环境。

可以用果汁给宝宝喂药吗

妈妈要忌用果汁给宝宝喂药，这是因为果汁里的果酸容易导致多种药物提前分解或溶化，大大降低疗效；有些抗生素类药物如红霉素，在酸性液体作用下会迅速水解，减低药效，有的还会与酸性液体反应，生成其他有害物质；有许多药物，本来就对胃黏膜有刺激作用，而果酸则可加剧对胃壁的刺激，重者可使胃黏膜出血。因此，不要用果汁给宝宝送服药物，用药前1小时和用药后半小时内也不宜喝果汁，以确保药效。

育儿小贴士

初学走路时，可让宝宝手扶推车学习行走。当步子迈得比较稳时，父母可拉住宝宝的双手或单手让他学迈步。也可在宝宝的后方扶住腋下或用毛巾拉着，让他向前走。锻炼一个时期后，宝宝慢慢就能开始独立的尝试，父母可站在面前，鼓励他向前走。开始他可能会步态蹒跚，向前倾，跌跌撞撞扑向你的怀中，收不住脚，这是很正常的表现，因为他还没有掌握好平衡。这时父母要继续帮助他练习，让他大胆地走第二次、第三次。渐渐地熟能生巧，会越走越稳，越走越远，用不了多长时间，就能独立行走了。宝宝1岁多时一般已能走得比较稳了。

— 妈妈小常识 —

在宝宝学步时，父母应注意不能急于求成，更不能因怕摔就不练习了。要根据自己宝宝的具体情况灵活施教。初学时应每天安排时间陪着学步，并注意保护，这样有利于宝宝更快学会走路。

温馨提示

从宝宝10个月起，妈妈可以每天先给宝宝减掉1顿奶，辅食的量要相应加大。1周后，如果妈妈感到乳房不太发胀，宝宝消化和吸收的情况也很好，可以再减去1顿奶，继续加大辅食的量，依次逐渐断掉母乳。

育儿随笔

10个月的宝宝体格发育有哪些标准

宝宝满 10 个月时，体格发育应达到以下标准：男宝宝的身高为 68.39～78.9 厘米，体重为 7.6～11.7 千克；女宝宝的身高为 66.29～77.3 厘米，体重为 6.9～10.9 千克。男宝宝的头围平均为 46.09 厘米，女宝宝的头围平均为 44.89 厘米；男宝宝胸围平均为 45.99 厘米，女宝宝胸围平均为 44.89 厘米。

— 妈妈小常识 —

宝宝学会爬行，就会常常主动离开妈妈的怀抱，带着旺盛的好奇心到处活动；遇到挫折，他仍会回到妈妈的身边。妈妈就像是宝宝的避风港，发生任何使他害怕和不安的事，只要回到妈妈身边就能让他安心。若妈妈对寻求慰藉的宝宝置之不理，或不耐烦，"不要一点小事就哭！"而把他推开，这样反而会使宝宝因为缺乏安全感而紧紧缠住妈妈不放。相反，宝宝充满好奇和自信地四处探索，妈妈却左一句"危险"，右一句"不可以"，过度的保护，会使宝宝失去探索的欲望，对宝宝的成长也不利。

温馨提示

由于宝宝对妈妈的乳汁还是非常的依恋，所以减奶时最好从白天喂的那顿开始。因为白天有很多吸引宝宝的事情，所以，他不会特别在意妈妈。但当早晨和晚上时，宝宝会对妈妈非常依恋，需要从吃奶中获得慰藉，因此不易断奶。

育儿随笔

育儿小贴士

10 个月的宝宝不懂什么是害怕，什么是危险，他刚学会走路，动作不稳，不协调，容易跌倒，父母在引导宝宝走路时，一定要加强保护，避免受伤。宝宝的围栏和推车要经常检查，不牢固的或损坏的地方要及时修复，以免发生危险。宝宝这个时候已听懂和理解父母的语言，因此父母在讲话时声音要柔和、亲切，切不可大声斥责和喊叫。

怎样帮助宝宝锻炼腿部肌肉

爸爸妈妈可以引导宝宝做仰卧起坐。先让宝宝仰躺，爸爸妈妈拉着宝宝的双手让他站立——坐下——躺下。如此重复进行，可增强宝宝的肌肉张力。另外，爸爸妈妈可以帮助宝宝做蹬腿运动，先从宝宝腋下将其抱起，让宝宝在爸爸妈妈身上弹跳，如此可以促进宝宝腿部的伸展。

育儿小贴士

究竟什么时候让宝宝放弃奶瓶，要取决于爸爸妈妈的判断。当宝宝对奶瓶的兴趣减少时，爸爸妈妈一定要抓住这个机会。或者，爸爸妈妈也可以自己选定一个时间开始训练宝宝。但一旦训练开始，就不要再动摇。如果宝宝有一两天少喝了一餐奶也不要紧。坚持下去，宝宝会在不知不觉中放弃奶瓶的。

温馨提示

妈妈在给宝宝洗发之前，要先用小梳子将头发理顺，这样可防止头发缠结在一起，避免头发难以梳理，用力梳时损害头发。小梳子齿距要宽一些，梳齿的顶端不要过尖，如果有塑胶薄套包着最好，这样不容易划伤宝宝的头皮。

育儿随笔

....

....

....

—妈妈小常识—

10个月的宝宝协调性已经有很大发展，可以去敲击鼓或摇晃铃。妈妈可以和宝宝做或找一些简单的器具来玩。一个罐子可以当作一个鼓，一个木勺可以作为一个鼓槌。一边唱歌或跟随自编的节奏，一边轻轻地打拍子。用鞋带或皮带把一些小铃铛拴在一起，或系在一根木棍上让宝宝拿着摇。在大小适当的塑料容器中放些米粒、玉米粒或干谷粒，即可制成一个可发声的玩具。

宝宝误吞了东西怎么办

如果宝宝误吞了小的圆形塑料异物问题还不大，多数宝宝能自行将异物排出。但如果误吞的是金属异物，则千万不能掉以轻心，应立即带他去医院就诊。因为和误吞塑料不同，胃酸会将金属溶解，释放出有毒物，破坏胃黏膜，严重的甚至引起胃穿孔，危及宝宝的生命安全。尤其是电池，四周的金属保护一旦被溶解，里面的剧毒物质释放出来，后果将不堪设想，现在许多儿科专家已把它看成是威胁宝宝健康的"新杀手"。

— 妈妈小常识 —

宝宝误服药物后，短时间内就有异常表现。误服化学毒物后，可出现口腔、咽喉、上腹部烧灼感、痒痛，口腔黏膜发白或有水泡，可有肌肉抽搐、说话困难、流口水、恶心呕吐等症状。误服药物，可视药物种类、症状轻重缓急而不一样，主要表现是恶心呕吐、抽搐、呼吸脉搏或快或慢、精神神经出现异常。这时候，家长要弄清宝宝误服了什么，如果不是腐蚀性的物品，如农药、汽油等，要让宝宝吐出，减少对毒物的吸收。如果是腐蚀性毒性物，就不能吐，以免再次损伤口腔和食管，要立即送医院，带上原来装毒物的容器。

温馨提示

窗帘夹、大头针、金戒指、硬币和纽扣、电池等小型日常用品，常常被宝宝误吞或塞入鼻孔内而导致意外的发生。所以，爸爸妈妈必须让宝宝远离这些物品。

育儿小贴士

爸爸妈妈要为宝宝选择有利于促进宝宝语言和认知能力的发展，提高宝宝动手、站立和行走能力的玩具。比如可以引导宝宝学小动物叫声的动物玩具、积木或光滑的木块，干净的纸盒子、小围栏、小推车和拖拉玩具等。

育儿随笔

宝宝流鼻血了怎么办

当宝宝流鼻血时，处理的方法：以手指向内压住宝宝流血一侧的鼻根处，3～5分钟后再放开；观察宝宝的血流状况，如果尚未止血，可再压3～5分钟。若是鼻子两侧皆有流鼻血的现象，则先做单侧指压3～5分钟，再换另一侧做单侧指压。除了持续指压宝宝流血侧的鼻根外，还应保持宝宝头部的直立，并将宝宝的上半身微往前倾，以确定并观察指压的止血效果。

育儿小贴士

当宝宝会站立时，爸爸妈妈可以扶着宝宝的两腋，让他在有弹性的沙发或者铺着席梦思的床上，练习两脚蹬踏和弹跳。站在沙发或床上对较小的宝宝来说一定是站不稳的，可以借此让宝宝学习保持平衡。而且，蹬踏和弹跳的动作能加强宝宝腿部力量。对马上要进入学步期的宝宝来说，这项运动是很有益的。

—妈妈小常识—

10个月的宝宝变得爱发脾气了，动不动就摇头、甩手、叫嚷。其实，这正是宝宝的"自我"意识开始萌芽。可是，他还不会用语言来表达，而且脚不会走路，手不能灵活地运用，挫折多，脾气就大了。妈妈要理解宝宝，宝宝想自己吃饭，就让他拿着调羹自己吃；宝宝打定主意自己穿衣，就让他自己穿，只需悄悄帮他提一提裤腿和袖管。尊重宝宝的意愿，是鼓励宝宝走向独立的第一步。

温馨提示

宝宝流鼻血时可以用冰敷法。妈妈可以用小毛巾包裹住冰块，在指压下冰敷于鼻根部位，然后再继续指压止血。在指压并冰敷10分钟后，假如仍有流血迹象，却只如血丝状，则建议继续指压并持续观察。假如血流量变大的话，便应立刻送医院急诊。

育儿随笔

为什么吃精细食品会造成宝宝近视眼

近视眼的形成与机体缺钙、铬等无机盐有关。精细加工的淀粉类食物，如蛋糕，会促使胰腺分泌较多的胰岛素，从而引起"结合蛋白-3"迅速减少，造成宝宝眼球长得太长，眼晶状体发育不协调，导致影像不能聚焦在视网膜的前面，造成人们看到的影像模糊不清，而形成近视。

－ 妈妈小常识 －

拉绳玩具是指一端系着绳子的玩具，嘎嘎鸭、拖拉小火车都是宝宝喜欢的适龄玩具，家庭可以自制。开始，可由妈妈在前面慢慢拉，诱导宝宝爬过来追逐玩具。妈妈千万别拉得太快，宝宝老是抓不到会失去玩的兴趣。以后，可以让宝宝握住绳子向前爬行，当他爬了几步回头看见玩具也紧跟着他时，会兴奋不已。以后，当他学习走路时，有玩具热热闹闹地跟着他，宝宝会爬得更起劲。

温馨提示

在选择畜肉的时候，爸爸妈妈要注意不同部位的畜肉脂肪含量是不同的。例如，猪肥肉的脂肪含量为90%，五花肉为35%，里脊肉为7.9%。而且不同畜肉的脂肪饱和程度也不相同，其中以牛肉、羊肉的饱和脂肪酸最多。因为摄入过多的饱和脂肪酸容易引起肥胖、心血管等疾病，所以宝宝在食用时要适量。

育儿随笔

育儿小贴士

女宝宝特别喜欢拥抱布娃娃、毛毯或大毛巾。这种柔软的触感是其他东西难以替代的。甚至连出门、睡觉都要抱着，悲哀、寂寞、生气时，把它贴在脸上或闻它的味道还能使宝宝的情绪稳定。如果父母漠视宝宝的这种慰藉要求，从她的手中夺走布娃娃，可能会使宝宝养成咬指甲或玩性器官的不良习惯，同时还会变成缠人的宝宝。

宝宝不慎擦伤了，该如何处理

宝宝不慎擦伤，妈妈应该立刻用抗生素药膏涂抹在患处，以保护外露的内层皮肤。可以选择外用消炎软膏在创口处涂抹薄薄的一层即可，不需要用创可贴或绷带固定。如果在清洗伤口过程中，患处表面发生软化浑浊，妈妈不必担心，这些软化物质主要由纤维蛋白和凝结物质构成，有助于伤口结痂，促进愈合。连续使用抗生素药膏2～3天，直到擦伤处出现红黑色或黑色硬痂为止。

育儿小贴士

对涂画的兴趣是每个人幼年时都喜欢的，当宝宝拿住一根粉笔时，他会画得到处都是线条，虽然很凌乱，但宝宝的作品在一定程度上体现出了发育程度。开始时宝宝只会画弯弯曲曲的线，然后慢慢地会画圆和直线，再后来宝宝就会表达出嘴、眼睛等物。随着宝宝表达内容的增加，他的手指会更加灵活，大脑也会更聪明。

温馨提示

用桃叶来防治痱子是一种古老的偏方。方法是将桃叶阴干后存于袋中，使用时取50克泡在热水里给宝宝洗澡，可以预防痱子的发生。如果长痱子的情况严重，用桃叶熬成汁掺到洗澡水中，或者直接用桃叶汁擦抹患处，效果更佳。

—妈妈小常识—

宝宝的心情开始受妈妈的情绪影响，当你不安或沮丧时，他也会显得不高兴；如果妈妈轻松快乐，宝宝也会表现得很兴奋；他还喜欢看着其他小朋友玩耍。当有其他小朋友在旁边或想分享他的玩具时，宝宝会显出对玩具明显的占有欲。

育儿随笔

宝宝为什么胆子小

10 个月后的宝宝内心和表情都相当的丰富，而且智力也有显著的增长，许多过去不知道怕的事物，现在已经懂得害怕了，而宝宝的恐惧感多半是从爸爸妈妈身上得来的。例如，当宝宝对小虫产生兴趣而伸手加以抚摸时，一向害怕虫子的妈妈在一旁惊慌地失声大叫，那么宝宝也会受妈妈的影响，惊慌地丢掉小虫，吓得大哭起来。从此，他看见小虫就会害怕。

一 妈妈小常识 一

有心理学者做过实验：由于宝宝讨厌巨大的响声，所以实验者故意在发出巨大的响声的同时，让宝宝同时看见小花猫，结果，宝宝对小花猫也产生极强的厌恶感。如果想消除宝宝的恐惧心理，必须将小花猫放在不能引起他恐惧心理的地方，然后尽量制造各种愉快的环境氛围。再慢慢地将小花猫与宝宝接近，到了最后，即使将小花猫放在宝宝的身边，宝宝也不会再有厌恶感了。

温馨提示

妈妈在给宝宝清洁牙齿的时候，不要使用成人用牙膏，可选用婴儿用可吞食牙膏。清洁牙齿的时间最好放在宝宝入睡之前、换尿布的时候。这样，宝宝很容易就会将身体和口腔清洁结合起来。清洁牙齿的习惯培养得越早，宝宝越易接受。同时，清洁牙齿时间也是妈妈和宝宝交流、亲热的好时机。

育儿小贴士

未满 1 岁的宝宝最好、最安全的人际互动方式，就是让他和年龄相仿的宝宝一起玩耍。如果宝宝已经坐得很稳，腰部、颈背的发展都很好，爸爸妈妈就可以带宝宝参加一些亲子课程。这样宝宝就有更多机会，看到其他同龄的小朋友，并在与他们的互动和活动中提升交际能力。

育儿随笔

宝宝冬季也会"中暑"吗

冬季"中暑"多见于2～10个月的宝宝，主要表现为高热、抽搐、大量水样或血水样稀便、吐奶，重则可发生昏迷、休克，甚至死亡。宝宝容易发生冬季"中暑"的原因，与其体温调节中枢功能尚未健全，对外界气温的适应性较差有关。持久的高热及过高的热量会损害婴儿的脑组织，出现永久性损害或功能障碍。

育儿小贴士

宝宝一般在10个月后，经过扶栏的站立已能扶着床栏横步走了。在宝宝初学走路时，为防止摔倒，应选择活动范围大、地面平、没有障碍物的地方学步。如冬季在室内学步，要特别注意避开煤炉、暖气片和室内锐利有棱角的东西，防止发生意外。同时要给宝宝穿合适的鞋和轻便的服装，以利活动行走。

育儿随笔

－ 妈妈小常识 －

宝宝每一次的"亲身尝试"，都会有收获。宝宝每次去探索的东西，都是他眼下最感兴趣的东西，从实践中认知感兴趣的东西，对宝宝来说是件很愉快的事情。即便遇到些困难，他也不会在意，会自己想办法去克服，在这种过程中自信心和能力可得到加强，更重要的是他学会了"自娱自乐"。

宝宝不小心被宠物抓伤怎么办

宝宝一旦被动物咬伤、抓伤，要在抓伤及咬伤后的第一时间内进行伤口处理。可在咬伤现场或就地寻找水源冲洗伤口，冲洗时间以 20 分钟为宜。如有条件，可用肥皂水或 0.1% 新洁尔灭反复清洗。爸爸妈妈注意不可用口吸伤处或自行包扎伤口。到狂犬病防治门诊就医后，应再次进行冲洗、清创，保证引流通畅。一般伤口不用包扎、缝合，必要时应在使用狂犬病免疫球蛋白做伤口浸润注射后进行。

－ 妈妈小常识 －

9 ～ 12 个月的宝宝开始明白爸爸妈妈的意思了。他的"咿咿呀呀"不再无所指，这些都归功于爸爸妈妈一直以来对宝宝孜孜不倦地说话。模仿游戏在这个基础上得以展开，宝宝在模仿中学习成长。和妈妈一起学着挥手说"再见"；和爸爸学举起双手欢呼等，这些都对宝宝的智能发育有很大的帮助。

温馨提示

夏天是细菌性痢疾、细菌性食物中毒、伤寒、传染性肝炎、脊髓灰质炎等传染病的流行季节。这些传染病大都是经过饮水和食物传播的，所以爸爸妈妈一定要注意自己的饮食和个人卫生，以防被感染后又带回家传染给宝宝。

育儿随笔

育儿小贴士

有时宝宝通过接触病猫的唾液、排泄物，或被猫咬、抓到而受伤。一般 3 ～ 10 日内宝宝的面颊、手、足、前臂、小腿等出现一个至多个红色斑丘疹，后转为小脓疱，疼痛不明显，穿破形成小溃疡。1 ～ 3 个星期可结痂，会引起全身不适，乏力、低热、头痛、咽喉痛、胃口不好等。所以，受伤后一定要及时带宝宝去防疫站，尽早处理。

多久给宝宝剪一次头发

妈妈可根据宝宝头发生长速度，1～2个月理一次发。给宝宝修剪头发，不要让女宝宝脑门上的刘海长过眉毛，这样，头发会长得更健康。用吹风机给宝宝吹发时以低温适宜，以防伤害宝宝脆弱的发丝和稚嫩的头皮。如果妈妈喜欢给宝宝的头发分头路，最好每隔几天就换一个部位，不然的话，总是分头路的部位头发会越来越稀少。

育儿小贴士

宝宝的消化功能逐渐增强、牙齿多已萌出，此时给宝宝添加的蔬菜可由菜泥改为碎菜的形式。碎菜含有更丰富的膳食纤维，不仅有利于防止宝宝便秘，而且能有效地锻炼宝宝的咀嚼功能。

温馨提示

10个月左右的宝宝开始出现了所谓的功能动作，能够体现出物品的用途，如用碗喝水、让汽车滚动、摆积木块等。先前练习过的动作开始完善并向新物体迁移。这时，宝宝的手指动作就比较灵活自如了，紧握着的小拳头也完全张开了。

育儿随笔

一妈妈小常识一

当心宝宝补钙过量。补钙过量的主要症状是身体水肿、多汗、厌食、恶心、便秘、消化不良，严重的还容易引起高钙尿症。同时，宝宝补钙过量还可能限制大脑发育，并影响生长。钙如果沉积在眼角膜周边将影响视力，沉积在心脏瓣膜上将影响心脏功能，沉积在血管壁上则会引起血管硬化，还会引起肾和肺等器官的异常钙化。

宝宝眼睛进了异物怎么办

宝宝的眼睛会因遭异物入侵而产生不适感。多数宝宝难免会用手去揉眼睛，却因此造成更大的伤害。所以，当怀疑宝宝因眼睛有异物而去揉眼时，首先须将宝宝的双手按住，以制止他再去揉眼睛。然后迅速准备1碗干净的冷开水或矿泉水，以汤匙盛水来冲洗眼睛。接下来将宝宝的头部倾向受伤眼睛的那一面，待不适感稍稍缓和，可试着闭上眼睛让泪水流出，借此让异物随泪水自行流出眼睛。

— 妈妈小常识 —

眼药水不是治疗眼病的万能药，不对症使用会走入误区。当宝宝眼内的异物未取出时，滴眼药水是无效的。部分眼药水有收缩血管的作用，会缓解眼睛充血症状，影响父母判断。还有部分宝宝对某种药物过敏，会产生不必要的损害。医生强调：眼药有很多种，各有其适应证，不应交叉替代使用。如父母打算给宝宝使用眼药，必须遵照医嘱对症下药。

温馨提示

妈妈可以不用再亲自喂给宝宝饼干之类的小食品，可以让宝宝自己拿着吃。妈妈还可以和宝宝一起做"抢玩具"的游戏。也可以让宝宝半躺着，握紧妈妈两手的拇指或食指，妈妈提宝宝，让宝宝用劲坐起来，再慢慢让他躺下去。

育儿小贴士

如果发现宝宝的大便很干，爸爸妈妈可以适当再给宝宝的辅食中加些菜泥，或者多喂一些蔬菜水或水果汁。此外，要注意大便的颜色，如果给宝宝吃了绿叶蔬菜，大便可能有些发绿；如果给宝宝吃了番茄，大便可能有些发红。这些都是正常的代谢反应，爸爸妈妈不必过于担心。

育儿随笔

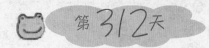

如何帮助宝宝学站立和迈步

　　10个月时，宝宝基本上可以站了。爸爸妈妈可以训练宝宝站立和向前迈步。爸爸妈妈要用双手扶着宝宝，帮助宝宝站稳后，慢慢放开手，并拍手说"宝宝乖，站得好"，以鼓励宝宝。这时候爸爸妈妈担任着保驾护航的关键作用。宝宝站稳后，可以训练宝宝迈步。爸爸妈妈要紧握着宝宝的手，慢慢后退，牵着宝宝的手迈步向前，或者让宝宝手扶推车，慢慢向前推，学习迈步。

育儿小贴士

　　宝宝脚扭伤，出现红肿，不能马上按摩、热敷或贴敷伤筋膏，否则会肿胀得更加厉害。应在急性脚扭伤的初期立即进行冷敷，如冲凉水、敷冰袋等，而且越早越好，在较短时间内使受伤的部位温度降低，局部血管收缩，阻止进一步的内出血和疼痛。一般在24小时内局部出血会逐渐停止。2～3天后再考虑用按摩等方法来促进受伤组织的新陈代谢，加速创伤的愈合。

温馨提示

　　如果宝宝乳牙长不好，最终恒牙也会受到影响。所以爸爸妈妈一定要提高对宝宝乳牙保健的重视程度。宝宝如果能拥有一副好的牙齿，就可以获得能够健康终生的咀嚼功能。

妈妈小常识

　　水果吃多了，大量糖分不能全部被人体吸收利用，而是在肾脏里与尿液混合，使尿液中糖分大大增加，长此以往，肾脏极易发生病变。因此，宝宝吃水果一定要适量，不能因为宝宝爱吃，就多多益善。妈妈要记住，营养要均衡，各种营养素的摄入既不要过多，也不要过少。

育儿随笔

为什么要在早上给宝宝量体温

爸爸妈妈应该尽量在早上为宝宝测量体温，这样可以更清楚地了解宝宝的身体情况。要知道，即便宝宝没有发热，他的体温在一天之内也会有所变化。体温通常是在清晨比较低而在下午则达到一天中的最高。如果你在早晨为宝宝量体温的结果是 37.2℃，那么他有可能是发热了，而如果在下午测量，这样的结果就可以看成是正常的。一般在下午，超过 37.5℃ 的结果可以判断为发热。

— 妈妈小常识 —

在断奶阶段，宝宝如果缺乏事先的适应变化，就会常常哭闹不停，因为他的吸吮欲望仍很强烈，如果不能满足，就会转而开始吸吮手指、玩具。相比之下，之前有过啃咬食物经验的宝宝，除了吸吮进食外，比较习惯用自己的小嘴啃食物，容易转移吸吮需求。

温馨提示

卷心菜含有多种人体必需的氨基酸，还含有维生素 C、胡萝卜素、维生素 B_1、维生素 B_2、尼克酸和蛋白质、脂肪、钾、钙等。有健胃补肾作用，常食可强身健体。这些都是宝宝生长发育必不可缺的营养素，非常适用于 10 个月以上的宝宝食用。

育儿小贴士

爸爸妈妈在喂养宝宝的时候应考虑宝宝的个体因素。我们吃的食品一般可以分为三类：热性、平性和凉性，要根据宝宝的体质来选择适合宝宝的食物，比如宝宝内热比较重，就不要给宝宝提供太多的热性食品。

育儿随笔

为什么新鲜材料制作的辅食可以培养宝宝的智力

一些工作很忙的爸爸妈妈在制作宝宝的辅食时,常会将市面上的一些菜粉、肝粉、鱼粉等加水混合搅匀,然后喂给宝宝吃。要知道这些"粉粉糊糊"使爸爸妈妈失去了一个培养聪明宝宝的机会。在这个年龄阶段的宝宝,处于对颜色、味道、形状的一个学习认知期。如果让宝宝混合着吃些糊状食品,便不能及时培养宝宝对于颜色、味道和形状的分辨能力。同样是添加辅食,如果选择新鲜的食物、蔬菜加以烹饪,不仅营养会更好,而且有助于宝宝的智力培养。

育儿小贴士

有的爸爸妈妈担心宝宝消化吸收不好,总给他吃那么几种常吃的食物,这样做会使宝宝很容易产生厌恶情绪。其实,爸爸妈妈可以通过变更烹饪方式来解决这个问题。尽量混合多种食物来喂养,口味以清淡为主。

温馨提示

将荷兰豆去掉豆荚,放进搅拌机中,或用刀剁成豆蓉;将整个鸡蛋煮熟捞起,然后放入凉水中浸一下,去壳,取出蛋黄,压成蛋黄泥;米洗净,在水中浸2小时,连水、豆蓉一起煲约1小时,煲成半糊状,然后拌入蛋黄泥煲约5分钟即可。此菜含有丰富的钙质和糖类、维生素A、卵磷脂等营养素,非常适宜宝宝食用。

育儿随笔

— 妈妈小常识 —

红枣中所富含的特殊物质可减少过敏介质的释放,从而避免过敏反应的发生。以往也有用红枣做偏方治疗过敏性紫癜的病例,这些都说明,多吃红枣可以治愈宝宝的过敏性疾病是有一定道理的,用红枣10枚与大麦100克以水煎服,每日2～3次,一般服用到症状消失即可。需注意的是煎水时应将大枣掰开,一般加水7倍,不要加糖,舌苔厚腻的宝宝忌服。

断奶期间，妈妈应该怎样做

在帮助宝宝断奶的期间，妈妈应该只在宝宝主动要求吃奶的时候才喂他，而不主动提供。这个简单的方法可以帮助宝宝更顺利地接受辅食。另外应该改变一些生活规律。如果妈妈通常都是一下班回家就马上给宝宝喂奶，那么可以尝试回家后先带宝宝出去玩一会儿。或者妈妈通常在家里都有固定的喂奶的地方，要尽量避免和宝宝一起在那些地方待着。

断奶时期的宝宝喂养比以前麻烦许多，他会把食物吐出来，或是把牛奶打翻，胡闹一阵儿之后，再用手指将喜欢吃的食物抓起来塞进口中。这种行为虽然让爸爸妈妈很不高兴，但是正是在这种"玩耍"的过程中，宝宝会渐渐学会用杯子喝奶及用勺子吃东西的技巧，渐渐忘记了对母乳的依恋。

— 妈妈小常识 —

若鱼刺卡在了宝宝喉咙，不要给宝宝吃馒头、饭团等，因为这样做不仅不能带走刺，反而会将刺扎得更深，更不易取出。如果是硬而尖的异物，这样硬压危险更大。可用威灵仙30克，米醋50毫升煮汤饮服。如果上述办法无效，可到医院请医生处理。

温馨提示

黄鱼小馅饼含有丰富的蛋白质，是宝宝可口的营养佳品。制作方法：将黄鱼肉洗净，剁成泥；葱头去皮，洗净切末；将鱼泥放入碗内，加入葱头末、牛奶、精盐、淀粉，搅成稠糊状有黏性的鱼肉馅，待用；将平锅置火上，放入油，把鱼肉馅制成8个小圆饼入锅内，煎至两面呈金黄色即可。

育儿小贴士

患惊厥症的宝宝，惊厥持续时间越长，发作次数越多，造成缺氧性脑损伤的可能性就越大，也就是说越容易对智力造成影响。所以，在惊厥发作时，应设法立即制止。有惊厥史的宝宝，要注意预防、避免抽风再次发作。同时应在热退病好之后，到医院做一些必要的神经系统检查，若确诊为癫痫，要按医嘱坚持服药。

怎样做鱼类辅食

宝宝经常吃鱼有助于大脑的发育。那么妈妈怎样为宝宝制作鱼类辅食呢？将收拾好的鱼切成小块后放入水中，加少量食盐煮，除去鱼刺、鱼皮后，将鱼肉研碎，再放入锅内加鱼汤煮，把淀粉调匀后放入锅内，煮至糊状，这就是鱼泥。鱼松的做法是将鱼蒸熟，去皮去骨后放入锅中，小火边烘边炒至鱼肉香脆，加适量酒、食盐、糖和酱油等调味品，即得鱼松。

育儿小贴士

宝宝外伤后出现明显肿胀和疼痛，要考虑到有骨折的可能，须及时到医院确诊，及时治疗。宝宝外伤后，没有皮肤破溃，没有外露的开放性骨折，但其中可有移位或不移位的骨折。移位骨折很容易辨别，因骨折变形，骨折端移到软组织中间，一般用手一摸就可知道是骨折了。已有骨折的宝宝，局部都有明显肿胀，肢体不敢活动，若轻微活动后就会疼痛，骨折周围处的皮肤有瘀血斑。

一 妈妈小常识 一

在饮食方面，每个宝宝的反应都不相同。有些宝宝将食物当成智能探索的对象，有的却将食物视为填饱肚子的对象。不同的心态，产生的反应自然也不同。不过，不论宝宝抱的是何种心态，他都会把食物弄得乱七八糟。妈妈不要为此烦恼不已，只要准备容易清洗的餐巾就可以了。

温馨提示

妈妈尽量每天至少一次在家烹制饭菜，在家烹制的食物应该富有营养，并控制脂肪的摄入。用不粘锅做菜可以减少煎炸用的油量，每人每餐 1 茶匙；要经常使用低脂烹制方法，如烤、蒸、煮、熏等，偶尔使用油炸；烧汤时，添加调味料前，先去掉油层；烹制时用调味品、药草、肉或鱼，而不是靠放很多的油来调味。

育儿随笔

宝宝总是要人抱，不爱自己玩怎么办

为了转移宝宝要人抱的注意力，爸爸妈妈可以与宝宝说说话、唱个歌，或是听听音乐，有计划地将宝宝的注意力引向别处。这样，慢慢地宝宝独处的时间就可以延长。过一段时间，爸爸妈妈就会发现，宝宝已经可以自己玩得很好了！即使宝宝只是很微小的进步，爸爸妈妈也要具体地加以肯定："宝宝，你可以自己玩了，做得非常好！"

一妈妈小常识一

将鲤鱼、草鱼或是鲢鱼的鱼头剁下来煨汤，汤里可以加几片豆腐和一小片生姜，熬至汤浓色白时即可。盛一碗鱼汤放锅内，再加适量的去皮番茄切碎，烧开，放一束龙须面（够宝宝一顿的饭量即可）略煮，再用几片菠菜或其他绿叶蔬菜任选一种切碎、剁细。面熟后，起锅之前，将细菜叶入锅稍加搅拌，调好味便可出锅。这样，营养丰富、美味可口且适合宝宝的饭就做好了。

温馨提示

宝宝的食量很小，妈妈每次煮汤时，量不好控制。因此煮的时候，经常会遇到水分蒸发掉了，食物还没熟的现象。这时妈妈可以将小锅稍稍倾斜，把食物与汤汁集中在一角，也可以中途加些水或汤汁来补充。

育儿小贴士

当宝宝的大便中出现黏液、脓血，而且大便的次数增多，并稀薄如水，说明宝宝可能吃了不卫生或变质的食物，有可能患了肠炎、痢疾等肠道疾病。宝宝患了这种病，爸爸妈妈可不能掉以轻心，应该留一点大便，以便能在医院及时得到化验，并根据病因及时为宝宝治疗疾病。

育儿随笔

....

....

....

....

宝宝爱在吃饭时喝水，有什么坏处

妈妈要让宝宝养成三餐以外的时间多喝水的习惯。有些宝宝平时不愿多喝水，而一到吃饭前、吃饭时、吃饭后就开始要水喝，而且不让他喝，他就觉得吃不进，这是一种非常有害的毛病，因为对食物的消化和吸收十分不利。人的胃肠等消化器官到吃饭的时间会反射性地分泌各种消化液，如口腔分泌唾液、胃分泌胃蛋白酶和胃液。这些消化液会与食物的碎末混合在一起，使得营养成分很容易被消化和吸收。但如果喝了水，就会冲淡和稀释消化液，影响食物的消化和吸收。

育儿小贴士

爸爸妈妈尽量不要给宝宝喝瓶装矿泉水及纯净水。对于婴幼儿来说，每升矿泉水的矿物质含量不能超过100毫克，钠要低于20毫克，氟的含量要低于1.5毫克，如果过量，会损害宝宝的肾脏及消化系统。

一妈妈小常识一

宝宝喉咙痛时，要鼓励宝宝多喝开水。不要吃乳制品，如牛奶和冰淇淋。因为吃这些食物，可能造成宝宝喉咙壁黏液的增加，而且可能引起宝宝咳嗽，这样反而增加宝宝的不舒服感。橘子汁类的酸果汁也可引起刺痛的感觉，最好不要吃加有香料、盐的食品。土豆片和玉米片等较干的或油炸的食物，最好也不要吃。

温馨提示

宝宝的气质差异往往会影响爸爸妈妈对他的照看方式。被认为"可爱"的宝宝往往会接受更多的爱抚，反之，如果爸爸妈妈一开始就发现他们的宝宝是属于"困难"类型的，他们也许会以对待"困难"宝宝的方式对待他。久而久之，这种方式会影响宝宝的性格发展，甚至会影响他的智力、情绪特征和社会交往能力，这是爸爸妈妈，以及那些经常照看宝宝的人员所应当注意的。

育儿随笔

宝宝不小心被烧伤怎么办

烧伤后首先要做的是降温散热，用水冷却烧伤部位 10 分钟以上，越早越好。不要涂抹无效的东西。不要用酱油、牙膏、肥皂等涂抹伤口，这样非但没有效果，还会带来感染。轻度的烧伤可以涂一点干净的植物油，对于面积较大、较严重的烧伤，局部降温冷却后，可用干净的布覆盖伤口，并尽早去医院治疗。

— 妈妈小常识 —

感觉统合失调是近年来常常被儿童保健专家提及的名词，引起了人们的高度关注。有关专家对感觉统合失调的儿童调查发现，其中 90% 以上的宝宝在婴儿时期不会爬行或爬行时间很短。爬行是目前国际公认的预防感觉统合失调的最佳手段，宝宝越爬越聪明。

温馨提示

早餐是宝宝全天所需能量和营养的重要组成部分。但据我国营养、医学部门对近万名城市儿童饮食状况的调查发现，有 50% 的宝宝早餐安排不科学，每天都是牛奶加鸡蛋，营养质量好的早餐，应包括谷物、动物性食品、奶类及蔬菜水果四部分。

育儿小贴士

宝宝在玩玩具的过程中可能会遇到一些小麻烦，这时爸爸妈妈要给宝宝留一点思考的时间，不要急于帮忙，如果宝宝实在有困难再去帮忙也不迟。总是手把手教宝宝怎么玩，会导致宝宝自己不动脑、放弃探索。宝宝玩玩具的意义在于通过摆弄玩具，学会观察、思考、探索，锻炼手的实际操作能力。所以，爸爸妈妈不要急着告诉宝宝玩具的秘密。

育儿随笔

怎样激发宝宝的学习兴趣

现在的宝宝学习能力是非常惊人的，父母要抓住各种机会激发他的学习兴趣。在与宝宝说话时，父母要注意自己的吐字是否清晰准确，多鼓励宝宝进行模仿、发音。在给宝宝找保姆的时候也要挑选说话没有口音的人为佳。在陪同宝宝看动画片的时候，如果遇到他熟悉的人物或动物形象，要记得问宝宝，并鼓励他用手去指出来。记住，父母的鼓励才是宝宝最大的学习动力。

— 妈妈小常识 —

酸性食物，并非指食物的味道，而是指各种肉、蛋及甜食类的酸性成分。这些食物往往被妈妈认为是高营养品，但它们在人体的最终代谢产物为酸性成分，因此可使血液呈酸性。过多食用酸性食物可能导致宝宝形成酸性体质，使参与大脑正常发育和维持大脑生理功能的钾、钙、镁等元素大量消耗，从而引起思维混乱，易使宝宝患上孤独症。

育儿小贴士

爸爸妈妈要注意，冬天的时候将家里的暖气管道用毛巾盖好，或用家具隔开。要教育宝宝，让宝宝自小就知道暖气管是热的，不能用手摸。

育儿随笔

温馨提示

— 番茄猪扒 —

猪肝洗净，放在生抽、食盐、糖制成的腌料中腌10分钟，去水后切成碎粒；红薯连皮洗干净，放在水中煮软，捞起剥皮，压成泥状，加入猪肝粒、面粉，搅拌成糊状，用手捏成厚块，放进油锅中煎至两面呈金黄色；番茄洗净，用开水烫一下，剥去外皮，切块，放进锅中略炒，用水淀粉勾芡，淋在肝扒上。这道菜含有丰富的铁质，有利于构成红细胞中的血红蛋白，适合9～12个月大的宝宝补充铁质，防止贫血的发生。

宝宝口角为什么会发生乳白色糜烂

夏季，一些宝宝的口角部位很容易发生乳白色糜烂和裂口的症状，医学上把它称为口角炎。造成口角炎的主要原因，可能是由于宝宝体内缺少一种核黄素（即维生素 B_2）的营养物质所致。可在医生指导下给宝宝口服维生素 B_2，每次 5 毫克，每日 3 次，约 5 天即可痊愈。平时，妈妈要注意给宝宝多吃新鲜蔬菜、水果，以及肉类、蛋类等。

育儿小贴士

游戏是宝宝最好的学习方式，通过游戏，宝宝获得各种感知觉，获得解决问题的能力，并在与同伴的接触中发展社会情感。但是，因为宝宝的颈椎还没有完全发育好，因此没有足够的支撑力去支撑头部。这个年龄段的宝宝适合做缓和的游戏，动作以比较轻柔为宜。

— 妈妈小常识 —

宝宝为爸爸妈妈表演游戏时，爸爸妈妈的喝彩称赞声会使他高兴地重复表演，这是宝宝内心成功与欢乐情绪的体现。对宝宝的鼓励不要吝啬，要用丰富的语言和表情，由衷地表示喝彩。可用拍手、竖起拇指的动作表示赞许。大家一起称赞的气氛会促使宝宝建立自信，健康成长，这也是心理学讲的"正性强化"教育方法之一。

温馨提示

取鸡蛋1只，去筋瘦肉末适量，青菜叶少许，蛋与肉的比例约为 2 : 1，鱼汤、米汁或清水适量。将鸡蛋打于小碗内，加入少许食盐搅散成糊。去筋瘦肉切细，与青菜一起剁成极细末，加入蛋糊内同搅，再加入适量汤汁，继续搅拌至均匀，上笼蒸熟即可。这道辅食营养丰富，口感爽滑、清香扑鼻，富含蛋白质、脂肪、氨基酸、维生素等营养成分，是宝宝喜食的可口食物。同时，羹内的瘦肉和青菜亦可根据不同的口味或季节而变化。

育儿随笔

给宝宝穿新衣服的须知

很多爸爸妈妈喜欢给宝宝穿新衣服，其实新衣物还比不上宝宝穿过的旧衣物，旧衣服反而会比较柔软舒适。另外，旧衣服经常洗涤，衣服上可能携带的甲醛等有害的化学物质已经被清除了。新买的衣服一定要洗过再给宝宝穿，否则很可能会引起宝宝皮肤过敏。

温馨提示

妈妈在煮饭、煮粥、煮豆、炒菜的时候都不要放碱，因为碱容易加速维生素 C 及 B 族维生素的破坏。维生素 B_1、维生素 B_2 本来就怕热，加了碱后更怕热，温度稍高更容易被破坏。但若在玉米面中加点碱，食品不但色、香、味俱佳，而且结合型烟酸易被宝宝吸收、利用。

育儿随笔

育儿小贴士

蛋白质和铁可取代铅与组织中的有机物结合，加速铅代谢。含优质蛋白质的食物有鸡蛋、牛奶和瘦肉等，含铁丰富的绿叶菜和水果则有菠菜、芹菜、油菜、苋菜、荠菜、红枣等。吃大蒜可以解毒。大蒜中的大蒜素，可与铅结合成为无毒的化合物，所以从事铅作业的人，每天吃少量大蒜比不吃大蒜的工人，铅中毒发生率减少 60%。父母应每顿适量的给宝宝的食物中放蒜。

巧克力可以当作宝宝的零食吗

巧克力可在宝宝体内产生过敏反应，使膀胱壁膨胀，容量减少，平滑肌变得粗糙，因而使膀胱产生痉挛。同时，这一过敏反应又使宝宝睡得过深，使他在有尿液充盈时也不能及时醒来，总是发生尿床现象，最终形成遗尿症。因此，平时应少给或不给宝宝吃巧克力，尤其在临睡之前。

育儿小贴士

在东北与华北地区，人均每天的食盐摄入量普遍超过 15 克，超过 20 ～ 30 克者不在少数，而成人的食盐生理需要量只有 6 克。饮食习惯是自小养成的，家庭是培养习惯的最主要场所。研究表明，味觉的适应能力在宝宝断奶加辅食时就开始形成，4 岁以前是关键时期，过了 7 岁，味觉成熟，其适应性就基本定型，并将延续终身。所以，人的低盐习惯应该从小培养，而不要到长大成人时，吃惯了高盐膳食后才纠正。

— 妈妈小常识 —

妈妈在为宝宝制作辅食的时候常有一种困扰：才长了几颗牙齿的宝宝，总是很难咬烂蔬菜。建议妈妈在烹煮前，一定要顺着蔬菜和肉的纤维垂直下刀，把纤维切断就能帮助宝宝顺利咀嚼下咽了。

温馨提示

用鱼肉做成水饺营养丰富，含有宝宝生长所必需的优质蛋白质、脂肪、维生素 B_1、维生素 B_2、烟酸及钙、磷、铁、碘等营养素，宝宝常食可促进生长发育，适宜 9 个月以上宝宝食用。妈妈在制作过程中要注意，鱼肉一定要剔净鱼刺，面皮要薄，馅要剁烂，水饺多煮一会儿，以利消化。

育儿随笔

妈妈怎样将熟睡的宝宝叫醒

随着宝宝一天天长大，妈妈应该开始培养宝宝逐渐形成生活规律，因此最好按照时间叫醒宝宝。想叫醒宝宝时，妈妈可以为宝宝换尿布，按摩宝宝的手或脚，用手指在宝宝的口唇周围移动，或者握住宝宝的小腿轻柔地上下移动。妈妈也可以将宝宝抱起，看着他的眼睛与他说话，同时，用一只手揉宝宝的耳垂，或轻拍背部，或用手指沿脊柱轻轻按摩。

育儿小贴士

在米面中存在一种叫作植酸的物质，它能够与锌元素结合，形成化合物，使得人体无法正常吸收。但如果使它发酵，植酸就会减少，不再对锌的吸收产生影响。因此，在给宝宝多吃动物内脏、瘦肉、鱼肉及贝壳类等富含锌的食物外，还应该多吃些发酵食品，如可以在吃米饭之外，吃些面包、馒头等面食。

温馨提示

宝宝的体质有不同的属性，有的偏热，有的偏寒；食物也有不同的天然属性：温热性、寒凉性和平性。如果你的宝宝不喜欢饮水、大便不成形、舌苔白厚、小便清长、怕寒少动，他可能属于虚寒性。有的宝宝喜欢饮水、大便偏硬、舌质红、小便偏黄、怕热多动、有时口内有不消化的气味等症，这属于偏热的体性。

育儿随笔

一 妈妈小常识 一

宝宝的每个牙齿的发育时间虽然不尽相同，但就每个牙齿的发育来说，都是经过生长期、钙化期和萌出期3个阶段。正常情况下，女宝宝比男宝宝牙齿钙化、萌出的时间早；营养良好，身体好、体重较高的宝宝比营养差、身体差、体重低的宝宝牙齿萌出要早。寒冷地区的宝宝比温热地区的宝宝牙齿萌出迟。如果你的宝宝在1岁后还没有长牙，那就要带宝宝到医院进行检查了。

宝宝真要每天吃一个苹果吗

"每天一个苹果，医生不来找我！"对这句谚语，妈妈一定是耳熟能详了。苹果营养虽好，宝宝大都很爱吃，但有些妈妈坚持让宝宝每天吃一个苹果，这很容易在一段时间后导致宝宝厌倦食用苹果。妈妈应尽量让宝宝吃到品种丰富的水果，而不是把苹果当作惟一选择。也可以把苹果吃出花样来，让宝宝对苹果始终充满兴趣。

育儿小贴士

有的宝宝会有磨牙现象，如果宝宝有肠道寄生虫，要及早驱虫；有佝偻病，要补充适量的钙及维生素 D 制剂；给宝宝舒适和谐的家庭环境，让宝宝晚间少看电视，避免过度兴奋；饮食宜荤素搭配，晚餐要清淡，不要过量。还应及时带宝宝去看看口腔医生。

温馨提示

将鸡肉洗净，剁成极细的末，放入锅内，加入酱油、白糖、料酒，边煮边用筷子搅拌，使其均匀混合，煮好后放在米饭上面一起焖熟，鸡肉脂肪含量低，和米饭同煮食，营养更加全面，能促进宝宝生长发育，适宜 9 个月以上宝宝食用。

育儿随笔

一 妈妈小常识 一

白粥熬好之后，上面浮着一层细腻、黏稠，形状如膏油的物质，就是粥油。这种粥油具有益气功效，可以增长体力。食用粥油时加入少许的食盐，可以作为宝宝辅食。想要熬制出来粥油，需要选择优质的大米，煮粥时锅必须清洗干净，没有油污。另外就是要用小火慢慢熬制，而且不能添加任何作料。

宝宝的磨牙食品可以自制吗

许多爸爸妈妈认为只有磨牙饼干、烤面包片、磨牙棒等"磨牙食品"才能用来练习咀嚼，其实不然，爸爸妈妈们不要轻信了商家的宣传。其实平平常常的膳食中有很多可以用作"磨牙"的食物。比如，把馒头切成1厘米厚的片，放在锅里烤一下；不要加油，烤至两面微微发黄、略有一点硬度，而里面还是软的程度。

这种烤馒头片就是很好的练习咀嚼的食物。一方面馒头不会卡着宝宝；另一方面他可以自己用手拿着吃，既增加了吃的趣味性，又练习了手眼协调能力和手的灵巧性。

— 妈妈小常识 —

宝宝磨牙的常见原因有寄生虫病、精神过度紧张、内分泌紊乱、营养不均衡等。磨牙使面部肌肉过度疲劳，吃饭、说话时会引起下颌关节和局部肌肉酸痛，张口时下颌关节还会发出响声，这会使宝宝感到不舒服，影响他的情绪。常磨牙时，由于牙釉质受到损害，引起牙本质过敏，当遇到冷、热、酸、辣时就会发生牙痛。磨牙时咀嚼肌会不停地收缩，久而久之，咀嚼肌增粗，下端变大，宝宝的脸型会发生变化，影响美容。宝宝正处在牙齿发育阶段，所以要及时治疗磨牙，避免给牙齿和发育带来不良影响。

温馨提示

上午10：00以前是让宝宝在户外玩耍的最好时机。这样，宝宝娇嫩的皮肤就不会被强烈的太阳辐射伤害。爸爸妈妈不要忘了为宝宝采取一些防晒措施，如果要涂防晒霜的话，至少要在出门前20分钟抹好。

育儿小贴士

宝宝的肠道不像大人，还缺少很多正常的有益菌，消化和吸收能力也较弱，需要在逐渐增加和不断尝试各种食物的过程中来健全。谷类、鱼肉、板栗、苹果、酸奶及各种蔬菜，都是锻炼宝宝胃肠的好食物。它们含有丰富的多种糖类，能增加宝宝肠道糖类消化酶的含量；还能刺激肠道对蛋白质和糖类食物的消化和吸收；能保持宝宝胃肠道正常的酸碱度。

宝宝过胖会导致智力低下吗

营养不良会影响智力发展，严重营养不良会造成智力发展迟缓。同样，营养过剩不仅导致胖宝宝，同样还会导致"肥胖脑"，使脂肪在宝宝脑组织堆积过多，大脑皮质的沟回变浅，脑的皱褶减少，并且神经网络的发育也差，使智力水平降低。另外，吃得过饱，营养过剩，还会使人体内免疫细胞过早发育，导致宝宝到了中年时期细胞免疫力迅速下降。

育儿小贴士

此时的宝宝已有了一定的消化能力，可以吃点烂饭之类的食物，辅食的量也应比上个月略有增加。如果以往辅食一直以粥为主，而且宝宝能吃完1小碗，此时可加1顿米饭试试。开始时可在吃粥前喂宝宝2～3匙软米饭，让宝宝逐渐适应；如果宝宝爱吃，而且消化良好，可逐渐增加。

一妈妈小常识一

婴儿床采用木板制作的为宜，因为人体的脊柱有3个生理弯曲，即颈曲、胸曲和腰曲，婴儿身体各器官在迅速发育或成长的同时，这些弯曲也逐渐形成。由于宝宝骨骼具有弹性大、柔软、不易骨折的特点，睡木板床可使脊柱处于正常弯曲状态，不会影响宝宝脊柱的正常发育。如果睡弹簧床，无论采用什么体位，都会使脊柱处于不正常的弯曲状态，而且不利于宝宝翻身，久而久之，会形成驼背、漏斗胸等畸形，进而还会使内脏的发育受到影响。

温馨提示

胡萝卜营养价值丰富，包含多种胡萝卜素、维生素及微量元素等。胡萝卜的提取物能够有效地预防肠道功能紊乱，对预防腹泻和腹痛有确切作用。这是因为胡萝卜中的有效成分胡萝卜素、核酸、双歧因子等，可以有效保护肠黏膜，并能增殖肠道内的有益菌群。每人每天应均衡摄入10毫克的天然胡萝卜素。胡萝卜是摄取胡萝卜素的主要来源。人们要提高食用胡萝卜有益健康的认识，吃比不吃强、熟吃比生吃强、捣碎吃比囫囵吃强。由于胡萝卜素属于脂溶性维生素，只有经过油炒才容易被人体吸收。

吃汤泡饭很有营养吗

有的爸爸妈妈觉得汤水的营养丰富，还能使饭变软一点儿，因此总给宝宝吃汤泡饭。这显然是个误区，首先汤里的营养只有 5% ～ 10%，更多的营养还是在肉里，事实是宝宝并没有吃到更多的营养。而且长期用汤泡饭，还会造成胃的负担，可能有患胃病的危险。

— 妈妈小常识 —

可以逐渐训练宝宝自己吃饭，比如说像包子、饺子还有点心这种用手拿着就可以吃的食物，可以晾凉后递给宝宝。当宝宝自己把东西吃到嘴里时，要鼓励他说"宝宝真棒，自己能吃东西了"。千万不要怕宝宝吃不到，却弄得满屋子都是。宝宝成长都要经历这样一个过程，不要怕麻烦。

温馨提示

苹果是宝宝最喜欢的食物之一，妈妈在买回苹果后要保证储存方法得当，低温增湿环境，能长时间的保存苹果。在家庭中，可包在塑料袋里放在冰箱保存，苹果切开后与空气接触会因发生氧化作用而变成褐色，可在盐水里泡 15 分钟左右，或将柠檬汁滴到苹果切片上，也可防止苹果氧化变色。

育儿随笔

育儿小贴士

爸爸妈妈要注意观察宝宝的情绪，因为宝宝的情绪很可能就是某些营养不良症的体现。宝宝郁郁寡欢、反应迟钝、表情麻木，说明体内缺乏蛋白质或铁质，应多食用水产品、肉类、奶制品、畜禽血、蛋黄等高蛋白、高铁食品。如果宝宝忧心、呻吟、惊恐不安、失眠健忘，表示体内 B 族维生素不足，此时补充一些豆类、动物肝、核桃仁等 B 族维生素丰富的食品大有裨益。

宝宝可以吃奶酪吗

奶酪是以牛奶或其他动物奶为原料，经发酵、凝固、加热或挤压成型、成熟等过程制成的。奶酪与人们熟悉的酸奶一样，都是通过发酵过程来制作的，但是奶酪的浓度比酸奶高，近似固体食物。中国人缺钙是一个比较普遍的问题，奶制品是食物补钙的最佳首选，奶酪则是奶制品中含钙比例最高的产品。含钙量是牛奶的 4～8 倍，而且奶酪中含有的高钙成分很容易被人体吸收。因此，宝宝吃点奶酪也是可以的。

育儿小贴士

宝宝不爱交往、行为孤僻、动作笨拙，多为体内缺乏维生素 C 的结果。爸爸妈妈应及时在食谱中增加富含此种维生素的食物，如番茄、橘子、苹果、白菜和莴苣等。这些食物中所含的甲基水杨酸盐和维生素 C 可增强神经的信息传递功能，从而缓解或消除上述症状。

温馨提示

黑豆是各种豆类中蛋白质含量最高的，比猪腿肉多 1 倍还有余。它含有的脂肪主要是单不饱和脂肪酸和多不饱和脂肪酸，其中人体需要的必需脂肪酸占 50%，还有磷脂、大豆黄酮、生物素。中医学认为，黑豆性平味甘，有润肠补血的功能。所以，吃黑豆不会引起宝宝肥胖。

妈妈小常识

意志是自觉地、有目的地支配和调节自己的行为，克服各种各样的困难从而达到预期的目的和任务的心理过程，也是人的心理和意识能动性的突出表现，对人的意向、愿望和行为具有调节作用。11～12 个月的宝宝，随着手的抓握能力、独立站立和扶走的运动功能的发育及语言的发展，意志也开始产生，并随年龄增长逐渐增强。

育儿随笔

11个月的宝宝体格发育有哪些标准

宝宝满11个月时，体格发育应达到以下标准：男宝宝的身高为70.7～81.5厘米，体重为8.1～12.4千克；女宝宝的身高为68.6～80.0厘米，体重为7.4～11.6千克，男宝宝头围平均为46.3厘米，女宝宝头围平均为45.3厘米；男宝宝胸围平均为46.37厘米，女宝宝胸围平均为45.3厘米。此时胸围等于头围或稍大一些。

一 妈妈小常识 一

及时断奶，就是当宝宝长到周岁左右要断奶。这时，母奶不仅量减少，质也下降，已变为稀薄的奶水，不再能满足宝宝生长发育的需要。如果断奶过晚，宝宝会营养不足，逐渐消瘦、多病，最常见的是营养不良性贫血。而且长期哺乳对妈妈自身也十分不利，会引起内分泌的紊乱，如全身无力、食欲不振、消瘦，以致闭经、子宫萎缩等。

温馨提示

断母奶后，每天要给宝宝喝1～2次牛奶。断母乳后，宝宝可能发生大便干燥，可在饮食上增加素菜量，香蕉、蜂蜜也有润肠作用。平时，妈妈可以握住宝宝的前臂，分别做上举、下放、侧手等动作，这些运动可以帮助发展宝宝的肩胛肌和胸部肌肉。

育儿小贴士

宝宝自我意识增强，开始要自己吃饭，自己拿着杯子喝水。可以识别许多熟悉的人、地点和物体的名字，有的宝宝可以用招手表示"再见"，用作揖表示"谢谢"。会摇头，但往往还不会点头。现在的宝宝一般很听话，想讨人喜欢，愿意听大人指令帮你拿东西，以求得赞许，对亲人特别是对妈妈的依恋也增强了。

育儿随笔

断奶期间如何转移宝宝注意力

断奶期间，在宝宝想起来要吃奶之前先给他一些替代物或者是能分散他注意力的东西。如在快到宝宝吃奶的时间时喂他喝水，或者给他吃点辅食，或者带他去他很喜欢的地方玩。其他一些可以分散注意力的东西还包括：讲故事，一个新的玩具，去看朋友，散步或者给他唱个歌。

— 妈妈小常识 —

宝宝一般不适合使用中枢性镇咳药，如咳必清、咳美芬等。婴幼儿的呼吸系统发育尚不成熟，具有咳嗽反射较差、气道管腔狭窄、血管丰富、纤毛运动较差、痰液不易排出等特点。如宝宝一咳嗽，便给予较强的止咳药，咳嗽虽暂时得以停止，但支气管平滑肌的收缩蠕动功能受到了抑制，痰液便不能顺利排出，从而影响呼吸功能。

育儿小贴士

在冬季或者宝宝胃寒的时候，妈妈可以为宝宝做上一份暖胃饭。暖胃饭很简单，就是在每天煮饭的时候加入一块生姜，不知不觉中平常的白米饭就具有暖胃的作用了，轻轻松松让宝宝吃得胃暖身也暖。

育儿随笔

温馨提示

虚寒体质的宝宝基础代谢率低，体内产热量少，四肢即使在夏季也是冷的，很少口渴。此类宝宝吃水果应该选择温热性的，如荔枝、龙眼、番石榴、樱桃、椰汁、杏等；实热体质的宝宝代谢旺盛，产热多，经常脸色红赤，口渴舌燥，经常便秘。应该多吃寒性的水果，如香瓜、西瓜、香蕉、猕猴桃、荸荠、柚子等；而平性的水果，如葡萄、菠萝、苹果、梨、橙子、李子等，不同体质的宝宝均可食用。

怎样储存宝宝剩余的食物

妈妈要把剩余的食物放在有盖子的容器内，然后再放入冰箱，并要尽快食用。不要把生、熟食放在一起贮藏。注意把肉类与鱼类食品放在托盘里，以防水滴到下面的食品或架子上。冰箱保存食品，根据冰箱的星级，不要超出厂商指定的保质期。冰冻的食品一定在解冻后再烹饪。解冻后的食品不能再次冷冻。

－ 妈妈小常识 －

很多宝宝都是在这一时期断奶，能否顺利度过断奶期，是妈妈非常关心的问题。这时的宝宝体内从母体中带来的免疫物质已消耗殆尽，抵抗力下降，开始容易生病。如果辅食添加不当，会对宝宝身体健康带来不良影响。这一阶段宝宝的饮食基本上要逐渐过渡到以辅食为主。可以为宝宝多选用米粥、烂面条、蛋黄、水果泥、菜泥、肝泥、肉末、肉松等。添加辅食的品种和数量都要本着循序渐进的原则，不可急于求成，也不可轻易放弃。

温馨提示

即使现在宝宝已经快满1周岁了，但处于这个年龄段的孩子也只能较短时间地记忆，妈妈教他什么，可能没几天就忘记了。记忆能力是需要逐渐培养的，宝宝对自己比较感兴趣的东西就会记得比较好，但如果是妈妈强迫他记的，就会很快忘掉。所以，妈妈在训练宝宝记忆力的时候，一定不要忘了这个客观规律。

育儿小贴士

妈妈在给宝宝煮蔬菜和水果时，一定要尽量用很少的水，锅盖一定要盖严。这样实际上是在蒸而不是在煮，有助于保存里面的维生素，也能给宝宝补充一定量的纤维素。另外，如果水果的果皮较硬，可能会噎着宝宝，妈妈一定要事先将果皮去掉。

育儿随笔

怎样在宝宝的辅食中添加粗粮

　　妈妈在做米饭时，可在大米中加上些小米、豆类等；做面食时，在面粉中加上些玉米粉或黄豆粉，再经常给宝宝吃一些番薯类食物，就可起到糖类和植物蛋白营养互补的作用。另外，在给宝宝安排五谷杂粮饮食时，进行同类营养互换。丰富多彩的膳食能调动宝宝的进食积极性，如宝宝不喜欢面条可以做成面片汤，同一类的各种食物所含的营养成分大体相似。

育儿小贴士

　　给宝宝做饭的主要原则是：一定要煮透，特别是肉类和鸡蛋，不要给宝宝吃生鸡蛋。最好不要给宝宝吃剩饭，如果一定要吃剩饭，必须把剩饭热透。冷藏或冰冻的饭菜一定要热好再吃，再次剩下的要一律扔掉。存放食品时，不要等食品彻底冷却后再放入冰箱，要马上盖好食品放到冷藏室或冷冻室里，这样可以缩短细菌繁殖的时间。

— 妈妈小常识 —

　　这个月大的宝宝，已经能够单独使用每个手指了，他可能会用手指挑东西，或者用整只手去抚摸物体，拇指可与其他手指以相反的方向转动。他会准确地接住很小的东西，也会一直注视扔出去的东西，能用拇指和食指捡起豌豆之类的小东西。

温馨提示

　　将葱头切成碎末；鱼肉煮熟，放入碗内研碎；将鸡蛋磕入碗内，加入鱼泥、葱头末调拌均匀成馅；把黄油放入平底锅内熔化，将馅团成小圆饼，放入油锅内煎炸，煎好后把番茄沙拉浇在上面；煎饼时不要煎老，以免影响宝宝食用。此饼含有宝宝生长发育所需的优质蛋白质、脂肪、钙、磷、铁、锌等多种营养素。

育儿随笔

宝宝断奶可使用"反感法"吗

断奶的时候，一些妈妈往奶头上涂墨汁、辣椒水、万金油之类的刺激物，这是错误的做法。妈妈以为宝宝会因此对母乳产生反感而放弃母乳，事实上，效果却适得其反，宝宝会因恐惧而拒绝吃东西，从而影响身体的健康。

一 妈妈小常识 一

宝宝现在每天的活动丰富极了，在动作上从会爬、站立到学走路，技能日益增加，他的好奇心也随之增强，加上眼手协调能力的增强，对周围环境的兴趣也越来越大了。宝宝就像一个侦探，喜欢把房间里每个角落都了解清楚，对身边的家庭用具也非常好奇，不管是什么，都要用手摸一摸。

温馨提示

妈妈的奶太多一时退不掉，可以口服些回奶药，如乙烯雌酚每次5毫克，每日3次口服（乙烯雌酚1毫克1片，一次要吃5片）。若吃后感到恶心，可加服维生素B_6。断奶后妈妈若有不同程度的奶胀，可用吸奶器或人工将奶吸出，同时用生麦芽60克，生山楂30克，水煎当茶饮，3～4天即可回奶，切忌热敷或按摩。有的妈妈不喝汤水，还用毛巾勒住胸部，用胶布封住乳头，想将奶水憋回去，这些所谓的"速效断奶法"显然违背了生理规律，而且很容易引起乳房胀痛。

育儿小贴士

宝宝断奶后，应食用以粮食、奶粉、蔬菜、鱼、肉、蛋、豆腐为主的混合食品，这些食品是满足宝宝生长发育必不可少的。适当喂些面条、米粥、馒头、小饼干等，以提高热量。经常给宝宝吃各种蔬菜、水果、海产品，提供足够的维生素和无机盐，以供代谢的需要，达到营养平衡的目的。经常食用些动物血、肝类，以保证铁的供应。烹制方法要多样化，注意色、香、味、形，且要细、软、碎。不宜煎、炒、爆。

早、中、晚三顿辅食，以粥、烂饭、软面为主，奶粉作为点心。适量增加鸡蛋羹、肉末、蔬菜之类。要注意各种营养的合理搭配，以保证宝宝生长发育的需要。

给宝宝断奶，爸爸要起什么作用

给宝宝断奶前，要有意识地减少妈妈与宝宝相处的时间，增加爸爸照料宝宝的时间，给宝宝一个心理上的适应过程。刚断奶的一段时间里，宝宝会对妈妈比较依赖，这个时候，爸爸可以多陪宝宝玩一玩。刚开始宝宝可能会不满，慢慢就会习以为常，让宝宝明白爸爸一样会照顾他，而妈妈也一定会回来的。对爸爸的信任，会使宝宝减少对妈妈的依赖。

一 妈妈小常识 一

大多数的宝宝都有半夜里吃奶和晚上睡觉前吃奶的习惯。宝宝白天活动量很大，不喂奶还比较容易。最难断掉的，恐怕就是临睡前和半夜里的吃奶了。这时候，需要爸爸或家人的积极配合，宝宝睡觉时，可以改由爸爸或家人哄宝宝睡觉，妈妈避开一会儿。宝宝见不到妈妈，刚开始肯定要哭闹一番，但是没有了想头，稍微哄一哄也就睡着了。

温馨提示

宝宝生病或出现不正常的情况，应尽早带他到医院检查，以便及早发现问题，得到正确的诊断和治疗。起病急，病情重的，如突然高热、抽风，要及时去医院看急诊，因为宝宝病情发展快，晚了就会延误病情；起病慢，病情轻的，可选择合适的时间，去医院或专科门诊，但也应越早越好。

育儿小贴士

爸爸妈妈给宝宝的喂水量应随气候不同而增减。千万不要给宝宝喂过量的水，如果水摄入过多，会造成水中毒。因为宝宝肾功能发育尚不完全，水进入体内过多可引起细胞外液渗透压低，导致中枢神经系统出现一系列症状，如行为异常、嗜睡、凝视、神志混乱、肌肉软弱，甚至昏迷。

育儿随笔

断奶前后妈妈觉得愧疚怎么办

断奶前后，妈妈因为心理上的内疚，容易对宝宝纵容，要抱就抱，要啥给啥，不管宝宝的要求是否合理。但要知道越纵容，宝宝的脾气就越大。在断奶前后，妈妈适当多抱一抱宝宝，多给他一些爱抚是必要的，但是对于宝宝的无理要求却不要轻易迁就，不能因为断奶而养成宝宝的坏习惯。

一 妈妈小常识 一

如果母亲对断奶这一举动犹豫不决，甚至感到愧疚，她对宝宝的态度就会有所流露，而不是全身心地抚爱宝宝。宝宝则会体味到母亲的焦虑，从而也变得十分焦虑，就会用吃奶来纠缠母亲以获取安全感。如果母亲对断奶这一决定感到十分自信，并且在断奶过程中给予宝宝更多精神方面的关注，宝宝则会很顺利地配合母亲断奶。

温馨提示

豆浆中含有大量黄豆蛋白，这是一种优质植物蛋白，含有多种必需氨基酸，尤其是赖氨酸含量较多，可以补充大米和面粉中赖氨酸的不足。豆浆中蛋白质的消化率较原来的大豆提高20%左右。豆浆中脂肪含量也较高，且含较丰富的必需脂肪酸。但在烧煮豆浆时常会出现"假沸"现象，妈妈必须用匙充分搅拌，直至真正的煮沸。煮透后给宝宝吃，才可免于发生豆浆中毒。

育儿小贴士

断奶期间，宝宝可能会养成一些不良的饮食习惯，爸爸妈妈不要责怪宝宝，因为这些坏习惯很可能是因为爸爸妈妈断奶方式不当造成的，并不是宝宝的过错。断奶期间依然要让宝宝学习用杯子喝水和果汁，学习自己用小勺吃东西，这能锻炼宝宝独立生活能力。

育儿随笔

宝宝断奶后要继续喝牛奶吗

有的爸爸妈妈认为断奶是连牛奶都要停止吃，这是错误的。因为宝宝在生长发育的过程中，无论如何都不能缺少蛋白质。虽然在宝宝的食谱中，有动物性食品的安排，但量不足，而从牛奶中补充是最佳的补充方法。至于牛奶的量可根据宝宝吃鱼、肉、蛋的量来决定。一般来说，宝宝每天补充牛奶的量不应该低于 400 毫升。

— 妈妈小常识 —

由于宝宝的感性认识尚未完善，所以对于一些没接触过的物品，最好不要光让他看，若能让宝宝实际触摸就更好了。由宝宝自己去触摸，确认那种感觉，应该更能刺激他的好奇心。比如在散步中，偶尔停下脚步让宝宝摸摸花、碰碰树，宝宝的求知欲和感性认识就能更有效地提高了。

温馨提示

水果拌豆腐含有丰富的蛋白质、糖类、钙、磷、铁、锌及维生素 B_1、维生素 B_2、维生素 C 等多种营养素，尤其橘子、草莓含维生素 C 丰富，并具有开胃、助消化、促进生长发育的功效，十分适合 10 个月以上的宝宝食用。

育儿小贴士

宝宝饥饿也会引起腹泻，可能是因为肠蠕动增加，故大便次数增多。如果宝宝的腹泻是由饥饿引起的，可以从小量开始增加食量。食量增加后，大便次数未见增多，就可以继续加量。即使大便增加 1～2 次，仍可坚持下去。经过 3～4 天的观察，大便次数未再增加，即可再加量。就是这样边观察，边加量，直到饮食能满足宝宝的需要为止。

育儿随笔

为什么要多给宝宝吃蔬菜

70%的疾病都发生在酸性体质的人身上，只有当体液呈弱碱性时，身体的免疫力才最强，不易患病。而动物性食品多呈酸性，植物性食品多呈碱性。凡是不爱吃蔬菜，专爱吃肉食的宝宝，身体会向酸性偏移，营养状况一般都不理想。所以，总是吃肉的宝宝可能长得比较胖，但多半爱生病。

育儿小贴士

手指被门夹住是宝宝的常见危险之一。所以爸爸妈妈在开关门时必须先确认宝宝的方位，为了保险起见也可以购买安全挡门器。另外，宝宝还很容易被玻璃装饰柜子里的东西所吸引，但如果宝宝自己去打开，就很容易被玻璃门夹住手。因此，最好锁上柜子，不让宝宝能轻松地打开柜门。

一 妈妈小常识 一

维生素C不能在体内存留，必须每天从膳食中摄取。因此，在计划宝宝一天的菜单时，绿叶蔬菜是必不可少的。关于纤维素在人体中的作用，经科学研究进一步证明，它可以助消化。对较多的纤维不断咀嚼，能促进消化液的大量分泌，特别是促使胰液分泌，有利于油脂类食物的消化吸收。有的宝宝胃口不好，往往也与蔬菜吃得太少，体内缺乏纤维素有关。纤维素还能刺激肠道蠕动，使大便保持通畅，避免发生便秘。这样，可以缩短粪便在肠中停留的时间，从而减少有毒物质的刺激。

温馨提示

很多宝宝都不喜欢黑色的食物，如芝麻糊、发菜等。对一些新奇的、与平时饮食味道不一样的食物，也可能不爱吃。爸爸妈妈要学会利用适当的方式来吸引宝宝，如设计成色香味俱全及造型独特的餐点，混合于宝宝喜欢的食物中，或用宝宝可以接受的理由来引导。为宝宝安排的食谱，一定要符合宝宝的消化能力，此时宝宝乳牙尚未出齐，咀嚼能力弱，食物要做得软烂。

怎样合理为宝宝添加零食

宝宝的胃肠容积较小，一次难以容纳太多食物，饱得快饿得也快；且宝宝天性好动，消耗很快，因此要及时给宝宝补充食物。含糖高的食品和饮料、膨化食品、油炸食品、烧烤类食品不能作为给宝宝的零食，而奶和奶制品，如牛奶、酸奶、新鲜蔬菜和各种水果都有益于宝宝的生长发育，可以拿来给宝宝做零食。

— 妈妈小常识 —

零食要注意选择合适的品种，掌握合适的数量，安排合适的时间，这样才能补充营养，又不影响正餐，还能调剂口味。否则，常吃零食会扰乱宝宝胃肠的规律性活动，影响消化功能；零食口感一般都比较浓厚，对人体味觉是一种较强烈的刺激，会使宝宝的味觉敏感度下降，造成味觉迟钝，这些都会影响食欲。常吃零食会妨碍宝宝从正餐中获得身体所需要的全面均衡的营养成分，影响健康。

温馨提示

妈妈在给宝宝吃零食的时候一定要注意，不要在饭前喂食，否则会导致宝宝吃不下饭，反而影响了宝宝身体的正常发育。另外，一些零食虽好，却不能贪多，要让宝宝从小学会适可而止。零食数量要少，不能代替正餐，一定要在保证吃好正餐的前提下，合理给予零食。奶酪是非常好的食品，蛋白质、脂肪都非常高，而且非常浓缩，只要很少的一点儿，营养价值就非常高，而且容易消化，可以为宝宝备一些。

育儿小贴士

逐渐减少宝宝的流体和半流体辅食非常重要。老是给宝宝吃糊状、泥状的食物会妨碍宝宝接受正常性状的食物，要逐步提供较稠厚、块状的食物，会吃固体食物也是宝宝能够独立进餐的重要方面。学吃固体食物要经历比较长的时间，爸爸妈妈要有耐心，通过观察宝宝咀嚼、吞咽的情况，了解宝宝已可以吃固体食物，还是应该再吃一段时间半流质食物。

怎样教宝宝走路

和11个月宝宝玩学走路游戏时，应该在平坦的地面上进行。爸爸或妈妈让宝宝面对你握住你的双手，双脚踩在你的脚背上，左右交替向前迈步；爸爸妈妈面对面蹲下，两手伸出做保护状，让宝宝在中间来回学独走；宝宝背对着你，扶住他的腋下向前行走；他会双手或单手牵着爸爸妈妈手走；在宝宝面前用玩具逗引他独走。当宝宝会走几步时，要给予赞扬，以鼓励他继续前进的勇气。只要让宝宝每天有机会多练习，宝宝很快就能学会独立走路。练习时不但可以走直线，也可以拐弯走，也可训练宝宝走的能力。

育儿小贴士

宝宝学走路时，不少家长喜欢牵着胳膊走以防不慎摔倒，正由于这一拉胳膊，往往导致宝宝的哭喊和胳膊不能动了，这首先要想到胳膊脱环，即医学上所说的"桡骨小头半脱位"。此种病症之所以在婴幼儿期多见，主要原因是宝宝的关节囊和韧带都比较松弛，当前臂内旋时受到外力突然向上牵拉，便很容易脱出一半，卡在关节内面不能自行复位。因此，家长在牵宝宝胳膊时要细心，防止突然跌倒，以免造成胳膊脱环。

一 妈妈小常识 一

为了避免宝宝偏食，妈妈应该从断奶时开始，就培养宝宝多种口味的接受能力。宝宝喜欢味道较甜和较香的食品，因为这些食品在精神上和情绪上能使他产生良好的感受，极少或根本没有接触过苦味和酸味食物。在他味觉全部发育完善以前，妈妈有意识地让他接触酸、苦、甜、香、辣和咸味，既可预防今后出现偏食又可增加各类营养物质。

温馨提示

蘑菇营养丰富，蛋白质含量在30%以上，比一般蔬菜、水果的含量要高，还含有钙、铁、锰等人体必需的矿物质，以及各种含量极高的维生素。蘑菇的营养价值高，还在于这些营养物质容易被宝宝的身体吸收。蘑菇和丝瓜同食，不仅清凉解热，还具有益气血、通经络的作用。

怎样制止宝宝的不当行为

这个时期，宝宝已经知道控制自己的行为，凡是他要去做不应该做的事时，爸爸妈妈一定要及时制止。但要采取温和的方式，而不是体罚或变相体罚。你可以走到他身边，注视他的眼睛，表情严肃地命令他停止，对宝宝而言，爸爸妈妈的这种责备和不赞成的态度，足以制止他的行动。

一 妈妈小常识 一

每天和宝宝一起做操，不仅能促进宝宝身体的协调发展，而且是增进亲子关系的大好时机。在做操的同时与宝宝聊聊天、和颜悦色地问问他："宝宝舒服吗？""宝宝真棒！"现在的运动量可以逐渐增大，但不能操之过急。因为宝宝的肌肤柔嫩，耐力较弱，心脏负荷小，所以带宝宝做操时，强度不宜太大，如看到宝宝有些微汗，面部微红，不气喘，说明活动量比较适合，超过这种表现则意味着活动量过度。

育儿小贴士

抓吃食物可以满足宝宝独立吃东西的要求。开始时可以给宝宝吃一些易于用手拿的面包干、水果或蔬菜块。宝宝吃东西时，不要离开宝宝，以防宝宝噎着。如果宝宝吃噎了，可以提起宝宝的双脚，使其倒立起来，拍击宝宝的后背，一直到吐出卡在喉咙里的食物为止。

温馨提示

鹌鹑肉营养价值高，有"动物人参"的美称，它含有丰富的蛋白质、脂肪、无机盐及维生素成分，具有健脾开胃的作用。妈妈可以将鹌鹑去皮洗净，切成大块，为防止有碎骨，可用经过消毒的煲汤袋盛装。将大米洗净，用水浸泡约 2 小时。将浸泡过的米、水和鹌鹑一起煲，烧开后改用中火煲约 45 分钟，然后熄火等 5 分钟即可。制作时千万注意不要让鹌鹑骨渣掺入粥内，以防扎伤宝宝。

育儿随笔

给宝宝补充钙

钙是促进宝宝骨骼和牙齿生长发育的主要矿物质，近1岁的宝宝正处在长骨骼和长牙齿的阶段，补充钙质非常重要。对宝宝来说，奶类是吸收钙质的最好来源，一般这个年龄的宝宝每天应保证吃到400毫升以上的牛奶。另外，食品中虾皮、紫菜、豆类及绿叶菜中钙的含量也都较高。

育儿小贴士

在人体所需的氨基酸含量上，鹌鹑蛋所含的赖氨酸比鸡蛋高，而鸡蛋所含的异亮氨酸、亮氨酸、蛋氨酸、苯丙氨酸、苏氨酸等则比鹌鹑蛋高。由此可见，同等质量的鹌鹑蛋和鸡蛋的营养价值在总体上是相当的，而鸡蛋在价格上的巨大优势却是鹌鹑蛋无法比的。另外在饮食上，鹌鹑蛋的食用量明显少于鸡蛋，假如用鹌鹑蛋取代饮食中的鸡蛋，就会使宝宝实际摄入的营养减少。

育儿随笔

温馨提示

大米虽然含植酸多，但同时也含有一种可以分解植酸的"植酸酶"。植酸酶在 40℃ ～ 60℃ 环境下活性最高，因此，我们在淘米的时候，可以先将大米用适量的温水浸泡一会儿，然后再淘洗。温水浸泡的过程中，植酸酶非常活跃，能将米中的大部分植酸分解，就不会过多地影响身体中蛋白质和钙、镁等无机盐的吸收了。有的妈妈喜欢给宝宝吃捞饭，即将米饭煮至半熟时，将米捞出蒸熟，而把米汤弃之不食，这样的做法是不科学的。

宝宝呕吐反复发作怎么办

宝宝的脾胃娇嫩，消化功能不足。一旦喂养不当、进食过多过快、进食生冷或油腻等不易消化的食物，就会因伤食而引起呕吐。如果是脾胃虚寒所引起，应忌食清凉及油腻食物，适当饮用生姜红糖水或温中健脾类中成药。如果是胃阴不足所引起，呕吐反复发作，时而干呕，可选择清凉寒性的食物，如绿豆汤、莲子汤、藕粉、梨汁、鲜果汁、荸荠汁或芦根茶等。

育儿小贴士

要尽量避免宝宝与感冒患者接触，不要到人多的公共场所去。特别是冬天，要尽量保持室内空气流通。宝宝衣着要适宜，不要太多，一旦捂出汗来更容易感冒。另外，多让宝宝去户外活动、晒晒太阳，增加身体的抵抗力，有效地防止感冒的发生。

— 妈妈小常识 —

1岁左右的宝宝对所有的东西都喜欢摸摸碰碰，琢磨它们，但是妈妈不希望因为他的好奇心而惹出许多麻烦。有时他的好奇心令人费解，一件最不起眼的小东西都能使他着迷，买来的玩具却被他扔在一边。如果你的宝宝是这种情况，你可以先把玩具收起来，等宝宝以后有兴趣时再拿给他玩。

育儿随笔

温馨提示

红豆含有丰富的B族维生素和铁质，还含有蛋白质、脂肪、糖类、钙、磷、烟酸等成分，具有清热利尿、祛湿排毒作用，宝宝常食能促进健康生长。适宜10个月以上宝宝食用。注意煮豆越烂越好，炒豆沙时要不停地贴着锅底搅炒，火要小，以免炒焦而生苦味。一定要注意保证宝宝均衡地摄入各种营养素，精心安排一日三餐，切忌让宝宝偏食、厌食，从小养成良好的饮食习惯。这时期的饮食方式，可能会影响到宝宝一生的饮食习惯。

带宝宝出远门需要准备哪些药物

爸爸妈妈带宝宝出远门的时候，要注意带好3样药物：感冒药、胃肠道感染药及抗过敏药。因为对于准备长途旅行的宝宝来说，可能会对异地气候不适应，容易患感冒。而且饮食卫生有时很难保障，容易引起腹泻、肠胃炎等症状。再加上由于环境改变、水土不服，也可能会引起宝宝皮肤过敏等疾病。

育儿小贴士

1岁以内的宝宝肠胃功能很弱，如果没有特殊原因，最好不要带这么小的宝宝出远门。如果想让宝宝呼吸一下新鲜空气，最好做短途旅行，不要超过2天。

温馨提示

- 百合麦冬瘦肉汤 -

百合润肺降气，麦冬滋阴养胃，两药均可滋燥敛火；猪瘦肉养血厚胃。将百合、麦冬、猪瘦肉分别洗净，同置锅中，加水适量煲汤，可治疗宝宝易烦躁。可在宝宝将要打嗝之前饮用，可缓解打嗝。

育儿随笔

- 妈妈小常识 -

满周岁的宝宝咀嚼能力和消化能力仍然很弱，吃粗糙的食品不易消化，易导致腹泻。所以，要给宝宝吃一些软烂的食品。一般来讲，主食可吃软饭、烂面条、米粥、小馄饨等，副食可吃肉末、碎菜及蛋羹等。值得强调的是，牛奶是宝宝断奶后每天的必需食物，因为它不仅易消化，还含有极为丰富的营养，能提供给宝宝身体发育所需要的各种营养素。另外，要避免吃刺激性的食物。

可以给宝宝吃菠萝吗

菠萝中含有一种菠萝蛋白酶，会导致一些宝宝过敏，出现四肢及口唇发麻、多汗，或出现风疹块、眼结膜出血、哮喘等症状，严重的可令宝宝的血压降低、休克等。给宝宝吃菠萝要切成薄片，用盐水浸泡，或加热煮。有过敏史的宝宝最好不要吃菠萝。

给宝宝尝试新水果前，爸爸妈妈最好先给宝宝少量试吃，然后观察两小时内是否出现皮疹，若不放心可再观察 3 天是否出现延迟性的其他过敏症状。如果都无过敏发生，就表示宝宝对该种水果不会产生过敏，以后就可放心吃了。

一 妈妈小常识 一

此时，宝宝意识到他的行为能使你高兴或不安，因此也会想尽办法令你开心。他模仿你面部的表情，能很清楚地表达自己的情感。有时，他独立得像个"小大人"，而有时又表现得很宝宝气。宝宝自己吃饭的能力进一步提高了。能伸胳膊伸腿配合妈妈给自己穿衣服了。

温馨提示

随着宝宝的大动作和平衡能力的发展，爸爸妈妈可以通过播放音乐让宝宝学习跳舞。首先，爸爸或妈妈应扶宝宝站稳，慢慢松开手，让宝宝随着音乐左右摆动，如果他向一边倒，妈妈可以轻轻扶他一下。当然，宝宝一开始可能不知道左右摇晃身体，那么在这之前你可以让宝宝坐在床上，一边放音乐，一边扶着宝宝的胳膊左右摆动。

育儿小贴士

秋季腹泻是轮状病毒引起的一种腹泻，对于大人来说没什么太大的影响，但是小宝宝一旦患病，病情就会比较严重，甚至危及生命。妈妈的乳汁中有抗体，可以帮助吃母乳的宝宝增加抵抗力，有助于抵抗各种疾病。因此建议妈妈可以过了轮状病毒最猖獗的时候，进入冬天再给宝宝断奶。

育儿随笔

宝宝老想去摸热水瓶怎么办

爸爸妈妈可以采用"模拟体验"的方式，让宝宝亲身体会做了不好的事会有什么后果。比如，打开热水瓶的瓶塞，让宝宝用手去摸瓶嘴，然后爸爸妈妈皱起眉头说："啊，好烫好烫！"由这种方式，宝宝就可以学会分辨可以做和不可以做的事了。

育儿小贴士

宝宝会走了，又是模仿力形成时期。这时宝宝可跟在妈妈后边，一边模仿，一边活动，做做模仿动作，多练习说话。但更要注意多与小朋友交往，这样可以形成亲密的人际关系，也能促使语言发展。

一 妈妈小常识 一

宝宝会爬后，不久就可以依物站立，然后开始一个人走路了。随着活动范围的扩大，他开始想伸手去动热水瓶、玩电灯开关等，这些行为会让爸爸妈妈整天担惊受怕。也正因为如此，及早教导宝宝分辨什么事可以做，什么事不能做是刻不容缓的。宝宝通过不断重复的游戏发现自己，通过好奇的触摸、观察、聆听、体会和思索，感知他未知的事物，完成游戏的过程可以让宝宝的好奇心和求知欲得到了满足，从而使整个人变得快乐而且乐意服从，进而形成比如听话、乖巧、诚实等品质。

温馨提示

将红薯洗净，去皮，切碎煮软。把苹果去皮、去核后切碎，煮软，与红薯均匀混合，加入少许蜂蜜拌匀，制成苹果薯团。此菜含有丰富的糖类、蛋白质、钙、铁及多种维生素，尤以胡萝卜素含量最丰富。它是一种生理碱性食品，能与肉、蛋、米、面所产生的酸性物质中和，调节人体的酸碱平衡，对维持婴儿身体健康十分有益，并有助于护肤。

育儿随笔

宝宝吃饭时喜欢用手抓怎么办

宝宝吃饭时往往喜欢用手抓，许多家长都会竭力纠正这样"没规矩"的动作。但是却有育儿专家提出，只要将手洗干净，家长应该让1岁的宝宝用手抓食物来吃，因为这样有利于宝宝形成良好的进食习惯。因为，"亲手"接触食物才会熟悉食物。宝宝学"吃饭"实质上也是一种兴趣的培养，这和看书、玩耍没有什么两样。起初的时候，他往往喜欢用手来拿食物、用手来抓食物，通过抚触、接触等初步熟悉食物。用手拿、用手抓，就可以掌握食物的形状和特性。从科学角度而言，就没有宝宝不喜欢吃的食物，只是在于接触次数的频繁与否。而只有这样反复"亲手"接触，他对食物才会越来越熟悉，将来就不太可能挑食。

育儿小贴士

爸爸妈妈可以准备一只盒子，用来保留各种各样质地的小东西：碎布、丝绸、羊毛、尼龙等。在与宝宝做游戏的时候，就可以用这些东西轻柔地拂过宝宝的面颊、肚子和双腿，同时向他描述这些东西的感觉。这个游戏可以训练宝宝的触觉，也能培养宝宝的语言能力，丰富他的词汇。

—妈妈小常识—

宝宝皮肤干燥是因宝宝皮肤需要水，要让宝宝多喝水。水分的需要量与年龄、体重、食物的质与量、代谢高低、体温与肾浓缩功能等因素有关。年龄越小相对需水量越大，蛋白质与无机盐含量高者需水也相对增多，如喂哺牛乳的宝宝需水较喂哺人乳的宝宝为多，因牛乳含蛋白质及盐分较高。水的来源有来自食物中含的水分，除此之外还要补充一些水。另外，房间里要有加湿器，或者用湿毛巾放在暖气上效果也很好。

温馨提示

宝宝到快要走路的时候，运动项目就相应地复杂起来，不是站就是坐，要不然就是满床地爬，只要不睡觉就几乎没有安静的时候。这时候爸爸妈妈要给宝宝提供一个相对安全的环境，同时也要有意识地帮宝宝做一些体操。

妈妈应该在宝宝吃饭时搞"比赛"吗

宝宝正处在生长发育时期，机体各部分，尤其是各组织器官的发育及功能还不够完善，各种消化液如唾液、胃液等都比成年人少，胃肠的消化能力也比成年人差很多。如果为了提高宝宝吃饭的兴致，在吃饭时搞"比赛"催促宝宝快吃，食物就来不及嚼烂，唾液也来不及分泌，容易引起食后烦渴，发生严重的食后困倦症；饭吃得太快，胃肠等消化液不足，也会进一步影响食物的消化吸收，营养也就难以被机体全部吸收，从而使生长发育受到影响。

一 妈妈小常识 一

在开灯之前，妈妈要告诉宝宝"妈妈要开灯了"，然后再按下开关。宝宝会因为房间里突然变亮而觉得新奇不已，慢慢地，他就会将"开灯"这个词同房间变亮联系起来。妈妈经常用类似这样的小动作可以教给宝宝因果关系的概念。

温馨提示

并不是宝宝吃了含钙高的食物就一定能得到很多的钙质，有些含钙量高的食物，由于受某些因素的影响吸收得并不好，如众所周知的骨头中含有很高的钙质，但如果把它和蔬菜同煮，就会不利于骨头中的钙质吸收，但妈妈如果在烹调时加入一些米醋，那么就会得到意想不到的功效了。

育儿随笔

育儿小贴士

爸爸妈妈现在要有意识地在宝宝各种感官能力发展的基础上，进一步让宝宝对周围环境，从室内到室外、从人到物进行观察。爸爸妈妈还可以用语言及动作来启发引导宝宝观察，这样不仅会满足宝宝的好奇心，而且能扩大宝宝的知识范围，促进宝宝理解语言的能力。

妈妈偏食会导致宝宝也偏食吗

每个妈妈都有自己饮食上的好恶，自己不喜欢吃的坚决不会让它出现在饭桌上，或者理所当然地认为宝宝也不爱吃。大人是宝宝的榜样，妈妈的不喜欢也成了宝宝"我不要"的理由。不要在宝宝面前表现出你对某些食物的好恶，应当让宝宝感觉到，每一种食物对身体都是有用的，而且味道都很不错。1岁的宝宝应添加多种食物，注意饮食结构的合理，宝宝的食物应选择清淡易消化，以营养丰富为主。要培养宝宝良好的饮食习惯，最主要是避免他偏食。

育儿小贴士

刚学会站立的宝宝还不会自己坐下。爸爸妈妈可以教他向前弯一下腰再坐下，这样宝宝就不会摔倒。一旦学会站立，宝宝的本领就越来越大了。他可以用一只手扶着沙发站立，或者干脆背靠在床边把两只手腾出来去拿玩具。他还可以把一只脚放在另一只脚前面，用一条腿支撑体重，试着迈出他人生的第一步。

— 妈妈小常识 —

现在，妈妈可以将两幅画举到离宝宝20～30厘米的地方让他看。这两幅画应该是大致一样，但稍微有所区别的（比如一幅画中的树下有只小花猫，而另一幅中没有）。宝宝虽然小，却已经能够反复地来回看那两幅画，慢慢发现它们之间的区别。这种简单的游戏，将为他以后识字及阅读打下很好的基础。

温馨提示

宝宝偏食，父母应在烹调方法上下工夫，如注意颜色搭配、适当调味或改变形状等，不爱吃炒菜就用菜做馅，不爱吃煮鸡蛋就做成蛋炒饭，总之要多变些花样，让宝宝总有新鲜感，慢慢适应原来不爱吃的食物。强迫进食不足取，否则效果会适得其反。每个宝宝都可能有不同程度的偏食，父母越强行纠正，宝宝可能会越反感，就会更加拒绝某种食物。但也不能因为某种食物宝宝不爱吃就不再给他做。

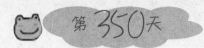

宝宝应该天天洗脚吗

一年四季，每天都要坚持用温水给宝宝洗脚。夏天的时候，洗脚水的温度38℃～40℃为宜；到了冬天，洗脚水的温度可以逐渐提高，一般可以45℃～50℃。浸泡时间需保持3～5分钟。

— 妈妈小常识 —

宝宝在家里最好光着脚，这样可以增加脚趾抓攀的能力，有助于学步。宝宝开始学步时，每移动一步注意力都非常集中，所以不能在同一时间内做两件事，否则很容易摔倒，这时妈妈可不能认为宝宝反应迟钝。如果宝宝正在走路时又要听你讲话，当然他一定会先停下脚步。宝宝的骨骼较柔软、肌肉力量弱，不能适应长时间活动，因此宝宝在学走路时应适量。

温馨提示

在宝宝足弓尚未较好形成时，勉强练习走路，易使足弓负担过重而导致扁平足。常用热水洗脚或烫脚，足底的韧带会遇热变得松弛，不利于足弓发育，因此不要经常用过热的水给宝宝洗脚，更不能用热水给宝宝长时间泡脚。

育儿小贴士

为了使宝宝的心理健康发展，在安全、卫生的情况下，要让宝宝多看、多听、多摸、多嗅、多尝、多玩，尽量满足他的好奇心。要鼓励宝宝的探索精神不断发展，千万不能随意恐吓宝宝，以免伤害他正在萌芽状态的自尊心和自信心。

育儿随笔

宝宝发热后咽部红肿怎么办

宝宝感冒发热后往往都会引起咽部红肿，有些还会发生口舌生疮、溃烂，影响宝宝进食和身体尽快恢复。但宝宝不会表达痛苦，只表现为流口水不断。中医认为这是由于宝宝心脾积热而口舌生疮。除了服用清热解毒的中成药外，采用一些食疗方法效果也不错。妈妈可以将新鲜苦瓜洗净去籽、捣成茸状，然后用干净纱布包裹，取汁 50 毫升，加上适量冰糖频频喂服，不拘时间。

育儿小贴士

宝宝发热时，要注意环境温度是否过高。在炎热的夏季，气温很高，宝宝自身调节体温的能力又差，妈妈抱着宝宝时热气不易散发，使体温升高。但是这种发热一般时间不会太久，把宝宝放在凉爽的地方，稍微扇一扇，给宝宝饮一些清凉的水果汁，或给宝宝洗个温水澡，几小时后体温就会降到正常。在冬季，如果室内温度过高，宝宝又包裹得过多，也会使宝宝体温升高。

一 妈妈小常识 一

当宝宝受到挫折，如跌倒、碰伤、与家人分离或生病时，走的能力会出现倒退现象，这与宝宝学习走路的信心下降和肌肉力量减弱有关，不过这是暂时的，短期内可以恢复，妈妈可不要怀疑宝宝的能力。

温馨提示

爸爸妈妈要给宝宝单独开辟一个"运动场"，任他"摸爬滚打"。这块运动场可以用沙发围出来，再在地板上铺上席子、毡子或棉垫之类的东西，使宝宝可以练习扶着站立、移动身体，并在上面玩耍，又不易被磕着碰着。当然，给他的玩具也一定要安全、卫生，不要让他够着剪刀、扣子，以及能套在头上的塑料袋等危险物品。

育儿随笔

宝宝走路踮脚尖正常吗

在学走路的前期，爸爸妈妈双手扶住宝宝的双腋下，训练站立时，宝宝可能会出现足尖着地或是足底放平的情况。开始训练走路时，偶尔踮起脚尖，只能说明宝宝在学走路的过程中，脚要采取什么样的姿势，才能达到躯体的平衡，让自己别摔倒。如果学走时宝宝经常踮起脚尖，就要怀疑他是否有脑瘫，因为脑部病变会引起足跟肌腱的挛缩，同时会伴有不同程度的智能落后。

— 妈妈小常识 —

宝宝条件反射的出现就是记忆开始的标志。运动性记忆出现最早（出生后2周左右），其次是情绪记忆（半岁左右），然后是形象记忆（6～12个月），词的逻辑性记忆最后出现。两三个月的宝宝，当他凝视的玩具从视野中消失的时候，能用眼睛去寻找，表明他有短时记忆。在日常生活中，三四个月宝宝出现对人和物的认知，6个月认知较明显，如能辨认妈妈及陌生人，但宝宝的记忆保持时间较短。1岁再认的维持时间只有几天，2岁时可延长到几个星期，3岁时可以保持几个月。

温馨提示

南瓜含有丰富的 β-胡萝卜素，β-胡萝卜素是维生素A的前驱物，它会转变为维生素A，而维生素A和蛋白质结合可形成视蛋白在视觉上扮演重要的角色，一旦缺乏胡萝卜素会导致夜盲甚至全盲的严重后果。但要注意不可使用过量，否则宝宝就会变成"黄皮"宝宝。

育儿小贴士

爸爸妈妈可以躺在床上或者地上，让宝宝在身上爬来爬去，攀上攀下。这个最便宜的"游乐场"可以给宝宝带来非常多的乐趣，可以锻炼他的协调能力，以及解决问题的技巧。

育儿随笔

宝宝可以吃奶糖吗

奶糖很有营养，味道宝宝也喜欢，但是为了宝宝的牙齿，爸爸妈妈一定注意不要给宝宝经常食用。宝宝的乳牙骨质比恒牙脆弱得多，最怕酸类物质的腐蚀，而奶糖一般是发软、发黏的。宝宝在吃糖的时候，往往会在牙齿间缝或沟缝内留存一些残糖，这些残糖经过口内的细菌作用，很快就会转化成为酸性物质。另外，奶糖本身就有酸性物质，这种糖在牙缝中残存多了会使牙的组织疏松、脱钙、溶解，严重的还会形成龋齿。

育儿小贴士

食品常常是造成宝宝食管梗塞的主要凶手，最常见的是那些又小又圆、又硬又黏的食品，因为它们很容易堵住通气口。譬如：坚果、葡萄、硬糖、胡萝卜、爆米花、葵花子、南瓜子、热狗、果汁软糖等，甚至一小勺花生酱也会让年幼的宝宝发生食管阻塞。

— 妈妈小常识 —

为了保护好宝宝的乳牙，从宝宝 1 岁多起就应开始训练他早晚漱口，并逐渐培养宝宝养成这个良好的习惯。训练时先为宝宝准备好水杯，并预备好漱口所用的温白开水（夏天可以用凉白开水）。为什么不用自来水呢？这是因为宝宝在开始时不可能马上学会漱口的动作。往往漱不好就会把水咽下去，所以刚开始最好用温（凉）白开水。

家长不要让宝宝仰着头漱口，这样很容易造成呛咳，甚至发生意外。在训练过程中，家长要不断地督促宝宝，每日早晚坚持不断，这样天长日久宝宝就会养成习惯。

温馨提示

妈妈在给宝宝做的饭菜中加入一点米醋，宝宝食用后，便可使胃液中的酸度得到提高，由此增加对致病菌的杀伤力。尤其是在夏天，妈妈少不了给宝宝吃清凉爽口的凉拌菜，如果能经常在凉拌菜中多加一些米醋，便可将一些带芽孢的病菌杀灭，防止宝宝患上胃肠炎或痢疾。

怎样教宝宝做事有始有终

宝宝在很小的时候，注意力集中的时间是非常短的，经常是玩一会儿某样游戏或玩具，很快就会觉得厌烦。这其实是因为宝宝累了，需要父母帮助寻找另外的兴奋点。为了不让宝宝成为常常半途而废、没有毅力的孩子，请父母一定要坚持一点，就是不论做什么，都要有始有终。当宝宝对一件玩具开始感到厌倦的时候，父母要请宝宝一起来帮忙收拾好玩具。

— 妈妈小常识 —

给宝宝两块积木，一个乒乓球，教他把积木搭起来，再试着把乒乓球放在两块积木上，但乒乓球总是会掉下来滚走，这时候再给宝宝一块积木放在两块积木上，这次宝宝就会成功了。这样的游戏可以训练宝宝的观察力和肌肉的动作，认识物体的立体感、物与物之间的关系，以及圆形物体可以滚动的概念。

温馨提示

中药的小儿肠胃康、焦三仙（神曲、麦芽、山楂），以及鸡内金等，对治疗宝宝的消化不良均有良好效果。另外，多数助消化药应在饭前或饭时服用，不可乱用药。宝宝出现病症时，最好先去医院就诊。

育儿小贴士

妈妈要注意通过游戏锻炼宝宝小手的能力。比如，把木块搭起来，打开或盖上盒盖、瓶盖，拉电灯开关线，用笔画线条，用手翻书，按按钮，扔皮球，拾东西，模仿用手推玩具火车，拿勺子在碗中搅拌，用勺吃饭，用手挖、抠东西等。

育儿随笔

怎样才能激发宝宝的好奇心

快到1周岁的宝宝好奇心越来越强，喜欢东瞧瞧、西看看，对于没有接触过的新鲜事物，怀有强烈的探索心理。如果爸爸妈妈每天都带宝宝到相同的公园去散步，在同一个广场游戏，那么宝宝的好奇心发展程度便要大打折扣了。妈妈的兴趣也会影响宝宝的求知欲，让宝宝看同一花坛中的花朵，又不给以任何说明，宝宝是绝对不会产生兴趣的。如果妈妈说："啊，好漂亮的花呀！"那么，宝宝也会开始对这朵花抱有好奇的态度。

育儿小贴士

在宝宝能够有意识地将物品放下后，爸爸妈妈应该着重训练宝宝将手中的物品投入到一些小的容器中。让宝宝将小木块放到一个小盒子中，将小粒的东西拾起来放进小瓶中。还可给宝宝选择一些带孔洞的玩具，让宝宝将一些东西向孔洞中投入。

— 妈妈小常识 —

营养素的贮存和流失是一种生理现象。从人的一生来看，在儿童期，营养素的贮存是主要趋势；而进入成人期后，随着人的逐渐老化，重要营养素的生理性丢失会不断增加。到了生命的后期，与那些在儿童期重要营养素摄入不足的人相比，摄入量充足的人，这种生理性的丢失速率低、发生时间晚、丢失量少。

温馨提示

宝宝现在虽然会说几个常用的词汇，但是语言能力还处在萌芽发展期，很多内心世界的需要和愿望都不会用关键的词来表达，还会经常用哭、闹、发脾气来表达内心的挫折。这时，妈妈应该尽量用经验和智慧来理解他的愿望，尝试用不同的方法来满足宝宝，或者转移他的注意力，让宝宝高兴起来，忘掉自己原来的要求。

育儿随笔

如何发展宝宝的自我意识

爸爸妈妈在与宝宝玩耍的时候，要有意识地让宝宝知道他所在空间的位置，比如让宝宝指出自己和爸爸妈妈之间的位置关系，引导宝宝认识自身与外部世界的关系。另外，还可以发挥宝宝手的触动作用，让宝宝扔彩色球、抓奶瓶、摸小娃娃等。同时热情鼓励宝宝，激发他的欢快情绪，这些都有利于促进宝宝自我意识的萌发。

育儿小贴士

这时候的宝宝，正是自我意识的萌发时期，想自己动手吃饭、摆弄东西，到处试验自己的能力和体力。宝宝若是受到妨碍或要求得不到满足，又不能用语言表达自己的意愿，于是就会发火哭闹、摔打东西。尤其是那些长得结实的宝宝，更是动不动就躺在地上打滚，甚至动手打爸爸妈妈。碰到这种情况，如爸爸妈妈一味迁就地满足宝宝的要求，则宝宝尝到了甜头后会经常以此来要挟父母。因此，若宝宝欲以此来达到其无理要求时，做父母的应该予以拒绝，不行就是不行，同时要设法把宝宝的注意力引到其他方面去。

一 妈妈小常识 一

宝宝白天的饮食在一定时期内，最好多样化，肉类、鱼类、蛋类、蔬菜水果类、谷类等都要常常换着吃，养成宝宝饮食多样化的习惯，又可满足宝宝身体对各种营养素的需求，不会因单调的食谱而出现营养素不全的问题，还可以培养宝宝对不同品种食物的接受能力，提高宝宝对饮食的兴趣。养成宝宝不偏食、不挑食的饮食习惯。

温馨提示

豆腐蛋氨酸含量较少，而鱼类含量非常丰富；鱼类苯丙氨酸含量比较少，而豆腐中则含量较高。这样两者合起来吃，可以取长补短。由于豆腐含钙量较多，而鱼中含维生素 D，两者合吃，借助鱼体内维生素 D 的作用，可使宝宝对钙的吸收率提高很多倍。

育儿随笔

宝宝使用学步车要注意哪些事项

卫生问题是排在第一位的，宝宝双手能触摸到的地方必须保持干净，防止"病从口入"。其次，学步车的各部位要坚固，以防在碰撞过程中发生车体损坏、车轮脱落等事故。爸爸妈妈要将学步车的高度调到合适的位置，还要注意车轮不能过滑。

宝宝在使用学步车期间，妈妈要为宝宝创造一个练习走路的空间，这一空间与宝宝不应该去的地方应有一障碍物阻挡。地面不要过滑，不要有坡度。因为宝宝的腿已很有劲，速度一快，学步车碰到物体上会伤着宝宝。另外，妈妈要把四周带棱角的东西拿开，避免学步空间内家具凹进凸出。宝宝手能够到的小物品要拿走，以防宝宝将异物放入嘴里。

育儿小贴士

爸爸妈妈用自行车带宝宝是比较危险的事情，特别是年龄较小的宝宝，他容易在自行车行驶途中将小脚伸进轮子里。另外，爸爸妈妈千万不要为了图方便，将宝宝独自一个人留在自行车座椅上停在路边，翻车事故的后果将不堪设想。

— 妈妈小常识 —

宝宝到了 1 岁，会牵着拖拉玩具到处走（或爬），喜欢参与家庭生活小事，如果冬天到室外玩，他还知道把帽子放在自己的头顶上。在妈妈给宝宝穿衣服的时候，他的双臂可以随妈妈的动作做上下运动。宝宝开始知道拿东西给妈妈，要自己洗脸洗手。这一阶段是培养宝宝自信心的最佳时期，爸爸妈妈一定要抓住时机，培养宝宝的自信心和独立的能力。

温馨提示

在宝宝学步期间妈妈切不可掉以轻心，要随时保护。宝宝学步的时间不宜过长，这是因为宝宝骨骼中含钙少，胶质多，故骨骼较软，承受力弱，易变形。此外，由于宝宝足弓的小肌肉群发育尚未完善，练步时间长易形成扁平足。

育儿随笔

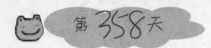
预防多动症要从婴儿时期开始吗

这个问题的答案是肯定的。患多动症的宝宝从新生宝宝时期就不安宁，易被激怒，常发生不明原因的哭闹。吃奶前表现饥饿难忍，哭闹不止，迫不及待，而吃上奶又吃不了几口就边吃边玩，吃吃停停。由于生活难以规律化，导致宝宝很难护理。表现为睡眠少，饮食差，突然叫喊，抱在怀里缺少与爸爸妈妈依恋的表情，东抓西挠，手脚不停。

宝宝多动症，也叫"脑微小病变综合征"。指的是智力正常的宝宝表现出与其智力水平不相称的活动过多、注意力涣散、情绪不稳、任性冲动等症状。周岁宝宝的安定性对于他日后的成长发育具有极大的影响。只有在情绪安定的状态下，宝宝才能游刃有余地发挥自己各方面的能力。否则即使是天生具有特殊才能，也将会被埋没了。

发现宝宝有多动症的苗头，在婴儿期的教育中就应重点培养他有规律的生活，尽量要求他按爸爸妈妈的指令行事，并应给宝宝创造一个安静的环境。爸爸妈妈要在宝宝面前做出榜样，努力把宝宝引向心平气和与服从的模式当中。当然，这些做起来很困难，要求爸爸妈妈花费更多的精力。宝宝越小，可塑性越强，越容易训练。

育儿随笔

....

....

....

....

....

....

....

....

....

....

温馨提示

- 山药明虾泥 -

山药健脾养胃；对虾又称明虾，味甘、咸，性微温，能补肾助阳，益脾胃。两者合成此菜，含蛋白质、脂肪和维生素 A、维生素 B_1、维生素 B_2 及钙、磷、铁等成分。有镇静作用，宝宝受惊吓时可食用。每日 2 次间隔服食。

为什么宝宝老是把屋子弄乱

宝宝常会将身边的东西散得满地，而后一样样摆弄、探究，当他慢慢弄懂事物之间的关联时，他的知识领域会得到突破性的扩展。许多时候，宝宝虽然知道自己的某种行为会受到责骂，但由于好奇心作祟，他还是会忍不住地加以尝试。比如，他会把橱柜的抽屉翻落在地上，或将整卷卫生纸拉出来，甚至把垃圾桶打翻，让垃圾散得满地。妈妈不要因为他把屋子弄乱了而责怪他，要知道，这正是宝宝探索世界的一种方式呢。

一 妈妈小常识 一

在这个年龄段里，宝宝还喜欢做的一件事便是撕报纸、书本等。通过撕纸张，他能看到自己动手后的成果，感觉到自己的力量，带给他很大的信心。一般来讲，宝宝喜欢扔东西、撕纸片的过程不会持续很长时间，过了这一阶段，宝宝逐渐学会了正确玩玩具、翻看图书后，他的兴趣和注意力会逐渐转移到其他许多更有趣的活动中，扔东西、撕纸片的行为就会自行消失。

温馨提示

宝宝从"扔物"中发现物体有许多不同的属性，从而增长很多的见识和经验。如果你在旁边不停地帮他拾起来给他，他会扔得更欢，扔得更高兴。他以为这是一种可以两人玩的游戏，而乐此不疲。想结束这种现象的最好办法，是将他放到干净的地板上玩，让他自己扔，自己拾。另外，你还可以教宝宝什么可扔着玩，什么不可以扔。将宝宝的扔物兴趣正确地引导到游戏和日常生活中去，如扔物进玩具箱、和大人一起玩扔皮球、扔废纸进纸篓等。

育儿小贴士

爸爸妈妈可以从现在开始有意识地训练宝宝的分辨能力，从而提高宝宝的智商。可以为宝宝选择一些智力玩具或拼图玩具。鼓励宝宝进行富有想象力的游戏。爸爸妈妈可以考虑给宝宝一个玩具电话或其他一些可以激发宝宝想象力的玩具。

宝宝要学走路了，该怎样为他选双好鞋子

宝宝会爬的时候，如果气候条件允许，最好让他赤脚，因为穿鞋会限制他足部肌肉的发育。如果怕宝宝脚冷，可以给他穿一双宽松的棉布袜。当宝宝蹒跚学步时，仍然不需要给他穿鞋子，如果怕地板冷，或者地板滑，可以为宝宝准备一双防滑袜子，以防跌倒。如果是去室外，可以给宝宝穿一双学步鞋。鞋可以稍微买得大些，这样宝宝的脚就会在宽松的"环境"中健康生长。

育儿小贴士

宝宝的模仿能力非常强，由于他的脑中还没有是非观念，所以听见骂人的话也会模仿，他并不知道这样做是不对的。当爸爸妈妈第一次听到宝宝骂人的时候，必须严肃地制止和纠正，让他知道骂人是错误的。千万不要因为孩子可爱，就认为说出骂人的话也挺好玩，甚至还怂恿他。长此以往，宝宝会把骂人的事当成游戏来做，养成坏习惯。

— 妈妈小常识 —

现在宝宝站起、坐下，绕着家具走的行动更加敏捷。站着时，他能弯下腰去捡东西，也会试着爬到一些矮的家具上去。有的宝宝已经可以自己走路了，尽管还不太稳，但宝宝对走路的兴趣却很浓。

育儿随笔

温馨提示

给学步的宝宝买鞋，还应考虑到这时期的宝宝在学走路时，眼睛都是向前看，而不向下看，稍不注意他的小脚就会踩到或踢到什么东西，而痛得哇哇大哭。因此，鞋底和鞋帮应有保护小脚的一定厚度，能保护宝宝的脚不受粗糙地面或其他尖锐物品等潜在危险的伤害。此外，每隔一段时期就要检查一下宝宝的脚和鞋适合度，是否又该换鞋了。一般来讲，婴幼儿平均每2～3个月就要换一双大一点的鞋。

宝宝怎样才能吃得香

一些妈妈想让宝宝吃得更多，习惯将他的用餐时间安排在大人吃饭前或吃饭后。殊不知，宝宝吃饭也需要一个良好的氛围，和桌上大人们一起吃得香喷喷，自然比自己一个人吃要好得多。给宝宝安排一个固定的就餐座位，鼓励宝宝和全家人一起进餐。在宝宝不能自己独自吃饭之前，妈妈可以边喂宝宝，边自己吃；在宝宝掌握基本吃饭技巧之后，妈妈可以放手让宝宝尝试自己用餐。

— 妈妈小常识 —

快 1 周岁时，宝宝各方面能力的发展会让爸爸妈妈感到吃惊。宝宝的表现变得越来越棒了。正如妈妈所观察到的那样，宝宝不管是从智力到语言，还是从情感到运动，都发生了巨大的变化。正是从这一阶段开始，宝宝开始表现得像个"宝宝"了。

温馨提示

让宝宝独自玩玩具既能促进宝宝身体各部位的发育，培养宝宝自主活动、自己玩的兴趣和能力，又能使宝宝逐渐体会到自己身体的力量，开始形成良好的自我感觉，这对培养宝宝的独立性至关重要。

育儿随笔

育儿小贴士

如果宝宝到了 1 周岁左右，爸爸妈妈不能适时地、因势利导地教宝宝独立活动，事事不敢放手，一切由爸爸妈妈包办代替，过分地宠爱、亲昵和迁就，会在一定程度上延缓宝宝的发展，助长他的依恋性和依赖性，致使宝宝缺乏独立活动的本领，养成宝宝缠人的坏习惯。

宝宝喜欢喝可乐，对身体的影响大吗

可乐的主要成分为咖啡因、可乐宁等生物碱，咖啡因和可乐宁是一种兴奋中枢神经的药物。据测定，一瓶340毫升的可乐型饮料中含咖啡因50～80毫克，如果一次饮用1克以上的咖啡因，就会导致中枢神经系统兴奋，表现为躁动不安、呼吸加快、肌肉震颤、心跳过速、失眠、眼花、耳鸣等症状。即使是服用1克以下的咖啡因，由于其对胃黏膜的刺激，也会出现恶心、呕吐、眩晕、心悸及心前区疼痛等症状。所以，尽可能不要给宝宝喝可乐，白开水是最好的饮料。

育儿小贴士

周岁的宝宝已经能够自己抓住东西站起来，也能爬到椅子上够取高处的东西，爸爸妈妈稍不留神，就会发生意想不到的危险。所以，爸爸妈妈的视线一定不能离开宝宝，必须随时随地守护着他，使宝宝在满足好奇心和求知欲之余，仍可安然无恙、健康成长。

妈妈小常识

1岁的宝宝开始对图画感兴趣，会用摇头表示"不"，知道害羞，要东西时会用手指，一只手会拿两块小物品，还会用蜡笔在纸上乱涂乱画。宝宝会用勺子吃食物，能认出图画书上的一些小动物，还能够几页几页地翻书。

育儿随笔

温馨提示

- 胡萝卜白饭鱼 -

将胡萝卜去皮，切成极小的粒，放入沸水中烫熟烫烂；白饭鱼入热水烫，去咸味，捞起，去骨切碎；鸡蛋打散，与白饭鱼同放一深碟内，注入1杯凉开水拌匀，不加盐，用中火蒸约5分钟，蛋熟后加入胡萝卜即成。由于宝宝不宜食用咸味食物，白饭鱼本身就有一定咸味，所以必须用开水烫去咸味，更不必加盐。

多长时间给宝宝洗一次头

通常2～3天就应给宝宝清洗一次头发，使头皮得到良性刺激，促进头发的生发和生长，还可避免头皮上的油脂、汗液，以及污染物刺激头皮，引起头皮发痒、起疱，甚至发生感染，导致头发脱落；给宝宝洗发时，要选用无刺激、易起泡沫的儿童专用洗发液，洗头发时要轻轻用手指肚按摩宝宝的头皮；不可用力揉洗头皮和头发，以免头发缠成一团不容易梳理，使头皮受损而使头发脱落；每次清洗后，最好用柔软而有弹性的儿童专用发梳为宝宝梳理头发，这样可刺激头皮，促进局部血液循环，促使头发生长。

— 妈妈小常识 —

"寻找与发现"是宝宝现在最喜欢玩的游戏。每一个新的角落、新的缝隙都给宝宝提供了探索和汲取知识的机会，因此宝宝的好奇心急剧上升。通过探索之后，宝宝开始学会给事物分类了。比如，当宝宝观察一群鸭子，他会懂得，它们是同一类的动物。

温馨提示

保证肉类、鱼、蛋、水果和各种蔬菜的摄入和搭配，对宝宝的头发生长极为重要。含碘丰富的紫菜、海带要经常给宝宝食用。如果宝宝有挑食、偏食的不良饮食习惯，应该赶快纠正，以保证丰富、充足的营养通过血液循环供给毛根，促进头发生长。

育儿随笔

育儿小贴士

在与12个月宝宝玩爬楼梯游戏时，爸爸妈妈可把宝宝喜欢的玩具放在楼梯的第四、第五级台阶上，以此引导宝宝爬楼梯拿玩具。练习时，爸爸妈妈双手扶着宝宝的腋下，帮助宝宝两脚交替爬楼梯，帮助的力量可逐渐减小。此游戏能增强宝宝腿部的力量，为今后独立行走打好基础，但应注意每次练习的时间不宜过长。

宝宝嫉妒小客人，怎样克服呢

帮助宝宝克服嫉妒这种情绪，妈妈需要与宝宝一起迎接小客人的到来，并告诉宝宝，你感情上的位置是不变的，这是别人家的宝宝，小客人有自己的妈妈。当你照顾小客人时，让宝宝来帮助你照顾小宝宝，让宝宝帮忙做些小事，然后表扬和奖励宝宝的帮助，他就会对小客人流露出爱抚的情感，并能和小客人一起玩耍。

育儿小贴士

如果亲戚朋友家的小朋友送来让妈妈帮助照料，宝宝会感到嫉妒，这是因为宝宝觉得自己已经"不那么重要"了，他失去了独占妈妈的特殊地位。他可能会使用各种方法来引起妈妈的注意。还有一种情况是宝宝觉得无法控制这些嫉妒情绪，可能会把这种情绪内在化，因此而变得沉默寡言，甚至拒绝妈妈。

— 妈妈小常识 —

宝宝11～12个月大时，除了会对妈妈撒娇以外，更想独占妈妈所有的爱。所以，他的嫉妒心将开始萌发，当妈妈抱着其他的宝宝时，他会感到愤怒不已。除了拉开或捶打"入侵者"外，还会用力地贴在妈妈的膝盖上，紧紧地抱住妈妈，这一切显示宝宝对于妈妈的爱已经日渐加深。

温馨提示

在宝宝的眼里，每日的活动都是游戏，吃饭也不例外。一些宝宝习惯边吃边玩，还有的喜欢边吃边看电视。对于这些不良进餐习惯，都易造成宝宝吃饭时分心，影响食欲。吃饭时应收起所有的玩具，并关掉电视，让宝宝的注意力集中在吃饭上。在宝宝吃得很好的时候，你需要及时鼓励他。在吃饭期间宝宝下地跑一圈再回到餐桌，只要他马上回来，是允许的，但千万不要追在宝宝后面喂饭。

育儿随笔

宝宝1周岁，要接种流脑疫苗吗

婴儿满1岁时，应接种流脑多糖疫苗。它是A群流行性脑脊髓膜炎多糖疫苗的简称，接种后可预防流行性脑脊髓膜炎（简称流脑）。流脑是冬春季节流行的一种急性呼吸道传染性疾病，发病初期为上呼吸道感染的表现，如发热、头痛等，疾病进一步发展可出现呕吐、皮肤出现瘀点或瘀斑，严重的可有惊厥、抽搐，甚至昏迷。病情发展迅速，如治疗不及时可导致死亡，严重危害宝宝的身心健康。接种流脑疫苗后的保护率可达86%～92%，这种保护作用可维持3年左右。

— 妈妈小常识 —

流脑疫苗已列入我国计划免疫程序中，成为每个儿童必须接种的疫苗。在每年冬春季节来临之前，进行该疫苗的接种。按规定在婴儿10～12个月期间进行流脑疫苗的初次接种，需要接种2次完成基础免疫，2次之间应间隔15～30天。流脑疫苗一般接种在婴儿的上臂外侧三角肌附着处，进行皮下注射。接种后反应轻微，仅少数宝宝可出现接种部位有红晕、硬结等反应，全身仅有发热，偶尔可出现过敏反应，这些反应经过1～2天后也会自行消失，不需要做任何处理。

育儿小贴士

宝宝1周岁左右，他的四肢总是不停地在运动。爸爸妈妈可不要小看这些四肢的推推拉拉，这些动作都是宝宝肌肉群和内脏器官发育的需要，爸爸妈妈可不要在这个时候限制宝宝的运动呀。

育儿随笔

温馨提示

成年人想要了解一件东西时，并不需要将它解体，只要在脑中进行印象式的思考便可以得到答案。但对于宝宝而言，他若想将东西带给他的印象以记忆的形式存入脑中，就非得把东西弄散，仔细地加以探索不可。当他满周岁之后，会以过去所获得的印象与经验，逐步增强自己的探索能力和思考能力。

附录：宝宝1岁后疫苗注射

一类疫苗

1岁：乙脑疫苗（初种）。

1.5～2岁：百白破疫苗——加强；脊髓灰质炎糖丸——部分加强；乙脑疫苗——加强；甲肝疫苗。

3岁：A群流脑疫苗（第三针）（也可用A+C群流脑疫苗）。

4岁：脊髓灰质炎疫苗（加强针）。

6岁：麻疹疫苗（加强针）；白破二联疫苗（加强针）；乙脑疫苗（第三针）；A群流脑疫苗（第四针）。

12岁：卡介苗（加强针）。

新生儿从出生到18个月龄之内，是接种疫苗的"密集期"，在这期间，家长平均每隔1个月就要带自己的孩子去相关单位接种一次疫苗。6周岁之前，儿童需要注射的计划免疫疫苗有24次之多。

二类疫苗

A+C群流脑疫苗：3周岁注射1针次，6、9周岁各加强1针。

无细胞百白破疫苗：可替代全细胞百白破疫苗，接种程序同全细胞百白破疫苗。

麻腮风疫苗：1.5～2周岁注射1针，基础免疫后4年加强1针。

甲肝减毒活疫苗或甲肝灭活疫苗：甲肝减毒活疫苗接种时间是2岁时注射1针，4年后加强1针。灭活疫苗1～16岁接种2针，间隔6个月，16岁以上接种1针。

水痘疫苗：1～12岁接种1针次。

B型流感嗜血杆菌苗：2、4、6月龄各注射1次，12月龄以上接种1针即可。

流行性感冒疫苗：1～3周岁每年注射2针，间隔1个月。3周岁以上每年接种1次即可。